石油化工事故灭火救援技术

罗永强 杨国宏◎主编

SHIYOU HUAGONG SHIGU
MIEHUO JIUYUAN JISHU

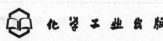
化学工业出版社
·北京·

本书涉及石油化工行业的生产、储存、运输中各个环节中常见事故的处置。第一章为概述；第二章为石油化工生产装置事故灭火救援，属于石油化工产业链中的生产环节；第三章至第六章为几种常见储罐火灾的灭火救援处置，属于石油化工产业链中的储存环节；第七章为仓储企业及化工企业罐区火灾灭火救援处置，是对常见储罐火灾灭火救援的综合运用；第八章为 LNG 接收站的火灾爆炸事故灭火救援，属于近年来出现的新能源新情况；第九章为三种常见罐车事故的灭火救援处置，属于道路运输环节。

在编写时，每一章先对处置对象的基本知识进行编写，解决"是什么"的问题；之后对其火灾风险和危险性进行分析，解决"有什么特点"的问题；最后结合设计防控理念提出了相应的处置方法，解决"怎么做"的问题。

本书可作为消防部队院校相关专业学员的教材使用，也可供公安消防部队、企事业专职消防队灭火指挥人员学习参考。

图书在版编目（CIP）数据

石油化工事故灭火救援技术/罗永强，杨国宏主编.
—北京：化学工业出版社，2017.9（2024.6重印）
ISBN 978-7-122-30580-0

Ⅰ.①石… Ⅱ.①罗…②杨… Ⅲ.①石油化学工业-工业企业-消防-安全技术 Ⅳ.①TE687

中国版本图书馆 CIP 数据核字（2017）第 221630 号

责任编辑：李　娜　　　　　　　　　　　　　　　　装帧设计：刘丽华
责任校对：王　静

出版发行：化学工业出版社（北京市东城区青年湖南街 13 号　邮政编码 100011）
印　　装：涿州市般润文化传播有限公司
787mm×1092mm　1/16　印张 13¼　彩插 4　字数 318 千字　　2024 年 6 月北京第 1 版第 6 次印刷

购书咨询：010-64518888　　售后服务：010-64518899
网　　址：http://www.cip.com.cn
凡购买本书，如有缺损质量问题，本社销售中心负责调换。

定　　价：42.00 元

石油化工行业是我国国民经济的支柱性产业之一，是国家能源战略、能源安全的重要组成部分，在经济建设、国防事业和人民生活中发挥着极其重要的作用。近年来，随着我国石油化工行业的迅猛发展，新能源、新技术不断涌现，整个行业向着"基地化、大型化、规模化、园区化"转变，企业数量越来越多，装置体量和生产规模越来越大，数字化程度越来越高，工艺流程越来越细，上下游产业联系越来越紧密，火灾安全风险与日俱增。石油化工行业工艺流程复杂，设备、储运多，且在高温、高压、深冷等条件下运行，物料成品易燃易爆、有毒有害，石油化工装置生产伴随着氧化、还原、聚合、裂化、歧化、重整、硝化等化学反应，一旦发生事故，极易引发爆炸、燃烧、毒害、污染等多种形式并存的、大规模的复杂灾情，容易造成大量人员伤亡、巨额财产损失和重大环境破坏。

1989年8月12日，中国石油天然气总公司胜利输油公司黄岛油库5号油罐发生爆炸起火，造成19人死亡、93人受伤。1997年6月27日，北京东方化工厂发生爆炸起火，造成9人死亡、39人受伤。2010年7月16日，大连中石油国际储运有限公司油库输油管道发生爆炸起火，并引发1个10万立方米的原油储罐燃烧，造成大面积海域污染。2015年4月6日福建漳州市古雷石化腾龙芳烃有限公司发生爆炸起火，造成6人受伤和多个油罐燃烧，火灾燃烧近56个小时。2016年4月22日江苏靖江新港园区德桥化工仓储有限公司发生火灾，造成油品大面积流淌。2017年6月5日山东临沂临港经济开发区团林镇金誉石化有限公司装罐区发生液化石油气泄漏爆炸起火，造成10人死亡，以及厂区气罐区、油罐区、装置区同时燃烧。石油化工灾害事故灾情复杂、突发性强、处置艰巨，且危险性大。

为着力破解石油化工灭火救援难题，公安部消防局于2014年、2016年、2017年先后在辽宁大连、福建泉州举办了全国危险化学品事故处置技术培训班，2016年在辽宁省大连市松木岛组织了"全过程、全要素"石油化工跨区域灭火救援实战拉动演练。为认真总结近年来专项调研、实战演练和三期培训班研训成果，推广实战性、实用性的技战法，指导公安消防部队开展石油化工灭火救援针对性训练，全面提升石油化工灾害事故处置能力，公安部消防局战训处专门组织高等专科学校专业教员和部分总队业务骨干，利用近一年的时间，编写完成了《石油化工事故灭火救援技术》，有效填补了公安消防部队专门针对石油化工事故处置专业书籍的空白。全书分为石油化工灾害事故常识、处置对策，以及7套常见生产装置、10种储存罐型、3种危化品槽罐车、LNG接收站等典型事故处置程序和技战术措施等。

本书由于建华任编审委员会主任，杜兰萍、魏捍东、代旭日、闫胜利任编审委员会副主任，罗永强、杨国宏任本书主编，郝伟、张宏宇任本书副主编，代旭日、朱志祥、赵洋、何宁、刘洪强、陈松、傅柄棋参加编写。其中第一章由杨国宏、郝伟、张宏宇编写，第二章由杨国宏、张宏宇、朱志祥编写,第三章由杨国宏、何宁、刘洪强编写,第四章由刘洪强、陈松、傅柄棋编写,第五章由陈松、赵洋、朱志祥编写,第六章由刘洪强、朱志祥编写,第七章由代旭日、张宏宇、傅柄棋编写,第八章由代旭日、何宁、刘洪强编写,第九章由代旭日、赵洋、傅柄棋编写,王启荣、李广明、陈乃申、张岩、马文耀、刘玉伟对全书进行了统稿。

本书对指导石油化工事故处置研究,开展石油化工技术训练和实战演练提供了借鉴,为解决石油化工灾害事故处置这一重要课题开辟了新的思路、拓展了新的途径、提供了新的方法,对于提升公安消防部队石油化工灾害事故防控水平和灭火救援战斗力将起到积极的推动作用。本书既可作为公安消防部队高等专科学校的培训教材,也可作为公安消防部队专业培训的指导手册,是一部石油化工灾害事故灭火救援实用工具书。

本书在编写过程中,得到了辽宁省公安消防总队、福建省公安消防总队,以及公安消防部队高等专科学校等各有关方面的大力支持,在此一并表示感谢。因时间仓促、水平有限,不当之处,恳请批评指正。

编者
2017 年 7 月

第三章　储罐概述及固定顶储罐火灾扑救　　53

第四章　外浮顶储罐火灾扑救　　68

第五章　内浮顶储罐火灾扑救　　　83

第六章　液化烃储罐事故灭火救援　　　104

第一章

概述

化工伴随着人类文明的发展而进步，人类早期的生活更多地依赖于对天然物质的直接利用，渐渐地这些物质的固有性能满足不了人类的需求，于是产生了各种加工技术，有意识有目的地将天然物质转变为具有多种性能的新物质，并且逐步在工业生产的规模上付诸实现。广义地说，凡运用化学方法改变物质组成或结构、或合成新物质的，都属于化学生产技术，也就是化学工艺，所得的产品被称为化学品或化工产品。人类已经彻底进入"化工时代"，在现代生活中，几乎随时随地都离不开化工产品，从衣、食、住、行等物质生活到文化艺术、娱乐等精神生活，都需要化工产品为之服务。

化学工业主要包括石油化工、煤化工、盐化工、氟化工、磷化工、精细化工等。按原理又分为有机化工和无机化工。各种类型原料不同、产业链不同，得到的产品也有所不同。石油化学工业是化学工业中最重要的组成之一，通常简称石油化工。石油化工发展迅速，产业链较长，工艺路线复杂，是我国国民经济的支柱产业之一，在国民经济发展中有着不可替代的作用。随着产能规模的进一步扩充，深冷、高温、高压等新技术及 LNG 等新能源不断出现，加之石油化工行业的生产、储存、运输每个环节均存在大量危险化学品，有关危险化学品的各类事故也频频发生，仅 2015 年，就发生了福建漳州"4·6"腾龙芳烃石化生产装置、易熔盘内浮顶储罐区爆燃事故、山东日照"7·16"液化烃全压力储罐爆燃事故、天津港"8·12"瑞海公司危险品仓库等特别重大火灾爆炸事故，造成了极其惨痛的损失和较大的社会影响。

石油化工行业具有较强的专业性，决定了其每一类灾害事故都有自身特点和火灾发展规律，只有充分了解与认识处置对象，真正做到"知己知彼"，树立科学处置、安全处置、专业处置、环保处置的理念，以"全过程、全要素"为原则，才能最大程度减少危险化学品事故的人员伤亡和经济损失。此外，如何面对石油化工行业发展带来的新问题、新挑战，是灭火救援队伍今后一段时间必须面对的现实，也是社会各界和公众媒体关注的焦点。本章简要介绍我国石油化工行业现状、行业术语、基本产业链、工艺流程和火灾危险性，归纳总结了针对该类事故的灭火救援基本原则、程序和战术。

石油化工行业涉及石油勘探、开采、生产、储存和运输等各个环节。本书从消防灭火救援角度归纳整理了常见石油化工事故的处置方法和对策。第一章为概述，简要介绍了石油化工基础知识及灭火救援基本原则、程序和战术；第二章为石油化工生产装置事故灭火救援，介绍了常见生产装置事故处置，属于生产环节；第三至六章系统介绍了常见储罐事故处置，属于储存环节；第七章介绍了仓储企业及化工企业石油库、化工液体储罐区火灾扑救，是对储罐灭火救援知识的综合应用；第八章为液化天然气接收站事故灭火救援，属于近年来出现的新情况；第九章为道路运输罐车交通事故灭火救援，属于运输环节。

第一节　石油化工概述

● **学习目标**

1. 了解我国石油化工现状、行业术语。
2. 了解石油化工基本产业链、基本工艺流程。

从 2010 年开始，我国已经成为世界第一大化学品生产国和世界第一大石化产品生产国，石油化工产业的经济总量已位居世界前列，总体水平的提高超过了历史上任何一个时期，已形成了具有二十多个行业能生产四万多种产品的门类齐全品种大体配套的工业体系。

一、工业现状

截止到 2014 年年底，全国共有炼油企业 240 余家，炼化一体化企业 23 家。其中，建成千万吨级炼油企业 28 家，百万吨级乙烯企业 16 家，以及千万吨级炼油、百万吨级乙烯一体化企业 14 家，炼油、乙烯及芳烃联合生产企业 9 家。

从规划布局来看，以进口资源为主的炼油、乙烯等产业主要集中在沿海地区，以国内石油资源为主的炼油、乙烯等产业主要集中在西北和东北地区。西部地区，千万吨级炼油企业 3 个、百万吨级乙烯炼化企业 2 个，炼油、乙烯能力分别达到 3050 万吨/年、200 万吨/年，分别占全国总能力的 4.1% 和 11.1%；长三角、泛珠三角、环渤海三大石化聚集区初具规模，千万吨级炼油基地能力分别占全国总能力的 11.1%、13.4%、8.5%，百万吨级乙烯基地能力分别占 25.8%、22.3%、11.1%。目前，除藏、黔、晋、渝之外，全国其他各省市均建有规模型炼化企业。

"十三五"时期石化产业发展将发生根本性变革，国家制定并推行《石化产业规划布局方案》，扭转重大石化项目布局分散的局面，石化产业逐步向"基地化、大型化、规模化、园区化"转化。一是重点建设大连长兴岛、河北曹妃甸、江苏连云港、上海漕泾、浙江宁波、广东惠州、福建古雷等七大国家级石化产业基地。二是明确规定新建石化项目必须进行炼化一体化配置，严格控制燃料型炼油项目，鼓励现有燃料型炼厂向燃料—化工型炼化一体化企业转型。同时，油品质量改扩建项目统筹规划乙烯、芳烃生产能力，力求"宜油则油、宜烯则烯、宜芳则芳"，适当加快乙烯、芳烃发展速度。三是除以石油为原料的化工产业外，发展煤化工产业，以煤烯烃、煤芳烃工艺解决部分乙烯和芳烃平衡问题。四是各省开展以化工园集中区为主的精细化工产业升级。

此外，随着能源结构的进一步调整，新能源新技术得到不断发展，如 LNG 接收站、LNG 气化站、LNG 加气站、CNG 加气站、锂电高效蓄能、混合动力汽车（HEV）、纯电动汽车（BEV，包括太阳能汽车）、燃料电池汽车（FCEV）、氢发动机汽车以及燃气汽车、醇醚汽车、锂电能电动车、煤化工、氟化工、盐化工及精细化工等新工艺新技术不断出现。这带来了产品质量和生产、使用技术要求的提高，但同时也造成了事故风险的增加。

随着石油化工行业的迅猛发展，各类事故呈高发态势。其中，2010 年至 2015 年 9 月下旬，全国共发生石化火灾事故 2219 起，死亡 25 人，受伤 58 人，直接经济损失达 1.4 亿元。随着国家石化产业发展格局的调整，对石化事故处置的能力要求也日趋增高，灭火救援工作应根据石化行业发展特点，针对国家产业结构宏观调控出现的新问题、新情况，及时转变理念和思维方式应对日趋严峻的石化事故发展趋势，真正做到"科学、安全、专业、环保"总体要求。

二、行业术语

作为发展成熟的工业，石油化工行业有其专门的术语，以下分别对石油化工行业的基础原料、常见工艺、压力容器、DCS 系统等做简要介绍。

（一）基础原料

1. 原油

习惯上把未经加工处理的石油称为原油。一种黑褐色并带有绿色荧光，具有特殊气味的黏稠性油状液体。是烷烃、环烷烃、芳香烃和烯烃等多种液态烃的混合物。主要成分是碳和氢两种元素，分别占 83%～87% 和 11%～14%，还有少量的硫、氧、氮和微量的磷、砷、钾、钠、钙、镁、镍、铁、钒等元素。密度为 $0.78～0.97g/cm^3$，分子量为 280～300，凝固点为 $-50～24℃$。

2. 重油

主要是以原油加工过程中的常压油、减压渣油、裂化渣油、裂化柴油和催化柴油等为原料调和而成。呈暗黑色液体，密度一般在 $0.82～0.95g/cm^3$，黏度大，蓄热能力强。

3. 轻油

又称石脑油、白电油，英文名 Naphtha。简单概括，石脑油是原油经过蒸馏得到的轻组分油气，"脑"的意思可理解为首要，第一的意思。常温、常压下为无色透明或微黄色液体，有特殊气味，不溶于水。密度在 $0.65～0.75g/cm^3$。是石油提炼后的一种油质的产物。它由不同的碳氢化合物混合组成。它的主要成分是含 5～11 个碳原子的链烷、环烷或芳烃。因用途不同有各种不同的馏程，我国规定馏程为初馏点至 220℃ 左右。作为生产芳烃的重整原料时，采用 70～145℃ 馏分，称轻石脑油；当以生产高辛烷值汽油为目的时，采用 70～180℃ 馏分，称重石脑油；用作溶剂时，则称溶剂石脑油；来自煤焦油的芳香族溶剂也称重石脑油或溶剂石脑油。

4. 凝析油

凝析油是指从凝析气田或者油田伴生天然气凝析出来的液相组分，又称天然汽油。其主要成分是 $C_5～C_{11+}$ 烃类的混合物，并含有少量的大于 C_8 的烃类以及二氧化硫、噻吩类、硫醇类、硫醚类和多硫化物等杂质，其馏分多在 2～200℃。凝析油的特点是在地下以气相存在，采出到地面后则呈液态。凝析油到了地面是液态的油，在地层中却是气体，叫凝析气。凝析气是石油在高温高压条件下溶解在天然气中形成的混合物。凝析气藏于地下数千米深的岩石中，开发得到的主要产品是凝析油和天然气。

5. 三大合成材料

合成塑料、合成橡胶和合成纤维是三大合成材料。它们是用人工方法，由低分子化合物合成的高分子化合物，又叫高聚物，相对分子质量可在 10000 以上。乙烯、丙烯是三大合成材料的基本原料。乙烯也用于制造氯乙烯、苯乙烯、环氧乙烷、醋酸、乙醛、乙醇和炸药等，是世界上产量最大的化学产品之一，是石油化工产业的核心，乙烯产品占石化产品的

75％以上，在国民经济中占有重要的地位。世界上已将乙烯产量作为衡量一个国家石油化工发展水平的重要标志之一。丙烯主要用于生产聚丙烯、丙烯腈、异丙醇、丙酮和环氧丙烷等。

(二) 工艺设备

1. 换热器

换热器是将热流体的部分热量传递给冷流体的设备，又称热交换器。换热器在化工、石油、动力、食品及其他许多工业生产中占有重要地位，在化工生产中换热器可作为加热器、冷却器、冷凝器、蒸发器和再沸器等，应用广泛。

2. 分液罐

工业排放尾气中如果含有凝液的话进入火炬燃烧后会形成火雨，对周围的人员和设备造成损坏，此时需要在火炬系统中设置凝液罐，用于将排放气中的液滴分离出来，一般要求至少要将 $300\mu m$ 的液滴进行分离。

3. 回流罐

在蒸馏过程中，为提高回收率进行重复蒸馏，物料进入蒸馏塔后，经冷却再次进入蒸馏塔前回收物料的罐体。

4. 空气冷却器

空气冷却器是以环境空气作为冷却介质，横掠翅片管外，使管内高温工艺流体得到冷却或冷凝的设备，简称"空冷器"，也称"空气冷却式换热器"。空冷器也叫做翅片风机，常用它代替水冷式壳-管式换热器冷却介质。

5. 急冷器

用于急冷热裂解炉流出物的急冷器或转油线换热器具有一个在裂解炉管和急冷器管之间的入口连接器。急冷器的管以隔开管的环状形式排列。裂解原料在裂解炉中经过高温裂解后产生裂解气，其组分主要含有目标产品 H_2、C_2H_4、C_3H_6、混合 C_4、芳烃（$C_6 \sim C_8$），另外还含有苯乙烯、茚类、二烯烃等。高温裂解气经废热锅炉冷却，再经急冷器进一步冷却后，裂解气的温度可以降到 $200 \sim 300℃$ 之间。将急冷器冷却后的裂解气依次经过汽油分馏塔油冷和急冷水塔水冷后进一步冷却至常温，在冷却过程中分馏出裂解气中的重组分（如：轻、重燃料油、裂解汽油、水分），并进一步回收热量，这个环节称为裂解气的急冷系统。

6. 釜、塔、泵、炉

釜主要是进行化学反应的容器；塔设备为精馏、反应、吸附等工序常用设备，能够为气、液或液、液两相进行充分接触提供适宜条件，即充分的接触时间、分离空间和传质传热的面积，从而达到相际间质量和热量交换的目的，实现工艺所要求的生产过程，生产出合格的产品；泵是为物料提供动力的设备，包括热油泵和冷油泵等形式；炉是为生产提供热量的设备。

(三) 常见工艺

1. 蒸馏

蒸馏是一种热力学的分离工艺，它利用混合液体或液-固体系中各组分沸点不同，使低沸点组分蒸发，再冷凝以分离整个组分的单元操作过程，是蒸发和冷凝两种单元操作的联合。与其他的分离手段，如萃取、过滤结晶等相比，它的优点在于不需使用系统组分以外的其他溶剂，从而保证不会引入新的杂质。

2. 裂化反应

裂化反应是指在高温和隔绝空气的条件下，烷烃分子中的 C—C 键或 C—H 键发生断裂，由较大分子转变成较小分子的过程。

3. 分馏

分馏是对某一混合物进行加热，针对混合物中各成分的不同沸点进行冷却分离成相对纯净的单一物质过程。过程中没有新物质生成，只是将原来的物质分离，属于物理变化。分馏实际上是多次蒸馏，它更适合于分离提纯沸点相差不大的液体有机混合物。

4. 焦化

焦化是渣油焦炭化的简称，是指重质油（如重油，减压渣油，裂化渣油甚至土沥青等）在 500℃左右的高温条件下进行深度的裂解和缩合反应，产生气体、汽油、柴油、蜡油和石油焦的过程。

5. 聚合（缩合）反应

聚合反应两种或多种分子质量较低的化合物在高温、高压及催化剂的作用下，反应生成相对分子质量较高的化合物。

6. 异构化

异构化指改变化合物的结构而分子量不变的过程。一般指有机化合物分子中原子或基团的位置的改变而其组成和分子量不发生变化。常在催化剂的存在下进行。

（四）压力容器

1. 压力容器定义

压力容器是指盛装气体或者液体，承载一定压力的密闭设备。为了与一般容器（常压容器）相区别，只有同时满足下列三个条件的容器，才称之为压力容器：

（1）容器工作压力大于或者等于 0.1MPa（工作压力是指压力容器在正常工作情况下，其顶部可能达到的最高压力，不含液体静压力）；

（2）内直径不小于 150mm 的容器；

（3）工作介质为气体、液化气体。

贮运容器、反应容器、换热容器和分离容器均属压力容器。压力容器主要为圆柱形，少数为球形或其他形状。圆柱形压力容器通常由简体、封头、接管、法兰等零件和部件组成，压力容器工作压力越高，简体的壁就越厚。

2. 压力容器的分类

根据安装方式、压力等级、安全技术管理的不同，有不同的分类方法。

（1）**按安装方式分**　按安装方式压力容器可分为固定式压力容器、移动式压力容器两种。

固定式压力容器是指容器具有固定的安装和使用地点，并用管道与其他设备相连。固定式压力容器使用环境相对稳定，常用于使用企业的生产、储存。

移动式压力容器是指使用时不仅承受内压或外压载荷，搬运过程中还会受到由于内部介质晃动引起的冲击力，以及运输过程带来的外部撞击和振动载荷，因而在结构、使用、运输和安全方面均有其特殊的要求。包括铁路罐车（介质为液化气体、低温液体）、道路罐车［液化气体运输（半挂）车、低温液体运输（半挂）车、永久气体运输（半挂）车］和罐式集装箱（介质为液化气体、低温液体）等。如液化石油气（LPG）、液化天然气（LNG）、压缩天然气（CNG）道路运输罐车属于移动式压力容器。

（2）按压力等级分　按设计压力（p）大小，压力容器可分为低压容器、中压容器、高压容器、超高压容器四个等级。其压力划分范围如下。

① 低压（代号L）容器 $0.1MPa \leqslant p < 1.6MPa$；

② 中压（代号M）容器 $1.6MPa \leqslant p < 10.0MPa$；

③ 高压（代号H）容器 $10MPa \leqslant p < 100MPa$；

④ 超高压（代号U）容器 $p \geqslant 100MPa$。

（3）按安全技术管理分　压力容器的危险程度与介质危险性及其设计压力 p 和全容积 V 的乘积有关，pV 值愈大，则容器破裂时爆炸能量愈大，危害性也愈大，对容器的设计、制造、检验、使用、运输、管理的要求愈高。为了更有效地实施科学管理和安全监检，我国压力容器分类综合考虑了设计压力、几何容积、材料强度、应用场合和介质危害程度等影响因素，将压力容器划分为三类。每类压力容器有不同的监管措施。

（五）DCS系统

集散控制系统简称DCS（Distributed Control System），也可直译为"分散控制系统"或"分布式计算机控制系统"。它采用控制分散、操作和管理集中的基本设计思想，采用多层分级、合作自治的结构形式。其主要特征是它的集中管理和分散控制。目前DCS在电力、冶金、石化等各行各业都获得了极其广泛的应用。对于石化各类企业来讲，DCS系统实现了生产工艺中的温度、压力、介质流速、阀门启闭等工艺生产条件的远程控制，同时对工艺路线中的各个设备、部位、装置的温度、液位、压力等情况进行实时监控，还可实现超过设计条件的及时预警等功能。一般正常运行为绿色或其他颜色，超压、超温为红色。同时，DCS系统也对工艺路线的实时运行状况进行储存记录。DCS系统不仅是生产企业的"总调度总指挥"，也是灭火救援时进行火情侦察，工艺处置的重要手段。图1-1-1为某石化仓储企业DCS系统实时监测图（见书后彩页）。从图中可以看出罐标号、介质、温度、压力、液位等情况，其中可以看出罐 T2307～T2312 等罐超压报警。

（六）其他

1. 氢脆

氢脆是指在材料的冶炼、零件的制造与装配过程（如电镀、焊接）中进入钢材内部的微量氢（10的负6次方量级）在内部残余的或外加的应力作用下导致材料脆化甚至开裂。氢脆会造成应力集中，超过钢的强度极限，在钢内部形成细小的裂纹，又称白点。氢脆只可防，不可治，一经产生，就消除不了。

2. 饱和蒸气压

密闭条件中，一定温度下，液体（或固体）蒸发量与液化量处于动态平衡时所具有的蒸气压力称为饱和蒸气压。

例如，把纯水放在一个密闭容器里，并抽走上方的空气，当水不断蒸发时，水面上方气相的压力，即水的蒸气所具有的压力就不断增加，但是，当温度一定时，气相压力最终将稳定在一个固定的数值上，这时的气相压力称为水在该温度下的饱和蒸气压力。当气相压力的数值达到饱和蒸气压力的数值时，液相的水分子仍然不断地气化，气相的水分子也不断地冷凝成液体，只是由于水的气化速度等于水蒸气的冷凝速度，液体量才没有减少，气体量也没有增加，液体和气体达到平衡状态。

饱和蒸气压是物质的一个重要性质，它的大小取决于物质的本性和温度，随温度升高而增加。饱和蒸气压越大，表示该物质越容易挥发。

3. 无约束蒸气云爆炸（UVCE）

无约束蒸气云爆炸是指在开放空间内，释放的气体或者蒸气与周围大气混合形成可燃混合气云，一旦遇到点火源即发生大面积的爆炸。

4. 沸腾液体扩展蒸气云爆炸（BLEVE）

BLEVE是装有易挥发性物质的容器在外部高温或撞击的作用下发生突然破裂，由于容器内外压力平衡被打破并且处于过热状态，释放出的液体会发生爆炸性的气化，一旦遇到明火则会发生爆炸。在这一过程中，释放能量主要体现在超压以及冲击波产生的碎片。

5. 物理爆炸

主要是由物理变化引起的爆炸，爆炸前后物质的成分、性质无变化，典型的有锅炉爆炸。

6. 化学爆炸

化学爆炸是由化学变化造成的。化学爆炸的物质不论是可燃物质与空气的混合物，还是爆炸性物质（如炸药），都是一种相对不稳定的系统，在外界一定强度的能量作用下，能产生剧烈的放热反应，产生高温高压和冲击波，从而引起强烈的破坏作用。

三、石油化工基本产业链

石油化工指以石油和天然气为原料，生产石油产品和石油化工产品的加工工业。石油化工包括石油炼制和石油化工两大类。

石油炼制主要以石油（或称原油）为原料，经加工生产各种石油燃料（如汽油、煤油、柴油、炼厂气），润滑油和润滑脂，蜡、沥青和石油焦，溶剂等。

石油化工主要以石油炼制过程产生的各种石油馏分和炼厂气以及油田气、天然气等为原料，生产以乙烯、丙烯、丁二烯、苯、甲苯、二甲苯、PX、PTA为代表的基本化工原料。

化学合成是通过对基本化工原料进行合成与加工，生产化学合成材料如合成塑料、合成纤维、合成橡胶、合成氨-尿素、合成洗涤剂、溶剂、涂料、农药、染料、医药等。

生产石油化工产品的第一步是对原料油和气（轻质裂解原料如石脑油、轻汽油、柴油、丙烷等）进行裂解，生成以乙烯、丙烯、丁二烯、苯、甲苯、二甲苯为代表的基本化工原料。第二步是以基本化工原料生产多种有机化工原料（约200种）及合成材料（合成塑料、合成纤维、合成橡胶）。这两步产品的生产属于石油化工的范围。有机化工原料继续加工可制得更多品种的化工产品，习惯上不属于石油化工的范围，石油化工行业产业链见图1-1-2。

四、石油化工企业分类

石油化工企业是指以石油、天然气及其产品为原料，生产、储存各种石油化工产品的炼油厂、石油化工厂、石油化纤厂或其联合组成的工厂。石油炼制企业是指以原油为原料生产燃料油及化工辅助原料的企业。根据加工路线和工艺流程石油炼制企业可分为燃料型炼厂、燃料化工型炼厂和燃料-润滑油-化工型炼厂、炼化一体化石化企业。石油化工企业分类见表1-1-1。

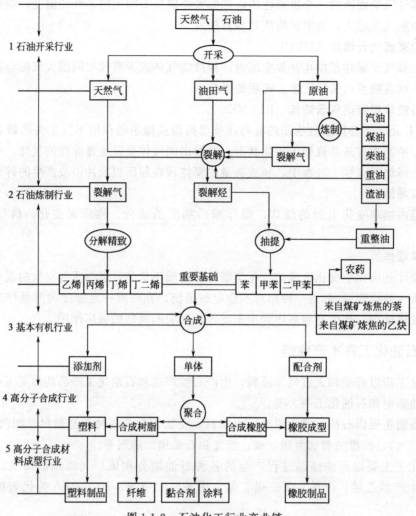

图 1-1-2　石油化工行业产业链

表 1-1-1　石油化工企业分类

石油炼制	燃料型炼厂	生产汽油、煤油、柴油等燃料油为主的炼油企业
	燃料-化工型炼厂	生产汽油、煤油、柴油等燃料油及石脑油、轻烃、混合碳四等化工原料的石油化工企业
	燃料-润滑油-化工型炼厂	生产汽、煤、柴燃料油、润滑油及石脑油、轻烃、混合碳四等化工原料的石油化工企业
石油化工	石油炼制及石油化工生产厂	原油加工生产汽、煤、柴燃料油及乙烯裂解生产合成塑料、合成树脂、合成橡胶、合成纤维等化工产品的石油化工企业。包括千万吨炼油-百万吨乙烯炼化一体化企业
天然气化工	天然气加工厂	以天然气为原料生产化工产品的企业

五、基本工艺流程

炼油的基本工艺流程是原油经原油蒸馏装置蒸馏后，通过沸点不同得到轻组分、重组分油品（汽油、煤油、柴油组分），减压塔底渣油重组分经催化裂化装置、延迟焦化装置热裂解、聚合后打开分子链得到汽、煤、柴等轻质油品。为进一步提高油品质量或生产芳烃组分，经原油蒸馏、催化裂化、延迟焦化装置得到的轻组分经催化重整、加氢裂化、汽油加氢、煤油加氢、柴油加氢装置得到高辛烷值的汽、煤、柴燃料油或芳烃等产品。每一套装置内会产生液化烃。

化工的基本工艺流程是以石脑油、乙烷、轻柴油等为原料，经乙烯裂解装置得到乙烯、丙烯等基本化工原料。乙烯经聚乙烯装置单体自聚得到高分子聚乙烯塑料，丙烯经聚丙烯装置单体自聚得到高分子聚丙烯塑料；丁二烯、苯乙烯、丙烯腈三元单体聚合得到 ABS 合成树脂；丁二烯、苯乙烯二元单体聚合得到丁苯合成橡胶，丁二烯、丙烯腈二元单体聚合得到丁腈合成橡胶等产品。

石油化工企业原油蒸馏装置叫做一次加工装置，原油蒸馏装置产出的产品往往作为二次加工装置的原料。

二次加工装置一般包括：催化裂化、延迟焦化、催化重整、加氢裂化、酮苯脱蜡等，渣油加工还有热裂化或者减黏裂化、溶剂脱沥青、渣油加氢裂化等工艺。

三次加工装置一般都是以二次加工装置生产的产品作为原料，如催化裂化装置、重整装置生产的液化气是气体分离装置的原料，催化柴油、焦化柴油要进行加氢精制，蜡油经酮苯脱蜡工艺将油和蜡分开，蜡要进行加氢精制生产出石蜡，油要经过溶剂精制生产润滑油基础油，因此气分、加氢精制、石蜡加氢、糠醛精制等就是三次加工装置。

生产辅助系统有热电装置、空分装置，循环水装置、产品储存、运输的油库、调运设施等。每个石油化工企业的原料不同，加工流程不同，因此炼油化工涉及的装置类别有多种。燃料型、燃料-润滑油型炼油厂加工流程如图 1-1-3 所示。

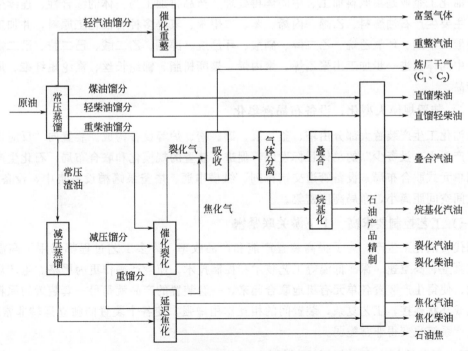

图 1-1-3　燃料型、燃料-润滑油型炼油厂加工流程

第二节　石油化工火灾危险性

● 学习目标

1. 掌握石油化工的火灾危险性。
2. 掌握石油化工的事故分类。

石油化工生产过程中使用的原料、中间产品、产品大部分属于易燃、易爆物质，且生产工艺复杂、操作控制严格，从消防安全角度来说，石油化工上下游之间跨度大、产业链条长、高能物料集聚多，生产过程危险性大，石油化工生产经营、油气输转、道路运输、罐区仓储涉及范围广，一旦发生火灾爆炸事故，往往造成较大的伤亡或财产损失。

一、生产特点

随着石化行业的不断升级，石油化工生产装置朝着"大型、先进、集约、环保"的方向发展，产能规模呈现大型化。目前，石化企业最大原油加工能力已达 1000 万吨/年以上，乙烯生产能力已达 100 万吨/年以上。石化生产上下游联系紧密，生产装置及设备联合布局，低温、深冷、加氢、裂解等先进加工技术广泛应用。工艺路线和原料利用更加环保经济，装置间连续反应，流程短，效能高。各类罐型种类多、储存介质复杂。新工艺、新技术、新产品、新能源，产业一体化、产能规模化、管理园区化发展趋势明显。

石油化工生产特点主要表现在以下几个方面。

（一）生产综合化，产品多样化

石油化工企业是集原料加工、中间体再处理、产品再加工为一体的综合性、连续生产的企业，主要生产石油燃料、乙烯、丙烯、苯、二甲苯、氢等多种石油化工原料，并加工成对苯二甲酸二甲酯、环氧乙烷、乙二醇、硝酸、环己烷、醇酮、乙二酸、己二胺、己二氰等中间体，中间体又进一步加工出聚乙烯、聚丙烯、聚酯树脂、锦纶长丝、涤纶短纤维、尼龙等化工产品。

（二）装置规模大型化，设备布局密集化

石油化工生产装置大部分由塔、釜、泵、罐、槽、炉等设备构成。装置向"反应快、过程短、产量大、投资少"的总体目标发展，促进了装置的规模化和联合布局。石化生产装置均采用单元式联合布局，设备管道交错排列、纵横串通，塔釜泵罐槽设备集中，设备之间、单元之间空间距离小，布局高度密集。

（三）工艺控制要求高，上下游关联紧密

现代石油化工生产，为了提高装置产能和产品收率，许多工艺过程都采用了高温、高压、高真空、高空速、深冷低温等工艺技术和控制技术，使生产操作更为严格。生产规模的大型化，使得生产装置各单元有机地联合起来，一套装置的产品就是另一套装置的原料，形成直线或环状连接，工艺复杂，装置间的相互作用增强，使各个装置的独立运转非常困难，整个生产系统也变得非常脆弱。

（四）工艺管线众多，阀门控制复杂

装置区内的各设备之间以及装置区之间的介质输送都是通过管道来完成的。石油化工企

业的生产区内管廊立体架设，介质多样，纵横交错。石油化工生产设备之间介质流量的控制及管线之间介质流量的分配是通过阀门来调节的，因此各类阀门在管线上大量应用。

（五）仓储容量大，罐形结构多

随着产能规模的不断提升，罐区总容量、单罐容积不断增加，目前外浮顶储罐最大单罐容积已达到 15 万立方米；钢制浮盘内浮顶储罐最大单罐容积达 5 万立方米，易熔浮盘内浮顶储罐最大单罐容积达 5000 立方米（非标储罐最大容积达 5 万立方米）；LNG 储罐最大单罐容积达 20 万立方米；液化烃低温储罐最大单罐容积达 2 万立方米（非标储罐最大容积达 12 万立方米），液化烃全压力储罐最大单罐容积达 4000～6000 立方米（非标储罐最大容积达 1 万立方米）；固定顶储罐最大单罐容积达 3 万立方米（非标储罐最大容积达 5 万立方米）。为满足石化生产、长输管道、道路运输、安全仓储、最终用户使用等工艺技术要求，储罐类型和结构多样化，外浮顶储罐、内浮顶储罐、固定顶储罐、低温储罐、保温储罐、制冷储罐、液化烃储罐等在原料罐区、中间产品罐区、产品罐区广泛使用。注：非标储罐是指未按照标准设计的储罐。

二、火灾危险性

石油化工生产装置、管道输送、仓储之间中上游物料一般都具有易燃、易爆、有毒等特性，各种反应容器工艺流程都是在高温高压的情况下运行，对自动连锁控制、人员操作及安全管理等方面要求高，稍有不慎易引发火灾爆炸事故。一般来说，石油化工火灾火情比较复杂，常常伴随爆炸，出现立体、大面积、多火点、复燃、复爆等多种燃烧形式，往往会造成惨重的人员伤亡和巨大的经济损失。了解和掌握石油化工装置的火灾危险性，是成功扑灭石油化工火灾的前提。石油化工行业的火灾危险性主要表现在以下几个方面。

（一）物料易燃、易爆、有毒、腐蚀

石油化工生产，从原料到产品，包括工艺过程中的中间体、半成品、溶剂、添加剂、催化剂、引发剂、试剂等，绝大多数属于易燃可燃性物质，如原油、天然气、汽油、柴油、乙烯、丙烯、丁二烯等。这些物料又多以气体和液体状态生产或储存，极易泄漏和挥发。许多物料还是高毒和剧毒物质，如苯、甲苯、氰化钠、硫化氢、氯气等，这些物料一旦发生事故，容易导致人员急性中毒事故。此外，一些物料还具有自燃特性（如金属有机催化剂三乙基铝），加之生产过程中往往是高温、高压等工艺操作条件，许多加热温度都达到和超过了物质的自燃点，一旦操作失误或因设备失修及其他原因，极易发生火灾、爆炸及泄漏事故。物料的危害性如下。

1. 物理危险

由物料本身的理化性质及危害性引发的燃烧、爆炸等物理危险。如爆炸物、易燃气体、气溶胶（又称气雾剂）、氧化性气体、加压气体、压缩气体、液化气体、冷冻液化气体、溶解气体、易燃液体、易燃固体、自反应物质和混合物、自燃液体、自燃固体、自热物质和混合物、遇水放出易燃气体的物质和混合物、氧化性液体、氧化性固体、有机过氧化物、金属腐蚀物等。

2. 健康危害

有毒物质泄漏后，吸入、接触人体引发的健康危害，如急性毒性、皮肤腐蚀/刺激、严重眼损伤/眼刺激、呼吸道或皮肤致敏、致癌性、生殖毒性等。

3. 环境危害

有毒物质泄漏后入江、河、湖、海、地下水等水体、大气及土壤，对环境造成的急性和长期危害。

（二）生产工艺条件苛刻，安全操作要求较高

石油化工生产工艺是由一系列物理、化学过程得到相应物质的过程，在反应中，需要高温、高压、低温、深冷、真空、空速等工艺技术实现。例如，乙烯裂解炉的温度高达1100℃，而乙烯、丙烯等深冷分离过程的温度低至−100℃以下；高压聚乙烯的聚合压力达350MPa，涤纶原料聚酯的生产压力仅 1～2mmHg（1mmHg＝133.322Pa）；特别是在减压蒸馏、催化裂化、焦化等加工过程中，物料温度已超过其自燃点。生产条件异常苛刻，对安全操作要求较高，如违反操作规程或任意变更工艺参数，极易引发事故，对危险化学品生产、经营、使用、运输、仓储、废弃等企业自身的安全管理水平和灭火救援处置提出了严峻挑战。

（三）设备管廊集群庞大，易发生泄漏导致事故

大型石油化工生产企业由多种塔、釜、泵、罐、槽、容器、管线及阀门等构成了庞大的设备管廊集群，在运行过程中，物料往往具有腐蚀性，而各种物理、化学变化又都是在高温、高压的条件下进行的，长时间运行生产或其他原因，设备管线阀门"跑、冒、滴、漏"现象时有发生，稍有不慎，易发生泄漏而引发火灾爆炸事故。

（四）易引发连锁反应

大型石化企业及石化园区总产能、单套装置加工能力不断扩容增量，油品储罐和工业液体储罐区呈规模化、基地化发展，园区集中化管控措施不断加大，厂际之间、厂际与罐区之间，储罐之间，装置之间，装置与单元工序之间，管道互通，原料产品相互利用，相互依存，某一部位某一环节发生事故，将会导致系统波动，引发连锁反应进而导致大规模立体火灾。

（五）"小化工"火灾爆炸事故频发

"小化工"是指采用断链或半链式生产，产能工艺相对落后，区位相对分散的民营企业。十三五期间，由于各省化工企业准入门槛标准不一，导致小化工在一定范围内失去市场空间，出现由城市向农村，东部沿海向中西部地区转移的局面。由于小化工客观上存在本质安全条件不高、工艺相对落后、安全管理规章制度落实不严等情况，导致事故频发，一旦发生事故，系统极易失效、工艺控制手段缺失，给现场的灭火救援带来极大风险。

三、事故分类

危险化学品事故是指由一种或数种危险化学品泄漏或其能量意外释放造成的人身伤亡、财产损失或环境污染事故。从消防灭火救援的角度来讲，石油化工事故属于危险化学品事故中的一类。根据危险化学品事故的表现形式可将其分为 6 类。

（一）危险化学品事故分类

根据其造成后果的表现形式，可将危险化学品事故分为以下几种类型：

（1）火灾事故，包括易燃液体火灾、易燃固体火灾、自燃物品火灾、遇湿易燃物品火灾、其他危险化学品火灾；

（2）化学反应的爆炸事故或液化气体和压缩气体的物理爆炸事故；

（3）危险化学品中毒和窒息事故；

（4）腐蚀性危险化学品意外地与人体接触，在短时间内即在人体被接触表面发生化学反应，造成明显破坏的事故；

（5）气体或液体危险化学品发生了一定规模的泄漏，虽然没有发展成为火灾、爆炸或中毒事故，但造成了严重的财产损失或环境污染等后果的危险化学品事故；

（6）其他危险化学品事故指不能归入上述五类危险化学品事故之外的其他危险化学品事故。如危险化学品罐体倾倒、车辆倾覆等，但没有发生火灾、爆炸、中毒和窒息、灼伤、泄漏等事故。

（二）石油化工事故分类

石油化工事故属于危险化学品事故，其表现形式也包括以上 6 种灾害类型。此外，石油化工事故发生的概率存在于生产、储存、运输、使用、经营、废弃等每一个环节，根据事故发生的场所，石油化工事故可分为以下 7 类。

1. 危险化学品生产企业事故

石油炼制、石油化工、煤化工、盐化工、磷化工、氟化工、精细化工、小化工、化工园区内（工业及科技园区）等企业生产、储存过程中发生的事故。主要的事故类型有：泄漏、中毒、火灾、爆炸等事故。

2. 液体储罐区事故

国家石油储备库，企业石油商业储库，石化企业原料、产品库，化工园区仓储库，港区装卸、仓储、中转、分装、输转液体库，小化工液体库等企业各类油品、化工液体罐区储运过程中发生的泄漏、火灾、爆炸等事故。如 2014 年"4·6"福建漳州古雷腾龙芳烃 PX 项目火灾爆炸事故。

3. 液化烃储罐区事故

石油化工、煤化工、氟化工、盐化工、磷化工、精细化工、小化工等企业及港区、航运码头区、化工园区（工业园区及科技园区）的液化烃储罐区（包括全压力、半冷冻、全冷冻等储存方式罐型）生产、装卸、输转、分装、储运过程中发生的泄漏、火灾、爆炸等事故。如 2015 年"7·16"山东日照石大科技石化有限公司液化石油气罐区爆燃事故。

4. 危险品运输事故

各类危险化学品箱式集装车、罐式集装车、散装车在道路运输过程中发生的泄漏、火灾、爆炸等事故。运输的物料有：LPG、LNG、CNG、油品、化工液体、毒害品、腐蚀品等。

5. 液化天然气接收站、气化站事故

液化天然气接收站、液化天然气气化站在装卸、储存、气化、输送、供应过程中发生的储罐及管道低温液体/高压气体泄漏、火灾、爆炸等事故。当发生地震、海啸、台风等自然灾害时，易发生次生灾害。

6. 危险化学品仓库、堆场事故

各类危险化学品箱式集装车、罐式集装车、散装车及仓库堆场在港区、航运区、物流中转区、库区仓储过程中发生的泄漏、火灾、爆炸等事故。包括罐集、箱集、固定库、露天库、散装堆场、箱罐集装箱码垛等作业区、集散区、办公区。如 2015 年"8·12"天津滨海新区瑞海国际物流有限公司危险品仓库火灾爆炸事故。

7. 油气长输管道事故

原油、成品油输油管道、天然气输气管道在输送液态和气态危险化学品过程中发生的泄漏、火灾、爆炸等事故。如 2013 年 "11·22" 中石化东黄输油管道泄漏爆炸特别重大事故。

第三节　基本原则、程序和战术

● 学习目标

1. 掌握石油化工事故处置的基本原则。
2. 掌握石油化工事故处置的基本程序。
3. 掌握石油化工事故处置的基本战术。

石油化工事故类型多、灾情复杂、处置难度大，对灭火救援工作有较高的要求，本节在对石油化工事故特点及处置规律归纳总结的基础上，提出了灭火救援基本原则、程序和战术。

一、灭火救援基本原则

石油化工事故处置是在政府统一领导下的，多部门联勤联动的过程，涉及消防、安监、质检、公安、环保、供电、供水、通讯、气象、环卫等多个部门。在公众越来越关注公共安全和环境保护的背景下，要以 "救人第一，科学施救" 为指导思想，牢固树立科学、安全、专业、环保的处置理念，坚持以下基本原则。

1. 坚持以人为本，科学施救的原则

在保障灭火救援人员安全的前提下，积极抢救受困人员，迅速控制灾害，防止事态扩大是灭火救援工作的首要任务。

当现场情况不清楚时，严禁擅自行动，严禁冒险蛮干；当现场情况基本清楚，无爆炸等次生灾害风险，灾情易于辨识研判时，需在技术人员指导下，果断下达指令开展灭火救援行动；当燃烧物不清，现场情况不明，难于辨识研判时，参战力量要与现场保持足够的安全距离，如有人员被困，且有希望抢救受困人员生命时，指挥员应视情采取救人措施；当燃烧物不清，现场情况不明，无人员受困，难以研判决策，现场指挥员应及时采取外部控灾措施，并与现场保持适当安全距离；当燃烧物已知，无人员受困，有爆炸伤亡风险，指挥员应采取依托掩体外围抑爆控灾措施，必要时建议指挥部扩大警戒、疏散范围。

2. 坚持统一领导，科学决策的原则

石油化工事故救援现场的情况十分复杂和危险，要坚持政府的统一领导，集中调动多个部门、各方面的专业技术力量来共同完成。事故现场要成立以政府为主导的总指挥部和以公安消防部队等处置主体力量为主的现场作战指挥部。总指挥部负责重大决策和相关部门协调，现场作战指挥部负责作战方案和行动方案的具体实施。要根据灭火救援预案和现场实际变化领导应急响应和应急救援，准确判断灾情，科学决策指挥。

3. 坚持工艺先行，专业处置的原则

总指挥部、现场作战指挥部、各联动部门、事故单位与灭火救援队伍应保证实时信息互通，要牢固树立 "工艺控制与消防处置相结合的理念"，在事故单位组织工艺技术、工程抢险处置的同时，灭火救援处置队伍及相关单位应根据灾情类别、事故处置的需求和总指挥部的要求展开行动，做好协同应对工作，提高灭火救援效率。

4. 坚持保护环境，减少污染的原则

石油化工事故现场往往伴随着各类危险化学品泄漏、燃烧、爆炸危害和有毒有害、腐蚀性物质等对环境造成的灾害衍生产物，在应急处置过程中应加强对环境的保护，控制灾害等级和事故范围，灭火救援行动结束后要对消防射水、泡沫等进行处理，对参与处置的人员、车辆及器材装备进行洗消，尽可能降低和减少对大气、土壤、水体的污染，严防发生环境污染的次生灾害事故。

二、灭火救援基本程序

程序是指事情进行的先后次序，它通常由内容、方法和步骤三个基本要素组成。石油化工灾害事故应急处置程序是依据其自身事故类型特点和发生变化规律，消防灭火救援人员为完成具体承担的灭火救援任务而设定采取的处置措施和方法步骤。具体而言也就是：针对任务目标，要明确和解决"做什么（内容）"、"怎么做（方法）"、"顺序怎样（步骤）"等问题。石油化工事故应急处置程序包括事故响应程序和事故处置行动程序两种类型。

（一）事故响应程序

事故响应程序是指在整个灾害事故处置过程中，从始到终组织指挥系统运作响应的阶段性程序。它包括预案启动、方案制定、方案实施、响应结束四个基本程序。发生危险化学品灾害事故，事故企业应按照岗位、班组、车间、企业的顺序进行应急预案的启动和应急响应，随着灾情扩大，公安消防部队应按照预案的灾情等级和响应程序，依次按辖区大中队、支队、总队、跨区域增援等程序进行预案启动和应急响应，同时政府应成立总指挥部统一协调各部门进行联动处置。从事故发生、发展到蔓延扩大，最后得到处置，每一步需要相应的应急力量进行响应和处置，在处置过程中，要考虑到现场的每一个过程、每一个因素、每一个环节、每一个要素、每一道工序，充分体现"全过程，全要素"的原则。

1. 预案启动

预案启动是灾害事故发生后，各级职能部门启动相应的灾害事故预案，履行各自的职能，调集救援力量赶赴灾害事故现场准备开展处置的过程。事故单位应立即启动应急预案，组织成立应急处置指挥部；公安消防部队指挥中心应迅速准确受理报警。按照事故类型，结合火警和应急救援分级，加强第一力量的调配，及时调集辖区中队、增援力量到场处置，全勤指挥部遂行出动，根据灾情处置需求，按编程调动增援力量；政府有关部门在接到事故报告后，应立即启动相关预案，调动公安、安监、通讯、卫生、环保、气象等社会应急力量和危险化学品事故处置专家参与救援，成立总指挥部，明确总指挥、副总指挥及有关成员单位或人员职责分工。

2. 方案制定

方案制定是指根据现场灾情和发展等级，各救援力量与联动部门在作战指挥部及总指挥部的统一领导下，明确任务目标，将处置措施、方法、步骤等内容转化为科学合理的处置方案的过程。

3. 方案实施

方案实施是指处置人员根据处置方案指定分配的任务，按照规定的实施步骤，采用对应的技术方法和手段，对事故进行处置的过程。如需要进行工艺控制措施时，消防处置人员与相关技术人员应共同会商密切配合，采取相应的措施掩护深入事故核心区域进行作业的人员。

4. 响应结束

响应结束是指灾害事故险情已排除，势态恢复正常，各救援力量清点人员、器材、装备返回的过程。政府相关部门统一发布事故相关信息，开始进行现场清理、事故调查等工作。

（二）事故处置行动程序

事故响应后，石油化工事故处置的行动程序随即展开。在整个灭火救援处置过程中，处置行动程序主要包括：初期管控、侦察研判、警戒隔离、安全防护、人员救助、排除险情、信息管理、全面洗消及清场撤离九项内容。

1. 初期管控

第一到场力量在上风或侧上风方向安全区域集结，尽可能在远离且可见危险源的位置停靠车辆，建立指挥部。派出侦检组开展外部侦察，划定初始警戒距离和人员疏散距离，设置安全员控制警戒区出入口。搭建简易洗消点，对疏散人员和救援人员进行紧急洗消。

（1）行驶途中或到达现场，初步获取以下灾情信息：

①询问现场知情人或通过指挥中心信息推送，了解灾害事故类型和危险品名称、性质、数量、泄漏部位、范围及人员被困等主要信息；②了解事故单位采取了哪些工艺或消防控制措施；③利用电子气象仪等工具，测定事故现场的风力、风向、温度等气象数据；④通过直接观察或使用望远镜、无人侦察机等工具，查看事故部位的形状、标签、颜色等内容。

（2）根据初期侦察情况，划定事故现场初始警戒距离，在上风向设置出入口，严格控制人员和车辆出入，实时记录进入现场作业人员数量、时间和防护能力。根据初期侦察情况，划定事故现场人员疏散距离，将危险区域人员疏散至上风向安全区域（优先疏散下风向人员），并进行简易洗消。

（3）封堵地下工程。使用沙土、水泥等对排污暗渠、地下管井等隐蔽空间的开口和连通处进行封堵，防止一些有毒的化工原料流淌，导致对周边环境造成二次污染，同时防止可燃气体、易燃液体流入，发生爆炸燃烧。

（4）搭建简易洗消点。简易洗消点应设置在初始警戒区域外的上风方向，力量到场后15min内搭建完成，用于对初期疏散人员和救援人员紧急洗消。

搭建简易洗消点主要有两种方法：消防车搭建简易洗消点，6m拉梯搭建简易洗消点，如图1-3-1所示。

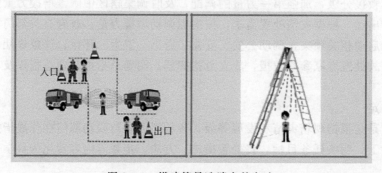

图1-3-1　搭建简易洗消点的方法

2. 侦察研判

侦察研判就是通过询问知情人或仪器检测，了解掌握灾情，对危险源和事故类型进行辨识判断的行动过程。在石油化工事故救援中，侦察是制定科学合理的灭火救援方案的基础，也是减少救援人员伤亡的根本保证。因此，侦察必须认真、仔细，同时还必须适时、动态地进行。

（1）侦检方法

① 中控室监控：灭火救援力量到场后，应立即派员前往中控室，利用中控室 DCS 控制系统、可燃气体报警监控系统、视频监控系统，密切监控生产装置、罐区灾害现场、生产工艺参数、储运设备、仓储物料等控制参数变化，了解事故发生的部位、温度、压力等情况，查明事故单位基本工艺流程、DCS 系统工艺处置实施情况，对可能存在的风险进行初期研判。

② 询问法：通过对知情人员进行询问，了解灾害事故相关情况的方法。知情人一般有报警人、目击者、操作员、管理者和工程技术人员等。通过询问事故单位，调取厂区平面图、事故部位工艺流程图、关键设备结构图、地势图、水源图等相关基本图纸。

③ 观察法：指通过利用无人机、望远镜等装备，凭相关专业知识和经验，对灾害事故的相关情况进行判断的方法。通过观察标签标识（事故装置，事故储罐，事故车体、箱体、罐体、瓶体等的形状、标签、颜色等），查阅对照相关规范获取；观察现场火焰、烟气、燃烧部位等情况进行外围评估。

④ 检测法：通过采用特定功能的仪器设备，对灾害事故的相关信息进行数据收集、探测，化验的方法。如利用可燃气体检测仪、可以检测可燃气体的浓度，利用红外线测温仪可以简单测量罐体、火焰温度等信息。

（2）侦检内容

① 人员信息。遇险人员伤亡、失踪、被困、受影响波及人员的数量、位置等情况。

② 环境信息。周边重要企业生产装置区、危险化学仓储区、建筑区、居民区、地理环境、气象条件、道路水源、地形地物、电源火源等情况。

③ 危险源信息。现场危化品种类、品名、规格、特性、数量、包装、状态、理化性质、处置方法等信息，灾情可控程度；有关生产装置区、储罐区、堆场、设备、设施损毁灾情、可控程度等情况。

④ 事故类型信息。查明事故部位、类型、可能导致的后果及对周围区域的可能影响范围和危害程度。

⑤ 救援力量信息。可调集应急处置队伍、装备、物资、药剂、器材等应急力量等处置能力和处置物质储备。

（3）实时侦检内容

① 对可燃、有毒有害危险化学品的泄漏浓度、扩散范围等情况进行动态检测监控；

② 测定风向、风力、气温、雷雨等气象数据，预判波及范围；

③ 确认生产装置、设施、建（构）筑物、储罐、库区堆场已经受到的破坏或潜在的威胁；

④ 检测监控火灾、爆炸、毒害现场及对周边环境的危害影响；

⑤ 作战指挥部和总指挥部根据现场动态检测监控信息，适时调整指挥部位置、警戒范围及救援行动方案。

3. 警戒隔离

警戒隔离是根据现场危险化学品灾情发展趋势、单体介质及燃烧产物的毒害性、扩散趋势、火焰辐射热和爆炸、泄漏所涉及的范围等相关内容对危险区域进行会商论证，对事故现场及周边受影响区域分层次进行警戒的行动过程。

（1）警戒区的划分　通常情况下，根据事故危险危害程度大小、救援力量强弱、布置准备情况、地势建筑物分布和天气状况等因素，将警戒区分为重度危险区（核心区）、中度危险区（事故区）、轻度危险区（危险区）和安全区四个等级，出现灾情蔓延扩大、气象变化等不利于处置险情，根据灾情处置和动态监测情况，现场处置人员视情紧急避险、紧急撤离，重新调整警戒隔离区范围。

（2）警戒力量的构成　警戒区的警戒任务在不同阶段由不同的职能单位或人员承担。在事故初期一般由先期到场的消防队或事故单位的安保人员承担；在事故处置中期，警戒任务一般由公安、武警、交警、事故单位安保等人员来负责。根据救援需要，警戒人员以3～5人为一行动小组，在警戒点进行执勤。

（3）警戒区的管理　加强人员管理。一方面要组织救援人员对警戒隔离区内的群众进行紧急疏散，对伤者和遇难人员进行及时转移搬运；另一方面，设置安全员，合理设置出入检查卡，控制处置区作业人员数量，明确统一紧急撤离信号。对进入警戒区的人员严格登记，一般情况下，核心区、事故区只允许救援人员（如侦检员、战斗员）在场，其他人员不能进入；危险区只有专业救援人员才能停留，其他人员排外；安全区相关救援指挥力量可以在此集结和准备。进入不同区域进行作业的人员必须按照相应的等级进行个人安全防护。

加强交通管理。在警戒区内，一方面要对进入区域内车辆进行限速、限路线、限驶人、限停放的控制；另一方面，要在警戒区边界设置警戒线，安放醒目警戒标识，封闭道路禁止无关车辆通行。

加强危险源管理。进入警戒区内要做好防止火源、电源带入事故现场。

4. 安全防护

石化行业事故灾害现场往往伴随着高温、浓烟、有毒有害等对现场处置人员可能存在较大危害的风险，因此各级灭火救援指挥人员必须考虑整体环境的安全性，高度重视灭火救援现场的安全问题，切实做好"防火、防爆、防毒、防灼伤、防冻伤、防同位素辐射"的"六防"工作。

（1）安全防护装备　调集所需安全防护装备。现场应急救援人员应针对不同的危险特性，采取相应安全防护措施后，方可进入现场救援。安全防护等级见表1-3-1。

表1-3-1　安全防护等级

级别	着装要求	防护面具	适用范围
一级	特级化学防护服	防静电内衣	空气呼吸器	军用芥子气、沙林毒气、光气、氯气、砷化物、氰化物以及有机磷毒剂等危险化学品
二级	一级化学防护服	防静电内衣	空气呼吸器	浓硫酸、浓硝酸、氨水、丙酮氰醇、苯甲腈以及甲苯、对二甲苯等危险化学品
三级	二级化学防护服	防静电内衣	空气呼吸器或简易滤毒罐	氯甲烷、溴仿、四氯化碳、甲醛、乙醚、丙酮等危险化学品

特别注意：进入LNG（液化天然气）、低温液化烃（乙烯、丙烯、乙烷、丙烷）等低温罐区储存输送场所处置泄漏、火灾现场作业，应着防冻服，做好相应防冻措施避免冻伤；进

入易燃易爆场所作业，应携带无火花工具和防爆型通信电台。石油化工企业事故处置中应重点做好 H_2S 气体的防护。

（2）安全防护措施

① 设立观察哨。应同时设立内观察哨和外观察哨。

内观察哨是指在事故现场派专人前往 DCS 控制中心，实时监测事故装置（单元、部位）温度、压力、液位及工艺系统上下游关联等情况，遇突然超压、温度急剧升高等有可能对前方处置人员造成伤亡的状况要及时向指挥部报告。

外观察哨是指外部安全员，一要控制、记录进入现场救援人员的数量，实时监控处置区作业区处置人员动态，注意其空气呼吸器使用余量；二要实时观察现场火焰、烟气、异常声响、建构筑物、设备框架等情况，遇沸溢、喷溅、流淌火、爆炸、倾斜、倒塌等紧急情况立刻发出预警。内观察哨、外观察哨安全监测人员若遇直接危及应急处置人员生命安全的紧急情况，应立即报告救援队伍负责人和作战指挥部，救援队伍负责人、作战指挥部应当迅速作出撤离决定。情况紧急安全监控人员可直接指令现场处置人员采取紧急撤离措施，随后逐级汇报。

② 紧急避险与紧急撤离。是指当着火装置出现温度急剧升高、压力突然增大、发生抖动或异常的啸叫声响、火焰颜色由红变白、DCS 系统报警、泄漏加剧等爆炸征兆时，立即发出紧急避险或紧急撤离信号。

紧急避险命令一般由一线指挥员下达，现场人员听到命令后，必须采取就地倒伏、就近借助掩体进行自我保护。一线指挥员有权在不经请示上级指挥部的情况下下达紧急避险命令。

紧急撤离命令一般由现场作战指挥部下达。应提前明确紧急撤离信号、撤离路线和集结点。紧急撤离信号要采用灯光、旗语、鸣笛、报警等多种形式，从不同地点同时发出，撤离至事故地点上风或侧上风方向。

实施紧急避险和紧急撤离后，要及时进行人员清点，调整人员部署。撤退时不收器材，不开车辆，主要保证人员安全撤出。

5. 人员救助

人员救助是指使用各种方法和装备，积极救助遇险被困人员，抢救人员生命，或通过改善被困人员的生存环境，避免或减少伤亡的灾害处置行动。在石油化工事故现场，被困人员往往处于昏迷、中毒的状态，为人员搜救带来困难；处置时要特别注意事故爆炸、泄漏对周边居民的影响，要根据现场情况适时调整疏散范围；事故结束后，要注意水体、土壤等污染对人员造成的二次伤害。实施人员救助时，要注意以下几点。

（1）救援人员应携带侦检、搜救器材进入现场，将遇险受困人员转移到安全区。现场应成立搜救小组，在不清楚危化品数量、理化性质、人员被困等情况禁止进入开展搜救工作。搜救时，应明确撤离方向和路线，携带简易防毒面罩、相应药剂进入现场对被困人员进行简易处理，应尽快将被困人员转移出危险区域。

（2）当发生较大面积危化品泄漏时，如硫化氢、氨气、氯气泄漏，液化天然气、液化烃泄漏形成蒸气云，作战指挥部要实时调整搜救疏散范围，尤其是下风向的处置人员和周边人员集聚区。

（3）对搜救人员进行现场急救和登记后，应交专业医疗卫生机构处置。

6. 排除险情

排除险情是指对事故现场辨识存在的危险情况或危险源进行减弱或清除，以达到降低事故风险，或彻底消除事故发生条件的行动过程。石油化工事故现场有泄漏、火灾、爆炸、灼伤、中毒等险情，要根据现场实际情况，准确辨识风险，灵活运用各种技战术措施，科学进行排险。

（1）火灾爆炸事故现场处置　现场明火处置应坚持先控制后扑灭的原则。依危险化学品灾害类型、理化性质、发展阶段、火势大小，采用冷却、堵截、突破、夹攻、合击、分割、围歼、破拆、封堵、排烟等方法进行控制与灭火。将工艺控制与消防处置措施相结合，具体措施如表 1-3-2 所示。

表 1-3-2　工艺控制与消防处置措施一览表（火灾爆炸事故）

火灾爆炸类别	工艺控制措施	消防处置措施
生产装置	紧急停车、紧急放空、关阀断料、泄压排爆、上下游联动、调整工艺参数、物料输转、单体循环、氮气惰化、蒸气惰化、系统置换	稀释分隔、强制冷却、泡沫覆盖、干粉灭火、多剂联用
储罐区	紧急停工、紧急放空、关阀断料、泄压排爆、上下游联动、物料输转、保冷保温、氮气惰化、氮气抑制、氮气窒息、注水止漏	泡沫封冻、稀释分隔、强制冷却、泡沫覆盖、干粉灭火、多剂联用、工程抢险
道路运输罐车	紧急泄压、紧急放空、关阀断料、封堵止漏、倒罐输转、引流控烧、氮气惰化、氮气抑制、氮气窒息、安全转移	稀释分隔、强制冷却、泡沫覆盖、干粉灭火、多剂联用
油气管道	关闭上游阀门、紧急排压、围堤分隔、封堵止漏、引流控烧、氮气惰化、氮气抑制、氮气窒息	安全转移、稀释分隔、强制冷却、泡沫覆盖、干粉灭火、多剂联用
危险化学品仓库、堆场、集装箱、箱集罐	调取库区图、确定警戒区、分步侦检、核查种类、辨识物品、核对清单、确定灾情类别及部位	警戒疏散、搜救搜寻、侦察检测、稀释分隔、破拆堵漏、稀释分隔、强制冷却、沙土填埋、惰化保护、强攻灭火、洗消监护等战术措施和灭火救援行动

（2）泄漏事故处置　泄漏事故的处置通常分为两个步骤：泄漏源控制和泄漏物控制。泄漏物控制应与泄漏源控制同时进行。

① 泄漏源控制。生产、储运过程中发生泄漏，应根据生产工艺和应急处置情况，及时采取控制措施，防止事故扩大。采取紧急停车、局部打循环、改走副线或降压堵漏等措施。

其他经营、使用、运输、仓储等过程中发生泄漏，应根据事故类型、扩散范围、危害程度，采取围堤分隔、倒料输转、加装护套、泄压堵漏等控制措施。

② 泄漏物控制。对气体泄漏物可采取喷雾状水稀释、释放惰性气体、加入中和剂等措施，降低泄漏物的浓度或燃爆危害。喷水稀释时，应筑堤收容产生的废水，防止水体环境污染。

对液体泄漏物可采取容器盛装、吸附、筑堤、挖坑、泵吸等措施进行收集、阻挡或转移。若液体具有挥发及可燃性，可用适当的泡沫覆盖泄漏液体。

（3）中毒窒息事故处置　立即将染毒者转移至上风向或侧上风向空气无污染区域，并进行紧急救治，伤势严重者立即送医院观察治疗。

在排除险情过程中，若发现危及生命安全的紧急情况，应迅速采取紧急避险、紧急撤离措施；此外，要维护现场救援秩序，防止发生灼伤烫伤、车辆碰撞、物体打击、高处坠落等意外事故。

7. 信息管理

信息管理是处置程序中的一项重要内容，主要包括：信息管控、信息报告与信息发布三个方面的内容。

（1）信息管控 作战指挥部应强化信息管控，及时收发和更新内、外部各类信息（灾情动态、作战指令、社会舆情等），实时跟进救援进度，协调社会联动力量，不受外界媒体、群众等因素干扰。

（2）信息报告 作战指挥部应及时、准确、客观、全面地向总指挥部和上级消防部门报告事故信息。主要报告：事故发生单位的名称、地址、性质、产能等基本情况；事故发生的时间、地点以及事故现场情况；事故的简要经过（包括应急救援情况）；事故已经造成或者可能造成的伤亡人数；已经采取的措施、处置效果和下一步处置建议；其他应当报告的情况。

（3）信息发布 自媒体时代信息来源广泛、传播快速，具有"先入为主的特点"，不合理的信息发布会产生一定的社会影响，甚至为灭火救援行动带来不必要的负担。所以信息发布必须及时和慎重。首先，信息发布的权限、内容和时间必须由总指挥部确定，统一对外发布，严禁任何单位或个人发表不负责任的虚假信息；其次信息发布应做到及时、准确、客观、全面，达到消除谣言，打消公众的猜疑和恐慌心理的目的。

8. 全面洗消

洗消贯穿于整个石油化工事故灭火救援行动中，要对人员、车辆器材进行全面洗消。根据需要洗消的酸碱毒害性选择相应的药剂进行洗消。常用的洗消药剂有：氢氧化钠、碳酸氢钠、敌腐特灵、"三合一、三合二"洗消粉、漂白粉、有机磷降解酶等。

（1）设置洗消站 石油化工事故现场危化品易对现场处置人员造成二次伤害，应设置洗消站。洗消站应设置在轻危区与安全区交界处的上风方向，通常划分等候区、调整哨、洗消区、安全区、检查点、补消点、警戒哨、医疗救护点等功能区域，分别设立人员和器材装备洗消通道。洗消站设置如图 1-3-2 所示。

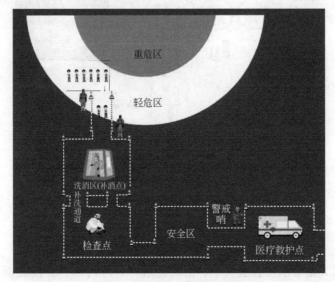

图 1-3-2　洗消站设置示意图

（2）人员洗消　人员洗消的程序如图 1-3-3 所示。

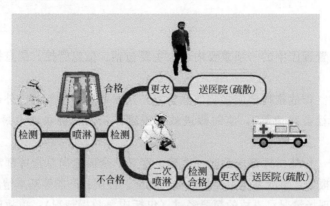

图 1-3-3　人员洗消程序

① 一般伤员。脱去被污染衣物，用洗消剂或大量清水从头到尾彻底冲洗一遍，若使用洗消剂洗消，结束后还应使用清水进行二次洗消；眼睛、面部接触危险物，应使用大量清水或生理盐水至少清洗 15 分钟。

② 无意识伤员。利用简易供氧器进行供氧，将被污染衣物去除，使用洗消剂和大量清水先对伤员正面进行洗消，然后侧翻固定清洗背面和侧面，若使用洗消剂洗消，结束后还应使用清水进行二次洗消，最后用毛巾擦拭干净。

③ 救援人员。利用洗消剂和大量清水进行全身洗消，再脱去染毒防护装备，进行全身二次洗消。应优先洗消头部和脸部，尤其是口、鼻、耳朵、头皮等部位。

（3）车辆器材装备洗消　车辆器材装备洗消如图 1-3-4 所示。

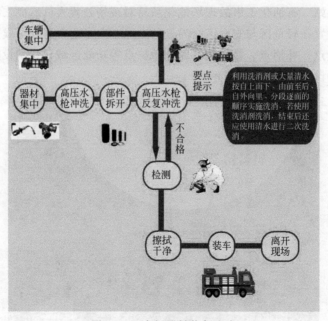

图 1-3-4　车辆器材装备洗消

利用洗消剂或大量清水按自上而下、由前至后、自外向里、分段逐面的顺序实施洗消，若使用洗消剂洗消，结束后还应使用清水进行二次洗消。

（4）污染场地洗消　应由环保部门或专业单位负责洗消和清理回收，消防部门协助。

9. 清场撤离

事故处置结束后，应全面、细致地检查清理现场，视情留有必要力量实施监护和配合后续处置，向事故单位和政府有关部门移交现场。撤离现场时，应当清点人数，整理装备。归队后，迅速补充油料、器材和灭火剂，恢复战备状态，并向上级报告。

（1）检查现场　检查的内容包括：各类危险源排查和清理，遇难者、伤员和救助者人数，参战人员和救援器材装备数量等。检查的每项内容都要作好认真登记，并按规定向上级指挥部门报告。

（2）移交现场，组织撤离　现场检查行动结束后，灭火救援现场指挥员应向公安机关或受灾单位负责人移交现场，并在交代有关要求和注意事项后组织救援力量有序撤离。移交处理的内容有：死者遗物、单位或个人的抢救物资归还，警戒区解禁，事故现场的监护，事态正常恢复等。

进入现场监护阶段后，应协助环保、安监等部门做好以下事项。

① 彻底清除事故现场各处残留的易燃易爆物品、有毒有害气体。

② 对泄漏液体、固体应统一收集处理。

③ 对污染地面进行彻底清洗，确保不留残液。

④ 对事故现场空气、水源、土壤污染情况进行动态监测，并将检测监控信息及时报告作战指挥部和总指挥部。

⑤ 洗消污水应集中净化处理，严禁直接外排。

⑥ 若空气、水源、土壤出现污染，应及时采取相应处置措施。

当遇险人员全部救出，可能导致次生、衍生灾害的隐患得到彻底消除或控制，由总指挥部发布救援行动终止指令。

需要指出的是，以上程序并不是按部就班，一成不变按照顺序来展开，而是根据现场实际情况灵活实施。各程序间具有同步性、交叉性和反复性。如在侦检的同时，可能同时也在救人、灭火、防爆排险、堵漏等，每一步都对灭火救援行动的成功意义重大。

石油化工事故处置程序与公安消防部队承担的其他灭火救援任务从理念、方法、思路基本一致，都讲求以人为本及灭火救援行动的科学性，但也有其自身鲜明的特点，这是由事故特点决定的。石油化工事故现场危化品、储罐、设施设备等种类繁多，热辐射、爆炸、有毒有害等风险时刻存在，易引发二次灾害衍生事故。因此从程序上讲，石油化工事故灭火救援处置具有：侦察研判要求较准，处置技术要求较高，参与处置的力量较多，涉及的群众较广，更加重视洗消及环保等特点。

三、灭火救援基本战术

石油化工事故灭火救援基本战术是在分析石油化工事故特点、发展规律的基础上，对消防部队灭火救援行动的归纳总结，基本战术的贯彻和落实是石油化工事故处置取得胜利的保障。

（一）工艺控制与消防处置相结合

工艺控制是指采取工艺措施减缓、控制或消除事故。如关阀断料以切断事故部位与相关设备的管线流程，阻止反应介质进入塔釜泵罐等设备；如采取远程放空或装置区手动紧急放空措施以防止生产装置系统压力超过设计值；再如将装置系统超压气相介质导入火炬管网焚烧，防止因设备管线超压突然破裂，发生闪爆伤害或灾情升级。

消防处置是指消防灭火救援人员为减缓、控制或消除石油化工事故所采取的行动。如对事故部位、邻近设备和关联管线及承重结构进行冷却保护，如利用固定灭火设施或移动消防装备进行灭火等。

工艺控制与消防处置的联合应用能够有效提高事故险情的可控程度，是成功处置石油化工事故的有效手段。如在火灾扑救过程中，公用工程管网供水能力不足，消防冷却水量达不到实际冷却水量需求，工艺方面可采取设备单体物料循环、侧线物料循环、系统物料循环等方式，将塔釜、容器热量置换，达到工艺设备内介质换热与消防战术外降温联合控温目的，防止因系统超温引起压力剧升。

（二）固移结合，提高效能

石油化工企业在消防设计时，根据装置的生产类别及产能规模、火灾危险性及移动消防力量等情况，设置了相应的固定灭火设施，并配备了合适、足量的灭火剂。例如，装置区内设置的固定泡沫灭火系统、固定水炮、消防竖管及消火栓箱；中间贮罐及装置顶部设置的雨淋设施；设备单元之间设置的消防水幕、蒸汽幕；装置平台、联合框架及油泵房设置的蒸气灭火设施；储存遇空气燃烧、遇水爆炸的各种助剂部位（引发剂、活性剂），设置 D 类专用干粉灭火系统。这些固定灭火设施在没有遭到破坏的情况下，是扑救初期火灾和控制灾情的主要措施和手段。如果使用得当，可及时控制火势发展，防止发生爆炸，赢得灭火时间，掌握灭火战斗主动权。

由于事故发生部位和灾情发展的不确定性，固定消防设施往往因超出保护范围、火灾爆炸受损、强辐射热等环境风险不能打开而不能发挥作用，这时消防移动装备将发挥重要作用。高位塔釜、联合框架火灾，可采用举高类车组、臂架炮直流/喷雾战术编成；地面流淌火、联合框架火，可选择车载炮车组战术编成或车载泡沫炮、移动摇摆炮、泡沫管枪战斗编成；在强辐射热和高爆炸风险现场，可选用水幕水枪、移动摇摆炮等战术编成。

石油化工事故应充分发挥消防固定设施与移动装备的作用，根据灾情类型和状态、处置的风险和保护需求，选择灭火战术方法，合理有效地利用固定设施与消防移动装备的协同作战。

（三）以攻为主，以防为辅，攻防结合

以攻为主是指在扑救石油化工装置火灾的整个过程中，要以控制火势的进攻为主。现场指挥员在对火情作出准确判断后，一定要迅速定下决心，集中兵力，打快攻打近战，形成真正的攻势，一举消灭火灾。

以防为辅是指在灭火力量不足或等待灭火时机时，要进行积极防御。石油化工装置火情复杂多变，当工艺条件不具备、到场消防力量不足和无法组织有效的进攻将火扑灭时，就要集中到场力量保护重点，开辟进攻路线，等待增援力量到场且进攻时机成熟后，再转守为攻。

在处置大型联合装置火灾爆炸事故过程中，特别在工艺措施没到位前，火灾扑灭后仍有可燃物质、有毒介质继续大量泄漏现场，指挥决策须持慎重态度。危险源风险未消除，直接打灭明火会导致二次闪爆等次生灾害。在条件不具备时，一般采取控制燃烧战术，即对关键部位持续冷却降温保护的同时，工艺上采取倒料输转、注入惰性气体置换、降温减料、保持液位、调整工艺参数等措施，待条件具备时发动总攻灭火。

扑救石油化工装置火灾时，应正确把握灭火进攻与控火防守之间的辩证关系。根据火场情况，做到该攻则攻，该守则守，坚持攻守组合变换的灭火原则。我们既强调灭火进攻的战术意识，又要在进攻同时做好防守的思想准备，万一进攻失败就要考虑防守问题，防守是为进攻创造条件。

（四）根据燃烧介质特性，合理选择灭火剂

石油化工物料种类繁多，若灭火剂选用不当，不仅起不到灭火的效果，反而会促使火势的扩大，甚至能引起严重的后果。例如，对气体类火灾，可采用干粉灭火的方法；对引发剂、催化剂供给站等遇空气燃烧，遇水爆炸强氧化剂火灾，可采取 D 类干粉灭火；对装置油品泄漏的地面流淌火，可用 B 类泡沫覆盖的方法灭火；对甲醇、乙醚、醋酸乙酯、丙酮等水溶性介质火灾，应选择抗醇性泡沫、干粉等灭火剂进行灭火；对重油、渣油、沥青等高温液体流淌火灾，需大流量、高强度、持续供给 B 类泡沫灭火；对 LNG 接收站、LNG 气化站、液化烃全冷冻储罐等低温液体泄漏灾情，应选择高倍数泡沫封冻控制，已形成液相流淌火，可采取高倍数泡沫覆盖控制燃烧；各种塑料、树脂、橡胶火灾，可用水直接冷却灭火。

高热设备应避免直流水喷射，以防高温设备急冷脱碳、局部变形、强度降低、密封破坏，造成物料喷出火势扩大。禁止用水、泡沫等含水灭火剂扑救遇湿易燃物品、自燃物品火灾；禁用直流水冲击扑救粉末状、易沸溅危险化学品火灾；禁用砂土盖压扑灭爆炸品火灾；宜使用低压水流或雾状水扑灭腐蚀品火灾，避免腐蚀品溅出；禁止对无法切断物料来源的气体、液化烃等火灾强行灭火。

（五）强化对现场突变灾情的监控

石油化工事故现场，生产装置塔器设备、储罐容器、管道阀门等往往会因高温、高压等原因导致灾情突变，灾情进一步扩大，甚至造成灭火救援人员伤亡。

因此，在处置过程中，应及时指派内外部安全员监控。内安全员侧重控制室 DCS 工艺流程和工艺参数监控，接近设计控制极限值（红色颜色数值），立即通知指挥员做出紧急避险或紧急撤离决策；外观察员侧重建构筑物、设备形状、烟气及火焰变化，严密监视火情突变征兆迹象。火情突变的侦察，除向专业技术人员征询意见外，还要组织前沿观察小组，并利用各种侦检仪器，对燃烧部位及其邻近设备、容器进行观察测量。一般着火或受烘烤的设备、容器发生突变前会有一定的迹象，一旦捕捉到这些前兆，就有助于指战员抓住短暂的有利战机，采取措施，化险为夷，保存实力。

本章小结

本章对我国石油化工作了简要概述，介绍了我国石油化工行业发展现状和基本的行业术语。根据石化行业的产业链，针对生产、储存、运输环节中常见的事故，分析了其火灾危险性并进行了石油化工事故的分类。针对石油化工生产的火灾高危性，归纳了石油化工事故的灭火救援基本原则、基本程序与基本战术，为本书以后的章节奠定了基础。现将本章内容总结如下。

（1）石油化工事故类型、处置要素和相关案例归纳总结为表 1-4-1。

表 1-4-1　石油化工事故类型、处置要素和相关案例

事故类型	处置要素	案　例
危化品生产企业事故	1. 借助 DCS 控制系统,调取平面图、流程图、部位图及结构图及时查明工艺流程 2. 根据不同灾情阶段调集力量进行处置,做好防流淌火、防爆工作	2011 年中石油大连石化分公司 1000 万吨每年常减压蒸馏装置"7·16"爆炸火灾事故
油品储罐区事故	按照固定顶(制冷罐、保温罐),外浮顶,内浮顶(铝合金材质易熔盘,钢制浅盘、敞口隔舱、单盘、双盘)储罐不同的储存方式、储罐结构、储存介质、本质安全条件、灾情部位、灾害特征、灾情阶段、处置要素、注意事项分别进行处置	2015 年福建漳州古雷腾龙芳烃有限公司"4·6"爆炸事故 2016 年"4·22"江苏省靖江市德桥化工仓储有限公司爆炸火灾生产安全事故
液化烃储罐区事故	1. 按照全冷冻、半冷冻、全压力罐储不同的储存方式、储罐结构、储存介质、本质安全条件、灾情部位、灾害特征、灾情阶段、处置要素、注意事项分别进行处置 2. 气相泄漏:稀释驱赶、控制火源、分隔控爆、紧急排压、倒罐输转、工程抢险 3. 液相泄漏:全压力罐型底部注水临时止漏、封堵雨排、控制火源、划定警戒区、工程排险堵漏;半冷冻罐型堆沙袋支撑、滴水封冻、倒罐输转;全冷冻管线泄漏高倍泡沫封冻集液池及导流沟 4. 火灾:全压力储罐重点进行球形表面积冷却;半冷冻储罐重点保护冰机及进出物料管线;全冷冻储罐重点保护 BOG 系统及进出物料管线	2015 年"7·16"山东日照石大科技石化有限公司液化石油气储罐区爆燃事故 2010 年兰州石化公司"1·7"液化烃罐区火灾爆炸事故 1998 年陕西省西安市"3·5"液化石油气泄漏爆炸
危化品道路运输事故	按照各种罐车的罐体结构、介质特性、灾情状态(泄漏、火灾、爆炸)、安全事项进行处置	2012 年湖南怀化市沅陵县"10·6"液化石油气槽车侧翻泄漏爆炸事故
液化天然气接收站、气化站事故	1. 低温储罐或管道液相泄漏,固定、半固定或移动消防高倍数泡沫系统覆盖,控制蒸发速度,为事故处置争取时间 2. 气相泄漏稀释驱赶、分隔控爆、控制火源 3. 低温液体泄漏扩散火灾,高倍数泡沫覆盖控烧,关闭上下游紧急切断阀	2011 年徐州"2·8"液化天然气加气站火灾事故
危险化学品仓库、堆场事故	1. 及时利用各种侦检设备、询问知情人等手段查清危化品品种类、编码、特性 2. 及时查清事故区平面图、区域图、分区图、码放图、建构筑物结构图、库房、堆场、露天、箱集、罐集、散装箱的结构及介质	2015 年天津港"8·12"瑞海公司危险品仓库特别重大火灾爆炸事故
油气长输管道事故	1. 关闭上下游阀室站截止阀,下游液相管线泄漏处围堵 2. 采取气相稀释、分隔的战术,禁止可能存在的一切点火源	2013 年青岛市"11·22"中石化东黄输油管道泄漏爆炸事故

(2) 石油化工事故灭火救援共包含四项基本原则,即坚持以人为本、科学施救的原则;坚持统一领导、科学决策的原则;坚持工艺先行、专业处置的原则;坚持保护环境、减少污染的原则。

（3）石油化工事故的灭火救援事故处置的基本程序共有九项，即初期管控、侦察研判、警戒隔离、安全防护、人员救助、排除险情、信息管理、全面洗消、清场撤离。

（4）石油化工事故灭火救援的基本战术包括五点，即工艺控制与消防技战术联合应用；固移结合、提高效能；以攻为主、以防为辅、攻防结合；根据燃烧介质特性，合理选择灭火剂；强化对现场火情突变危险的监控。

（5）石油化工事故灭火救援基本原则、行动处置程序和基本战术具有鲜明的危化品处置特点，该套原则、程序和战术总结了事故处置的实践经验，吸纳了国内外最新理念，是一套从力量调集、决策部署、现场处置到救援终止的完整体系，灭火救援的原则、程序和战术之间环环相扣，缺一不可。但同时也要注意，在石油化工事故处置时，不能默守成规、循规蹈矩地按既定的程序、战术一成不变地实施，要根据现场情况实事求是灵活调整，科学运用合理的战术措施，将现场处置人员的风险降到最低，最大限度地减少财产损失和人员伤亡。

思考题

1. 简述石油化工产业链。
2. 石化行业的火灾危险性是什么？
3. 石化行业的常见事故有哪几类？
4. 简述石化灾害事故的响应程序。
5. 简述石化灾害事故行动处置程序。

第二章

石油化工生产装置事故灭火救援

　　石油化工生产装置（以下简称装置）是指一个或一个以上相互关联的工艺单元的组合。装置内单元是指按生产流程完成一个工艺操作过程的设备、管道及仪表等的组合体。由两个或两个以上独立装置集中紧凑布置，且装置间直接进料，无供大修装置设置的中间原料储罐，其开工或停工检修等均同步进行，视为一套装置，也称为联合装置。

　　装置由多种塔、釜、泵、罐、槽、炉、阀、管道、框架等构成，属于金属构造，高温下易发生变形倒塌，装置内物料属易燃易爆、易腐蚀、高热值物质，火灾爆炸危险性极大。石化生产装置运行具有长周期、满负荷、连续化特点，生产过程中具有高温高压、低温深冷、空速有毒等危险性。在石化企业内庞大的工业设备管廊集群形成相互依存、不可分割的有机整体，任何一点发生泄漏，可燃易燃物料都有发生爆炸燃烧的可能，而任何一点发生爆炸燃烧，都可能引发更大规模的爆炸燃烧，形成连锁反应。

　　因此，石油化工生产装置发生火灾的概率高，燃烧速度快，极易蔓延造成大面积火灾，燃烧猛烈，辐射热值高，发生坍塌和爆炸的可能性大。不同装置的工艺技术、加工路线和工艺流程不同，火灾危险性和特点也有所不同，本章通过对常见生产装置相关知识的学习，分析其火灾危险性，进而提出有针对性的灭火救援处置对策，为该类事故的灭火救援行动提供参考。

第一节　常见生产装置及流程

● 学习目标

　　1.了解生产装置分类。

　　2.了解常见石油化工生产装置构成、原理、流程。

　　不同生产装置将不同原料，以不同工艺路线，通过一系列物理、化学变化，生产得到多种不同的下游产品。常见的石油化工生产装置有以下几种。

　　石油炼制装置：原油蒸馏（常减压）、催化裂化、催化重整、加氢裂化、延迟焦化、气体分离、汽油加氢、柴油加氢、航煤加氢、渣油加氢、石脑油加氢、MTBE 等装置。

　　石油化工装置：乙烯裂解、汽油加氢、碳四抽提丁二烯、芳烃抽提、对二甲苯（PX）、精对苯二甲酸（PTA）、苯乙烯、丙烯腈等装置。

　　合成纤维装置：涤纶、维尼纶、丙纶、锦纶、氨纶、腈纶等装置。

合成塑料装置：聚乙烯（PE）、聚氯乙烯（PVC）、聚苯乙烯（PS）、聚丙烯（PP）和 ABS 树脂等装置。

合成橡胶装置：丁苯橡胶（SBR）、丁腈橡胶（NBR）、乙丙橡胶（EPM ＼ EPDM）、顺丁橡胶（BR）、硅橡胶（Q）、氟橡胶（FPM）、丁基橡胶（IIR）等装置。

合成氨装置：气化、变换、水洗、铜洗、合成、造粒、包装等装置。

不同生产装置构成、原理及流程均不相同，但其单个设备、火灾特点及技战术措施有相似之处，限于篇幅原因，本节主要以石油炼制及乙烯裂解为主线（即常见炼化一体化石化企业的主要生产装置）阐述相关知识，通过学习分析单套生产装置的方法，在灭火救援实践中掌握分析本书未涉及的其他装置，提升实际应用能力。

一、原油蒸馏装置

原油蒸馏装置，俗称为常减压装置，其工艺原理是通过蒸馏的方法，将原油中不同沸点范围的组分切割出来，得到汽油、煤油、柴油、蜡油及渣油等。原油蒸馏装置是炼油厂加工原油的第一个工序，在炼厂加工总流程中有重要的作用，常被称之为"龙头"装置。

原油蒸馏装置生产区主要由电脱盐单元、加热炉单元、常压蒸馏单元、减压蒸馏单元、换热单元组成，装置生产附属区包括：现场机柜间、变配电室设施。从外形上看为两塔两炉两框架，如图 2-1-1 所示。

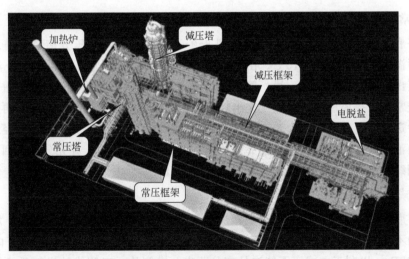

图 2-1-1　常减压装置生产区构成

根据不同的原油加工路线，考虑不同的加工方案和工艺流程，炼厂原油蒸馏装置可分为燃料型、燃料-化工型、燃料-化工-润滑油型三种类型。这三者在工艺过程上并无本质区别，只是工艺流程和加工深度不同。常减压装置的工艺流程一般分为：电脱盐、初馏、常压蒸馏和减压蒸馏，如图 2-1-2 所示。

（一）电脱盐

原油中含有水、盐及硫等杂质。电脱盐是原油进行蒸馏的第一步。原油经换热增温至 118℃，再经脱盐、脱水处理后，升温后进入初馏塔。

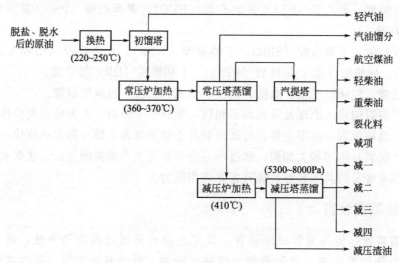

图 2-1-2　常减压蒸馏工艺流程示意图

（二）初馏

脱盐，脱水后的原油换热至 215～230℃进入初馏塔，从塔顶蒸馏出初馏点－130℃的馏分冷凝冷却后，其中一部分作塔顶回流，另一部分引出作为重整原料或较重汽油，又称初顶油。

（三）常压蒸馏

初馏塔底拔头原油经常压加热炉加热到 350～365℃，进入常压分馏塔。塔顶打入冷回流，使塔顶温度控制在 90～110℃。出塔顶到进料段温度逐渐上升，利用馏分沸点范围不同，塔顶蒸出汽油，依次从侧一线、侧二线、侧三线分别蒸出煤油、轻柴油、重柴油。这些侧线馏分经常压气提塔用过热水蒸气提出轻组分后，经换热回收一部分热量，再分别冷却到一定温度后送出装置。塔底约为 350℃，塔底未气化的重油经过热水蒸气提出轻组分后，作减压塔进料油。为了使塔内沿塔高各部分的汽、液负荷比较均匀，并充分利用回流热，一般在塔中各侧线抽出口之间，打入 2～3 个中段循环回流。

（四）减压蒸馏

常压塔底重油用泵送入减压加热炉，加热到 390～400℃进入减压分馏塔。塔顶不出产品，分出的不凝气经冷凝冷却后，通常用二级蒸汽喷射器抽出不凝气，使塔内保持残压 1.33～2.66kPa，以利于在减压下使油品充分蒸出。塔侧从一二侧线抽出轻重不同的润滑油馏分或裂化原料油，它们分别经气提、换热冷却后，一部分可以返回塔作循环回流，一部分送出装置。塔底减压渣油也吹入过热蒸汽气提出轻组分，提高拔出率后，用泵抽出，经换热、冷却后出装置，可以作为自用燃料或商品燃料油，也可以作为沥青原料或丙烷脱沥青装置的原料，进一步生产重质润滑油和沥青。

二、催化裂化装置

催化裂化是炼油工业中最重要的一种二次加工工艺，在炼油工业生产中占有重要的地位，也是重油轻质化的核心工艺。催化裂化装置是以减压渣油、常压渣油、焦化蜡油和蜡油等重质馏分油为原料，在常压和 460～530℃，经催化剂作用，发生的一系列化学反应（裂化、缩合反应），转化生成气体、汽油、柴油等轻质产品和焦炭的生产过程。

催化裂化装置一般由三部分组成：反应-再生系统、分馏系统和吸收-稳定系统，其工艺流程也按上述顺序进行。从外观上看，催化裂化装置的特点是反应器、再生器紧密布置。油气管道、再生烟气管道分别连接反应器、再生器顶部，如图 2-1-3 所示，其工艺流程如图 2-1-4 所示。

图 2-1-3 某石化企业催化裂化装置

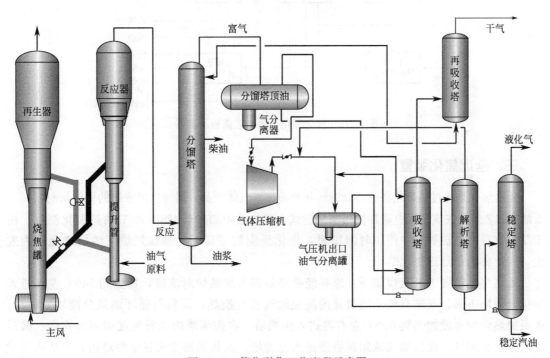

图 2-1-4 催化裂化工艺流程示意图

（一）反应-再生系统

反应-再生系统是催化裂化装置的核心部分，其装置类型主要有床层反应式、提升管式，提升管式又分为高低并列式和同轴式两种。尽管不同装置类型的反应-再生系统会略微有所差异，但是其原理都是相同的。新鲜原料油经过换热后与回炼油混合，经加热炉加热至300～

400℃后进入提升管反应器下部的喷嘴，用蒸汽雾化后进入提升管下部，与来自再生器的高温催化剂（600～750℃）接触，随即气化并进行反应。油气在提升管内的停留时间很短，一般2～4s。反应后的油气经过旋风分离器后进入集气室，通过沉降器顶部出口进入分馏系统。

"再生"系统是指催化剂的循环使用，反应过程中生成的焦炭沉积于催化剂上，使催化剂失去活性，积有焦炭的再生催化剂（待生催化剂）由沉降器进入下面的汽提段，用过热水蒸气进行汽提，以脱除吸附在待生催化剂表面的少量油气，然后经过待生斜管、待生单动滑阀进入再生器，与来自再生器底部的空气接触反应，恢复催化剂的活性（使催化剂"再生"），同时放出大量的热量。

（二）分馏系统

该部分的作用是将反应-再生系统的产物通过蒸馏原理进行初步分离，得到部分产品和半成品。

（三）吸收-稳定系统

该部分包括吸收塔、解吸塔、再吸收塔、稳定塔和相应的冷却换热设备，目的是将来自分馏部分的富气中 C_2 以下组分与 C_3 以上组分分离以便分别利用，同时将混入汽油中的少量气体烃分出，以降低汽油的蒸气压。催化裂化原则工艺流程示意如图 2-1-5 所示。

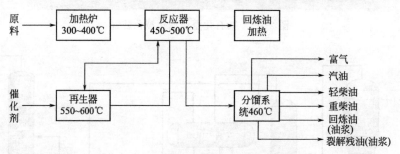

图 2-1-5　催化裂化原则工艺流程示意图

三、延迟焦化装置

延迟焦化是通过热裂化将石油渣油转化为液体和气体产品，同时生成浓缩的固体炭材料——石油焦的装置。在该过程中通常使用水平管式火焰加热炉加热至485～505℃的热裂化温度。由于反应物料在加热炉管中停留时间很短，焦化反应被"延迟"到加热炉下游的焦化塔内发生，因此称为"延迟焦化"。

延迟焦化简要工艺流程如下：原料经换热后进入加热炉对流段，加热到340℃左右进入焦化分馏塔下部，与来自焦炭塔顶部的高温油气进行换热，原料与循环油从分馏塔底抽出，送至加热炉辐射段加热到500℃左右再进入焦炭塔，在焦炭塔内进行深度裂解和缩合，最后生成焦炭和油气，反应油气从焦炭塔顶进入分馏塔，而焦炭则聚集在焦炭塔内，当塔内焦炭达到一定高度后，加热炉出口物料经四通阀切换到另一个焦炭塔，充满焦炭的塔经过大量吹入蒸汽和水冷后，用高压水进行除焦。分馏塔则分离出气体、汽油、柴油、蜡油，气体经分液后进入燃料气管网，汽油组分经加氢精制作为化工原料，焦化柴油经加氢后生产柴油，焦化蜡油则作为催化原料。其简要工艺流程如图 2-1-6 所示，某石化企业延迟焦化装置如图 2-1-7 所示。

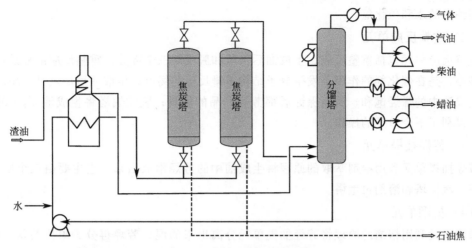

图 2-1-6 延迟焦化简要工艺流程

图 2-1-7 某石化企业延迟焦化装置外观图

1—焦炭塔；2—分馏塔

四、催化重整装置

催化重整是炼油工艺中重要的二次加工方法之一，它以石脑油、常减压汽油为原料，制取高辛烷值汽油组分和苯、甲苯、二甲苯等有机化工原料，同时副产廉价氢气。

根据催化剂的再生方式不同，装置主要分为固定床半再生催化重整和催化剂连续再生的连续重整两种形式。根据目的产品不同可分为以生产芳烃为目的、以生产高辛烷值汽油为目的以及二者兼而有之的三种装置类型。重整一般是以直馏石脑油作为原料，经过预处理、预加氢后进入重整反应器，在催化剂的作用下进行化学反应，使环烷烃、烷烃转化成芳烃或异构烷烃，增加芳烃的含量，提高汽油的辛烷值。由于是脱氢反应，因此，重整同时还产生氢气。

下面，以半再生催化重整装置进行举例。经过预处理、重整反应单元所得液体由稳定塔脱去轻组分后得到重整汽油。重整汽油可以作为高辛烷值汽油的调和组分，也可送往芳烃抽提单元后，经精馏得到芳烃。以提高汽油辛烷值为目的的催化重整装置分为两个基本单元，以生产芳烃为目的的按工艺方法及技术可分为四个基本的工艺单元。

（一）预处理单元

预处理单元包括预分馏、预加氢、蒸发脱水三部分。其中预分馏负责拔出原料中的轻组分；预加氢部分利用加氢反应和化学吸附作用脱除原料油中的砷、硫、铅、铜、氧、氮等有机和无机杂质，以保护重整催化剂不受杂质的毒害；蒸发脱水是利用油水共沸蒸馏的原理脱除原料油中的水和硫化氢。

（二）重整反应单元

重整反应单元包括重整反应、生成油后加氢和脱戊烷三个部分。重整反应部分是这个单元的核心，是在催化剂的作用下发生分子结构重排反应的场所；生成油后加氢是利用加氢反应将生成油中的烯烃饱和，从而保证后部芳烃产品的质量；脱戊烷塔将生成油≤C_5的组分脱除，以利于下个单元的操作。

（三）芳烃抽提单元

芳烃抽提单元利用溶剂萃取的原理将生成油中的芳烃萃取出来，它主要由三个塔组成：抽提塔、汽提塔和溶剂再生塔。

（四）精馏单元

精馏单元利用精馏的原理将芳烃抽提单元分离出来的混合芳烃再分为单体的苯、甲苯、混合二甲苯和重质芳烃。

图2-1-8为催化重整装置得到稳定汽油的简要工艺流程，图2-1-9为某石化企业生产芳烃的催化重整装置。

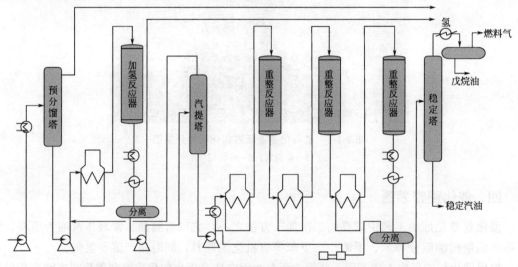

图 2-1-8　催化重整装置制稳定汽油简要工艺流程

图 2-1-9　某石化企业生产芳烃催化重整装置
1—重整反应单元；2—芳烃抽提单元；3—精馏单元

五、加氢装置

加氢装置的目的是为了提高汽油、柴油的精度和质量，可分为加氢裂化和加氢精制两种类型。加氢裂化是在高温、高压及加氢裂化催化剂存在下，通过一系列化学反应，使重质油品转化为轻质油品，其主要反应包括：裂化、加氢、异构化、环化及脱硫、脱氮和脱金属等。

加氢精制主要用于油品精制，其目的是在高温（250～420℃）、中高压力（2.0～10.0MPa）和有催化剂的条件下，在油品中加入氢，使氢与油品中的非烃类化合物等杂质发生反应，从而将后者除去，其目的是除掉油品中的硫、氮、氧杂原子及金属杂质，改善油品的使用性能。

在大型的石化企业内，以常压蒸馏装置提供的直馏柴油和催化裂化装置提供的催化柴油为原料，新氢由催化重整装置提供，经过加氢精制工艺生产柴油，作为优质柴油调和组分送往调和罐区，副产的精制石脑油作为催化重整装置预处理单元的原料。

加氢装置按反应器的作用又分为一段法和两段法。两段法包括两级反应器，第一级作为加氢精制段，除掉原料油中的氮、硫化物；第二级是加氢裂化反应段。一段法的反应器只有一个或数个并联使用。一段法固定床加氢裂化装置的工艺流程是原料油、循环油及氢气混合后经加热导入反应器。反应器内装有粒状催化剂，反应产物经高压和低压分离器，把液体产品与气体分开，然后液体产品在分馏塔蒸馏获得石油产品馏分。一段法裂化深度较低，二段法裂化深度较深，一般以生产汽油为主。其工艺流程图如图 2-1-10 所示。某化工厂加氢裂化的工业装置如图 2-1-11 所示。

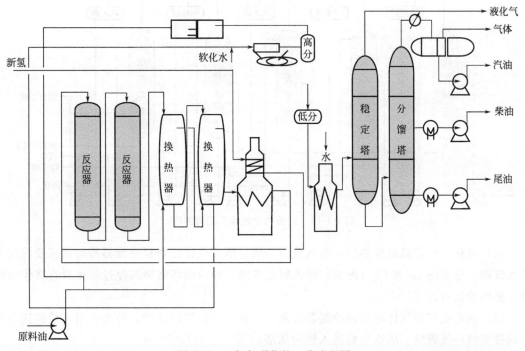

图 2-1-10　加氢裂化的工艺流程图

图 2-1-11　某石化企业加氢裂化的工业装置

六、气体分离装置

石油加工过程中产生了大量的液化气，气体分馏装置就是以液化气为原料，在分馏塔内将液化气中的丙烷、丙烯、丁烷、丁烯分离开来。碳三、碳四烃类在常温常压下均为气体，但在一定压力下成为液态，利用其不同沸点进行精馏加以分离。由于彼此之间沸点差别不大，分馏精度要求很高，要用几个多层塔板的精馏塔。塔板数越多塔体就越高，所以炼油厂的气体分馏装置都有数个高而细的塔。气体分馏装置要根据需要分离出哪几种产品以及要求的纯度来设定装置的工艺流程，一般多采用五塔流程。其工艺流程如图 2-1-12 所示。

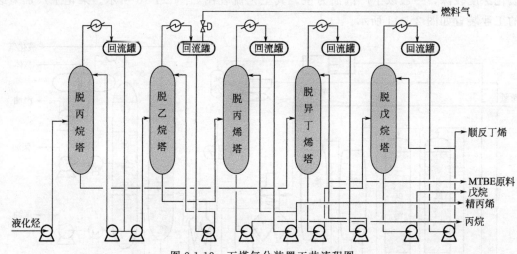

图 2-1-12　五塔气分装置工艺流程图

（1）液化气经脱硫后换热后，进入脱丙烷塔，塔顶气体经塔顶冷凝器冷却后至脱丙烷塔顶回流罐。分出的 C_2 和 C_3（丙烯）进入脱乙烷塔，脱丙烷塔底物料经过降压后直接作为脱异丁烯塔的进料。

（2）脱乙烷塔顶气体经塔顶冷凝器冷却后至脱乙烷塔顶回流罐。分出少量乙烷经压力调节阀排至燃料气管网。塔底物料进入脱丙烯塔。

（3）塔顶气体经塔顶冷凝器冷却后至脱丙烯塔顶回流罐，回流罐液体作为精丙烯产品送出装置。塔底丙烷作为产品也送出装置。

（4）脱异丁烯塔顶气体经塔顶冷凝器冷却后至脱异丁烯塔顶回流罐，分出的异丁烷、异丁烯作为 MTBE、烷基化装置原料。

（5）塔底物料进入脱戊烷塔，塔顶气体经塔顶冷凝器冷却后至脱戊烷塔顶回流罐。分出的丁烯和丁烷送出装置作为化工原料或民用液化气，塔底分出戊烷送出装置作为汽油调和组分。上述五个塔底均有重沸器（提供热量）供给热量，操作温度不高，一般在 55～110℃，操作压力前三个塔应为 2MPa 以上，后两塔 0.5～0.7MPa。可得到五种馏分：丙烯馏分（纯度可达到 99.5%）、丙烷馏分、轻碳四馏分、重碳四馏分、戊烷馏分。

七、乙烯裂解装置

乙烯的产量是衡量一个国家化工水平的重要指标，乙烯是重要的化工原料。乙烯在常温下为无色、易燃烧、易爆炸气体，以它的生产为核心带动了基本有机化工原料的生产，是用途最广泛的基本有机原料，可用于生产合成塑料、合成树脂、合成橡胶、合成纤维等，也是乙烯多种衍生物的起始原料，其中生产聚乙烯、环氧乙烷、氯乙烯、苯乙烯是最主要的消费。其加工总流程框图见图 2-1-13。

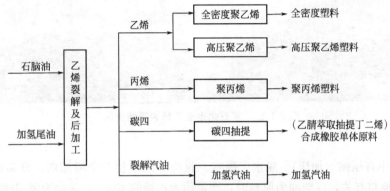

图 2-1-13　乙烯裂解及加工总流程框图

乙烯裂解装置包括裂解、急冷、换热、水洗、碱洗、干燥、脱砷、脱炔、加氢、压缩、分离、精馏、储存等工序，其主要工艺流程如图 2-1-14 所示。

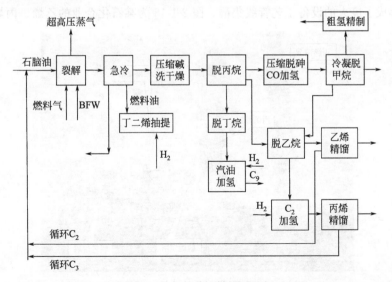

图 2-1-14　乙烯裂解流程图

1. 乙烯裂解

原料（乙烷、石脑油、轻柴油）经加热后进入裂解炉反应，裂解炉由下到上依次是辐射段（800～1000℃）、对流段（400～600℃）、高压蒸气段。裂解后得到的组分经过急冷、换热后，由裂解气压缩机、乙烯压缩机、丙烯压缩机压缩后进入分离区，得到纯度较高的乙烯、丙烯。通常采用加压低温精馏的方法分离乙烯及各种有用产物，具体工艺流程的安排与裂解气组成及产品纯度要求有关。

乙烯裂解生产区主要包括：原料处理区、裂解区、急冷区、压缩区、分离区、反应区，辅助生产设施主要包括乙烯控制室（与汽油加氢、丁二烯抽提装置共用）、乙烯综合变电所（与汽油加氢、丁二烯抽提装置共用）、雨淋阀室、隔油池、污染雨水池等。图 2-1-15 为某石化企业乙烯裂解装置区。

图 2-1-15　某石化企业乙烯裂解装置区

2. 分离区

分离提纯中有压缩（加压）、脱水、脱硫、脱炔等工序和多个精馏塔，分离后获得乙烯、丙烯（产量与原料有关，以柴油为原料时，产量约为乙烯的 40%），其余为氢-甲烷、乙烷、丙烷（重新裂解）、碳四馏分（另设装置加以回收利用）、裂解汽油（另设装置生产芳烃）。整个裂解分离过程需要材料、设备多，尤其是炉管、废热锅炉、大型压缩机、制冷设备、低温换热设备、大型精馏塔都需大量资金投入，而且技术密集，加上生产流程复杂，物料处理最大，整个生产装置形成了庞大的设备工艺管线集群。图 2-1-16 为某石化企业的乙烯、丙烯分馏区。

图 2-1-16　某石化企业的乙烯、丙烯分馏区

3. 乙烯、丙烯储存区

经过分离区得到符合要求的产品后，乙烯、丙烯通过物料管线进入储罐区进行储存，液化烃储存方式有球形罐全压力储存、球形罐半冷冻储存及立式圆筒形低温罐储存三种。乙烯常压低温储存温度为−104℃，丙烯常压低温储存温度为−45℃。储存方式为液化烃全冷冻罐型，如图 2-1-17 所示。

图 2-1-17　乙烯、丙烯储存区

第二节　常见生产装置火灾危险性

● 学习目标

了解七套生产装置的火灾危险性。

通过对本章常见七套装置具体设备、部位火灾危险性的分析，本节对生产装置火灾危险性进行归纳，为灭火救援行动提供支撑。

一、原油蒸馏装置火灾危险性

原油蒸馏装置火灾危险性属甲类。主要的火灾危险点有以下几点。

(一) 炉区

包括常压炉、减压炉。这个区域属于高温区、明火区。常压炉的加热介质为初馏塔底油，减压炉的主要介质为常压重油。其一，常压炉和减压炉采用明火对炉管内的介质进行加热，生产中若进料不均，发生偏流，炉管内易结焦，造成局部过热，会导致炉管破裂，引起漏油着火，特别是减压炉，因其加热的原料组分重，炉出口温度高，比常压炉更易结焦。其二，常压炉和减压炉的出口转油线因高温油气内含有硫、环烷酸等杂质，油气线速度又快，易被腐蚀冲刷，导致减薄穿孔而引起火灾。其三，加热炉的燃料为燃料油或煤气，如果在开停工过程中操作错误，会发生炉膛爆炸的事故。

(二) 热油泵房

原油蒸馏装置的热油泵主要包括常压塔底泵和减压塔底泵，介质分别是 350～360℃ 的常压塔底油和 380～390℃ 的减压塔底油，由于热油泵输送油品的温度都高于该油品的自燃点，油泵高速运转时，常会出现以下几种现象而立即自燃起火，发生大面积的火灾事故。

（1）泵密封泄漏；

（2）由于加工过程中生成的酸性硫化物具有较强的腐蚀性，泵出口管线易发生腐蚀穿孔、减薄，甚至管线爆裂；

（3）法兰垫片漏油或喷开；

（4）泵放空阀未关或内漏，热油喷出；

（5）冷却水长时间中断；

（6）泵的润滑油系统故障，发生抱轴。

需要指出的是，热油泵房着火时不能轻易打水。热油泵渣油介质温度400℃左右，达到该物料的自燃点，高温渣油泄漏遇空气自燃。如用直流水冲击热设备易引起泵体冷热不均，导致泵轴密封损坏扩大，泄漏量增多，火势蔓延扩大。

（三）塔区

两塔的火灾危险性主要存在塔顶油气挥发线和冷凝冷却系统，该系统容易发生腐蚀穿孔，造成漏油起火。常减压装置一个生产周期大多为4～5年，塔内一定会积有硫化亚铁，硫化亚铁遇空气会发生自燃，因此检修过程中打开人孔前以及开人孔后都要定时打开喷淋水，保持塔内填料湿润，防止硫化亚铁自燃。事故状态减压塔需从负压工况调整至正压工况，避免减压塔回火爆炸。

（四）换热区

该部分包括塔顶冷凝冷却系统、减顶抽真空冷凝冷却系统以及其他换热设备。换热系统操作温度较高，换热器的浮头、连接法兰的垫片损坏或操作压力升高易引发漏油着火。

二、催化裂化装置火灾危险性

催化裂化装置主要的火灾危险点有以下几点。

（一）反再系统

（1）反应器是油料与高温催化剂进行接触反应的设备，再生器是压缩风与催化剂混合流化烧焦的设备，两器之间有再生斜管和待生斜管连通，两器必须保持微正压，防止沉降器向再生器压空，防止催化剂倒入主风出口管线。如果两器的压差和料位控制不好，将出现催化剂倒流，流化介质互串而导致设备损坏，或发生火灾爆炸事故。

（2）反应沉降器提升管是原料与700℃左右的高温催化剂进行接触反应的场所，其衬里容易被冲刷脱落，造成内壁腐蚀烧红，严重时会导致火灾爆炸事故的发生。

（3）催化剂在再生器烧焦时，温度高达700℃左右，若操作不当，使空气和明火进入，会立即发生燃烧爆炸，因此在催化剂进入再生器前应将油、气分离掉。并定期检测再生反应系统、加热炉等设备，防止设备、管线损坏致使油品外泄。

（4）再生系统由于再生烟气露点温度高于设备壁温，烟气中NO_x和SO_x等酸性气体在设备壳体内壁与水蒸气一起凝结成酸性水溶液，形成腐蚀性环境，器壁在各类残余应力的作用下易产生应力腐蚀裂纹，严重时会引起火灾。

（二）分馏系统

（1）高温油气从反再系统通过大油气管线系统进入分馏塔，含有催化剂粉末的油气在高速流动下容易冲蚀管线及设备，造成火灾事故。

（2）分馏塔底液面高至油气线入口时，会造成反应器憋压，若处理不当，会导致油气、催化剂倒流而造成恶性火灾爆炸事故。

（3）分馏塔顶油气分离器液面超高，会造成富气带液，损坏气压机，甚至发生爆炸事故。

（4）在开停工拆装大油气管线的盲板时，如配合不佳，蒸气量调节不当，使空气串入分馏塔或油气串回反应器，都会造成火灾爆炸事故。

（三）吸收稳定系统

该系统压力高，而且介质均为轻组分，硫化物也会聚集在该系统，易造成设备腐蚀泄漏或硫化亚铁自燃，而发生火灾爆炸事故。从物料上看，吸收稳定系统含有液化烃，易发生爆炸。硫化氢属于剧毒物质，吸收稳定系统在该装置内三个系统中的火灾风险最高。此外，主风机、气压机等机组、废热锅炉、外取热器等这些主要设备若发生故障，都会导致着火爆炸。催化裂化装置的反再系统、气体压缩机火灾风险性较大，热油泵内的物料比渣油更重，一旦燃烧复燃性极强。

三、延迟焦化装置火灾危险性

延迟焦化装置主要的火灾危险点有以下几点。

（一）原料油缓冲罐

原料油罐储存冷热两种渣油，但冷热渣油两种原料相互切换或原料油带水时，容易造成沸溢、突沸冒罐或油罐爆裂事故。

（二）焦化加热炉

炉管内原料油在高温下已经开始裂化，如流速偏低，停留时间过长，温度偏高，则易在炉内结焦，而结焦会使炉管导热不良引起局部过热，导致炉管烧穿造成火灾。

（三）焦化塔

焦化塔是延迟焦化装置中火灾危险性较大的部位，主要危险点一是下部的四通阀，因受物料中的焦炭摩擦和黏附的影响，极易泄漏，而泄漏油品的温度已超过自燃点，容易造成火灾。二是焦化塔上盖由于控制系统失灵，使塔电动阀门自动开启，高温油气冒出，自燃着火。三是正在生产运行的焦化塔下口法兰泄漏着火。由于下口法兰紧固力不均匀，存在偏口现象，但生产料位的提高，塔下门法兰处所承受的压力增大，紧固螺栓伸长，或者垫片质量问题，都会导致焦炭塔下口泄漏，高温渣油遇空气自燃。四是焦化塔中上部一般设有观察焦化反应器固体料位的料位计（一般为同位素 Cs-137），如此部位发生火灾时间超过半小时，应注意同位素辐射伤害防护。焦化塔中上部如发生爆炸火灾，应首先确认料位计是否损坏，如料位计炸飞、损坏，应尽快寻找料位计盒；发生火灾应尽量使用高喷车射流冷却保护处置，严禁处置人员登塔作业，注意避开冷却水沾染，确保救援人员在处置过程免受同位素辐射的影响。某炼油企业延迟焦化装置焦化塔料位计安装部位如图 2-2-1 所示（见书后彩页）。

（四）分馏塔

分馏塔塔底如遇严重结焦和堵塞，会引起焦化分馏塔串油或冲塔事故而造成火灾。延迟焦化工艺流程涉及与氢气反应，所以爆炸的危险性较大，在处置过程中要特别注意对氢气的稀释、防爆。

　　需要特别指出的是，有的石油化工生产装置设备安装有放射性同位素料位计，灭火救援处置时应特别注意对放射性同位素的防护，如，钴60（Co-60）、铯137（Cs-137）、镅244/铍（Am-244/Be）、铱192（Ir-192）、钯等，到场的首要任务是确定放射源已经被事故单位或其他专业力量进行了处理，再展开战斗，确保救援人员在处置过程免受同位素辐射的影响。

四、催化重整装置火灾危险性

　　催化重整装置反应过程中伴随有氢气产生。氢气为甲类可燃气体，爆炸极限为4.0%～75.6%，因装置问题和操作不当易引发爆炸。该装置火灾危险性较大的设备一是反应器：预加氢反应和重整反应都在反应器内进行，器内不仅有昂贵的催化剂，而且充满着易燃易爆烃类、氢气等物质，操作温度高，压力较大，如反应器超温、超压，处理不当或不及时，将会使反应器及其附件发生开裂、损坏，导致泄漏，而引起火灾爆炸事故。二是高压分离器：反应物流在高压分离器进行油、气、水三相分离，同时该分离器又是反应系统压力控制点，如液面过高，会造成循环氢带液，而损坏压缩机，使循环氢泄漏。液面过低，容易出现高压串低压，引发设备爆炸事故。还有各安全附件，如安全阀、液面计、压力表、调节阀、控制仪表等任何一项失灵，都有可能导致爆炸事故的发生。

　　如果是重整芳烃联合装置，由于芳烃装置内的介质是芳烃和含有高芳烃的油品，溶解性极强，因此各种泵的密封、法兰垫片容易泄漏，尤其是二甲苯塔底泵，操作不当，极易泄漏，而且物料泄漏出来立即起火。

五、加氢装置火灾危险性

　　加氢装置主要的火灾危险点有以下几点。

（一）加氢反应器

　　加氢反应器内介质易燃易爆，而且操作条件是高温高压，由于加氢裂化反应是放热反应，若温度控制不当，就会超温，催化剂严重结焦，使器内压力升高，造成超压，破坏设备，引起着火爆炸。另外高压氢与钢材长期接触后，还会使钢材强度降低，发生"氢脆"现象，出现裂纹，导致物理性爆炸，发生火灾。另外，在加氢裂化过程中，由于原料油中的硫、氮转化成氨、硫化氢以及硫酸铵、碳酸氢铵，当产物温度降低后，后两种铵盐以及其他水合物就会结晶出来，从而堵塞冷却器或管线，加速垢下腐蚀而引起穿孔。

（二）高压分离器

　　高压分离器既是反应产物气液分离设备，又是反应系统的压力控制点，若液面过高，会造成循环氢带液而损坏循环氢压缩机，若液面过低，易发生高压串低压而引发爆炸事故，还有各安全附件，如安全阀、液面计、压力表、调节阀、控制仪表等任何一项失灵，都有可能导致爆炸事故的发生。

（三）循环氢压缩机

　　该设备是加氢裂化装置的心脏，它既为反应过程提供氢气，又为反应器床层温度提供冷氢，转速高达9000r/min左右，一旦故障停机供氢中断，会造成反应器超温超压而引发事故。另外高压分离器液面过高、循环氢带液，也会导致压缩机失去平衡，产生振动，严重时会损坏设备，造成氢气泄漏，发生爆炸。

（四）加热炉

加氢裂化的加热炉与其他装置的不同，它是临氢加热炉，无论是炉前混氢，还是炉后混氢，新氢都要进加热炉预热，炉管内充满高温高压氢气，如炉管管壁温度超高，会缩短炉管寿命，当超温严重，炉管强度降到某一极限时，就会导致炉管爆裂，造成恶性爆炸事故。

加氢装置的火灾危险性在于大量气/液态的氢气存在于炉、塔及各种容器内，若压力失衡则易引发氢气泄漏，而氢气的爆炸极限较宽，燃烧时不易察觉。因此在处置该类型火灾时，必须分梯次进入现场，携带侦检仪器，实时监测氢气含量，做好防爆工作。处置过程中严禁使用直流水对加氢反应器进行射水，选择阵地时尽量使用移动炮以减少现场处置人员。

六、气体分离装置火灾危险性

气体分离装置主要的火灾危险点有以下几点。

（一）冷换系统

气体分离装置的冷换设备较多，液体稍有泄漏即可形成爆炸混合物空间。而往往气体分离装置的冷换设备泄漏较为频繁，冷却器易发生内漏及外漏。内漏是指冷却器的管束泄漏，一般气分冷却器是液化烃走换热器的壳程，循环水走管程，液化烃压力远大于循环水压力，因此液化烃物料要向循环水中泄漏，经冷凝器管束顺循环水管线进入凉水塔，在凉水塔减压气化，向四周飘散，遇火源就会引发火灾爆炸。外漏是指冷却器封头泄漏，若处理不及时或处理不当就会引发火灾爆炸。

（二）精馏塔

分离各气体馏分的精馏塔由塔底重沸器提供热源，对塔底液面、温度和塔的操作压力的控制要求十分苛刻，当操作波动较大时，会引起安全阀起跳，或使动静密封面损坏而跑损液化烃，引发火灾。

（三）泵区

泵区管线阀门密集，是本装置静密封点最多的部位，由于液化烃密度小，渗透力强，容易泄漏，液化烃泵的端面密封比一般油泵更容易渗漏。另外该区域管沟、电缆沟、仪表线沟纵横交错，是最容易积聚液化气的地方，液化烃气体可以随地沟四处乱窜，很容易形成爆炸性气体。

（四）工艺操作

气分装置在开停工过程中容易发生火灾爆炸事故。停工时，若物料排放不净，吹扫、蒸塔不彻底就急于动火作业，就易发生事故。开工时设备管线检查不到位，打压试漏有漏洞，开工操作失误，装置区内的可燃气体报警仪未投用或没有进行校验等，都会引发火灾爆炸事故。

七、乙烯裂解装置火灾危险性

乙烯裂解装置涉及的工艺路线复杂，物料、管道较多，其危险部位、危险物料及可能发生的灾情如表 2-2-1 所示。

表 2-2-1　乙烯裂解装置危险性一览表

危险部位	危险物质	主要危险、危害类型
裂解区	H_2、CH_4、C_2、C_3、C_4、C_2 一、C_3 一、CO、CO_2、H_2S、C_5	火灾、爆炸、灼伤、中毒、高处坠落
急冷区	H_2、CH_4、C_2、C_3、C_4、C_2 一、C_3 一、CO、CO_2、H_2S、C_5	火灾、爆炸、灼伤、中毒、高处坠落
裂解气压缩及加氢反应	H_2、CH_4、C_2、S、C_3、C_4、C_2 一、C_3 一、CO、CO_2、H_2S、C_5、$NaOH$ 水溶液	火灾、爆炸、中毒、腐蚀
分离区	H_2、CH_4、C_2、C_3、S、C_2 一、C_5	火灾、爆炸、中毒、冻伤、高处坠落

（一）裂解区

裂解炉最高温度为辐射段，可达 800～1000℃，裂解物料高速通过高温炉管裂解，生成多种组分的裂解气，易燃易爆。裂解炉一旦发生事故，易造成负压引发爆炸，因此在裂解炉体辐射段和对流段都安装有爆破片，处置时要注意停车位置避开爆破片，利用注入蒸汽的办法保持裂解炉的正压状态。乙烯裂解区往往是多个裂解炉成组布置，易引发连锁反应，导致大规模泄漏爆炸。

（二）压缩分离区

压缩分离区主要由裂解气压缩机、乙烯压缩机、丙烯压缩机、冷箱、分馏塔、精馏塔、换热器、工艺管道及阀门组成。压缩分离区形成了庞大的设备工艺管线集群。如误操作或设备故障引起管线的泄漏，液化烃一旦泄漏极易气化导致蒸气云爆炸或空间闪爆。乙烯丙烯的储存火灾危险性将在第六章进行详细论述。

八、生产装置火灾特点

通过对上述七种装置的具体火灾危险性进行分析，将生产装置火灾特点归纳如下。

（一）生产加工使用的原料、助剂多属易燃易爆、易腐蚀、热值高物质

从原料到产品，包括生产过程中的半成品、中间体、各种溶剂、添加剂、催化剂、引发剂、试剂等，绝大多数具有易燃性，闪点小于或等于45℃，甚至有大量闪点低于28℃的甲A类火灾危险品，如汽油、丙酮、己烷、苯等的闪点都低于0℃，火灾危险性较大。在生产中可燃物料从工艺装置、设备、管道中通过法兰、焊口、阀门、密封等缺陷部位泄漏到空间，可燃物料与空气（氧）有串联的设备管道，由于控制不当或误操作，既可能导致可燃物料进入空气（氧）系统，也可能导致空气（氧）进入可燃物料系统，负压操作的可燃物质系统，设备不严密或腐蚀穿孔，空气也可以进入，这些情况都可以形成爆炸混合物，达到爆炸极限，一遇火源就会发生爆炸事故，对灭火救援人员的安全防护、站位、技战术措施要求较高。

（二）生产工艺具有易燃易爆、高温高压、低温深冷、空速高毒的特点

以高压聚乙烯生产为例，石油炼制后的轻柴油在裂解炉于600～870℃左右的高温下进行裂解，因为制得的裂解气是多种烷烃、烯烃和氢的混合物，所以又需在零下100多度的低温下进行深冷液化蒸馏分离，得到纯度较高的乙烯单体。乙烯单体在高压下进行聚合反应，制取高压聚乙烯。在这样的条件下，温度应力、交变应力的作用，使受压容器、设备常常遭

受破坏，从而引起泄漏，造成大面积火灾。发生火灾时，采取工艺控制的灭火方法往往较为有效，但其工艺控制技术水平要求高，非一般业务能力所及。

（三）生产方式高度集约、工序连续、上下游一体、运行周期长、控制难度大

装置一旦投入生产，不分昼夜，不分节假日，长周期连续作业。在联合企业内、厂际之间、车间之间、工段之间、工序之间，管道互通，原料产品互通互供，上游的产品是中游的原料，中游的产品又是下游的原料，形成相互依存，不可分割的有机整体。任何一点发生泄漏，可燃易燃物料都有发生爆炸燃烧的可能，而任何一点发生爆炸燃烧，都可以引发更大范围的爆炸燃烧，形成连锁反应导致泄漏、着火、爆炸、设施倒塌等连锁性复合型灾害，如工艺及消防措施不到位，极易引发系统的连锁反应和多种险情，直接威胁灭火救援人员安全。

（四）生产装置设备材质为金属构造，联合布局易发生垮塌，消防作业场地受限

石化生产装置塔、釜、泵、罐、槽、炉、阀、管道等设备及承载框架大多为金属构造，以 2000kt/a 重油催化装置为例，各种金属设备总重达 16000t。金属在火灾状况下强度下降，易发生变形倒塌，装置区域内换热器、冷凝器、空冷器，蒸馏塔、反应釜，以及各种管廊管线和操作平台等成组立体布局，造成灭火射流角度受限制，受地面有流淌火影响阵地选择困难，设备中间部位着火设备及其邻近设备的一般灭火与冷却射流的作用有限。

第三节 灭火救援措施及注意事项

● **学习目标**

1. 掌握石油化工生产装置事故工艺处置措施。
2. 掌握石油化工生产装置事故消防处置措施。
3. 掌握石油化工生产装置事故处置时的注意事项。

处置石油化工生产装置事故时，工艺处置往往能快速有效地控制灾情，达到"治本"的目的，所以掌握基本工艺处置方法、基本工艺原理、基本控制措施至关重要。处置时，要牢牢贯彻"消防与工艺"相结合的战术理念，与企业厂方及相关工艺技术人员密切配合，综合研判，灵活运用各种灭火战术，做好个人安全防护，科学高效地对事故进行处置。

一、工艺处置措施

工艺处置措施往往是切断物料来源、停止反应进行、惰化保护等降低或停止灾情的根本手段与方法。企业应急处置一般采取单体设备紧急停车，事故单元紧急停车，事故装置紧急停车，全厂系统性紧急停车，火炬放空，平衡物料等综合性工艺调整措施，具体措施如下。

（一）紧急停车（停工）

生产装置如发生着火爆炸事故，生产工艺人员应根据灾害类别、灾害程度、波及范围及时作出工艺紧急控制措施，分别作出单体设备事故部位、生产单元、整套装置紧急停车（停工）处置，防止连锁反应、事故扩大和次生事故发生。

灭火救援力量到达现场后，现场指挥员应与事故单位相关人员集体会商，根据灭火救援需要和灾情的控制程度做出决策，逐步升级采取应对措施。按如下程序进行：事故初期单体设备部位停车→生产单元停车→整套装置停车→邻近装置停车→全厂性生产系统紧急停车

（停工）处置等。

（二）泄压防爆

泄压防爆是指装置发生着火爆炸事故后，运行设备、管线受辐射热影响，会出现局部设备、管线或系统超压，工艺人员对发生事故的单体设备、邻近关联工艺系统、上下游关联设备、生产装置系统等采取远程或现场手动打开紧急放空阀，将超压可燃气体排入火炬管线或现场直排泄压的防爆措施，以避免设备或系统憋压发生物理或化学爆炸。

（三）关阀断料

石油化工生产工艺具有较强的连续性，物料具有较高的流动性。燃烧猛烈程度、火情的发展态势以及灭火所需时间都受物料流动补给的影响。因此，扑救装置火灾，控制火势发展的最基本措施就是关阀断料。关阀断料的基本原则是按工艺流程关闭着火部位与其关联的塔、釜、罐、泵、管线互通阀门，切断易燃易爆物料的来源。

在实施关阀断料时，要选择离燃烧点最近的阀门予以关闭，并估算出关阀处到起火点间所存物料的量，必要时辅以导流措施。

（四）系统置换

灭火救援过程中或火灾后期处理，为保障装置系统安全，往往采取系统置换措施，达到控制或消除危险源的目的。

系统置换在灭火处置过程中，主要针对相邻单元进行，切断输转完成后，系统加注保护氮气或蒸气惰化保护避免灾情扩大。

在扑救后期一般采取侧线引导、盲板切断措施后，对着火单元或设备进行氮气或蒸汽填充，逐步缩小危险区域。

火灾彻底扑灭后，防止个别部位残留物料复燃发生次生事故，需对塔釜、容器进行吹扫蒸煮，达到动火分析指标后开展抢修作业。

（五）倒料输转

倒料输转是指对发生事故或受威胁的单体设备、生产单元内危险物料，通过装置的工艺管线和泵，将其抽排至安全的储罐中，减少事故区域危险源。

（六）填充物料

填充物料是指通过提升或降低设备容器液面，减缓、控制、消除险情的控制措施，具体措施如下。

（1）精馏塔、稳定塔、初分馏塔、常压塔、减压塔、解析塔、反应釜、重沸器、空冷器、计量罐、回流罐等设备容器，因灭火需要达到控制燃烧的目的，采取提升或降低设备容器液面的工艺措施。

（2）容器气相成分多，饱和蒸气压大，系统超压有可能发生爆炸，可采取提升设备容器液面，减少气相比例，同时加大设备容器外部消防水冷却，达到避免爆炸的目的。

（3）正压操作系统为防止燃烧后期发生回火爆炸，往往采取提升液面，减少设备容器内部空间的防回火措施。

（4）为保护着火设备，同时采取物料循环、提升液面配合措施，达到外部强制消防水和内部液体物料循环的双重冷却目的。

（七）工艺参数调整

发生事故时，生产装置工艺流程和工艺参数等控制系统处于非正常状态，需对装置的流量、温度、压力等参数进行调整。控制系统一旦遭到破坏，DCS 系统远程遥控在线气动调节阀失效，调节阀或紧急切断阀无法动作，则需派员到现场手动调节阀门，达到工艺调整的目的。具体方法如下。

（1）流量调整：远程或现场手动对单元系统上游阀、下游阀、侧线阀切断，或调节容器设备达到所需的液面或流速。

（2）温度调整：远程或现场手动对重沸器、换热器、冷凝器调节提温或降温，保持塔釜系统达到所需的控制温度。

（3）压力调整：远程或现场手动调节控制温度和流量，达到系统所需的控制压力。

二、消防处置措施

发生事故时，灭火救援力量要第一时间将灾情控制在发生事故的部位，避免引发大面积的连锁反应，超越设计安全底线，为后续处置带来困难。

泵、容器、换热器、空冷器等单体设备初期火灾事故，在采取关阀断料基础上，力争快速灭火；1 个生产单元或 2 个以上生产单元及整套装置发生事故，一般形成立体火灾，过火范围大、控制系统受损，属于难于控制灾情，需要企业采取相应的工艺控制措施，灭火救援力量重点进行稀释分隔和强制冷却保护控制灾情发展；生产装置区及中间罐区发生大范围火灾并威胁邻近装置，属于失控灾情。这类灾情难于控制，研判决策需慎重，强攻、保护需根据灾情有所取舍。消防措施主要有以下几点。

（一）侦察研判

石油化工装置火灾现场，因生产装置工况、物料性质、工艺流程、灾害类别、灾害程度、地理环境等复杂因素影响，火灾蔓延速度快，火场瞬息万变，险情时有突发，后果难以预测，灭火救援力量到场后，迅速地了解和全面掌握现场情况，才能为控制初期发展的火灾制定科学的决策。

因此，应加强火场侦察，全面掌握现场情况，包括：事故装置生产类别、主要原料及产品性质，装置工艺流程及工艺控制参数，着火设备所处部位及工艺关联的流程、管线走向，邻近设备、容器、储罐、管架等受火作用的程度，事故装置所处控制状态，已采取的工艺和消防控制措施，消防水源等公用工程保障能力等。

调取事故装置平面图、工艺流程图、生产单元设备布局立体图、事故部位及关键设备结构图、公用工程管网图等基础资料，与生产工艺人员一道核对事故部位、关键设备及控制点现场信息，从事故发生部位入手分析判断灾情发展趋势。以事故部位工艺管线为起点延伸核对塔器设备、机泵容器等关联紧密的工艺流程，查看并确认事故部位辐射热对邻近设备及工艺系统温度、压力等关键参数的影响，并通过中央控制室 DCS（绿黄红）系统验证装置系统是否处于受控状态，为准确把握火场主要方面和主攻方向，迅速形成处置方案和部署力量奠定基础。

根据燃烧介质的特性，结合事故装置的生产特点，遵循灭火战术原则和作战程序，科学地预测分析、研判火情，做出正确的战斗决策，实施科学指挥和行动。

（二）切断外排

装置火灾爆炸一时难以控制时，应首先考虑对装置区的雨排系统、化污系统、电缆地沟、物料管沟的封堵，防止回火爆炸波及邻近装置或罐区。切断灭火废水的外排，达到安全环保处置要求。

（三）冷却控制

石油化工装置事故处置过程中，实施及时的冷却控制是消除或减弱其发生爆炸、倒塌撕裂等危险的最有效措施。指挥员应分清轻重缓急，正确确定火场的主要方面和主攻方向，对受火势威胁最严重的设备应采取重点突破，消除影响火场全局的主要威胁。

1. 冷却重点

（1）燃烧区内的压力设备受火焰的直接作用，其发生爆炸的危险性最大，应组织有力的力量对其实施不间断的冷却。部署力量扑灭有爆炸危险设备周围的火势，减弱火焰对设备的威胁，为冷却抑爆创造有利条件。

（2）燃烧区邻近设备容器、管道、塔釜受热辐射和热对流作用，其发生爆炸的危险性大，应在部署力量控制火势蔓延的同时，根据距着火设备的远近及危险程度，分别布置水枪水炮阵地实施对受热面的充分冷却。

指挥员应根据着火设备爆炸的可能性大小，部署主要力量冷却抑爆，或安排少量力量冷却防止着火设备器壁变形撕裂。

2. 冷却方法

冷却方法应根据不同的对象及所处状态采取不同的方法。

（1）对受火势威胁的高大的塔、釜、反应器应分层次布置水枪（炮）阵地，从上往下均匀冷却，防止上部或中部出现冷却断层。

（2）对着火的高压设备，要在冷却的同时采取工艺措施，降低内部压力，但要保持一定的正压。

（3）对着火的负压设备，在积极冷却的同时，应关闭进、出料阀，防止回火爆炸。

在必要或可能的情况下，可向负压设备注入氮气、过热水蒸气等惰性气体，调整设备系统内压力。此外，在冷却设备与容器的同时，还应注意对受火势威胁的框架结构、设备装置承重构件的冷却保护。

（四）堵截蔓延

由于设备爆炸、变形、开裂等原因，可能使大量的易燃、可燃物料外泄，必须及时实施有效的堵截。具体方法有以下几种。

（1）对外泄可燃气体的高压反应釜、合成塔、反应器、换热器、回流罐、分液罐等设备火灾，应在关闭进料控制阀，切断气体来源的同时，迅速用喷雾水（或蒸汽）在下风方向稀释外泄气体。

（2）地面液体流淌火，应根据流散液体的量、面积、方向、地势、风向等筑堤围堵，把燃烧液体控制在一定范围内，或定向导流，防止燃烧液体向高温、高压装置区等危险部位蔓延。

（3）塔釜、高位罐、管线等的液体流淌火，应关阀断料、对空间燃烧液体流经部位冷却；对地面燃烧液体，按地面流淌火处理。

（4）对明沟内流淌火，可用泥土筑堤等方法控制火势，或分段堵截；对暗沟流淌火，可采取堵截在一定区域内、然后向暗沟内喷射高倍泡沫，或采取封闭窒息等方法灭火。

（五）驱散稀释

对装置火灾中已泄漏扩散出来的可燃或有毒的气体和可燃蒸气，利用水幕水枪、喷雾水枪、自摆式移动水炮等喷射水雾、形成水幕实施驱散、稀释或阻隔，抑制其可能遇火种发生闪爆的危险，降低有毒气体的毒害作用，防止危险源向邻近装置和四周扩散。具体方法有以下几种。

（1）在事故部位、单元之间设置水幕隔离带。

（2）在泄漏的塔釜、机泵、反应器、容器或储罐的四周布置喷雾水枪。

（3）对于聚集于控制室、物料管槽、电缆地沟内的可燃气体，应打开室内、管槽的通风口或地沟的盖板，通过自然通风吹散或采用机械送风、氮气吹扫进行驱散。

（六）洗消监护

在装置火灾熄灭后，外泄介质及灭火废水得到控制的条件下，对事故现场进行洗消作业，并安排必要的力量实施现场监护，直至现场各种隐患的消除达到安全要求。

三、注意事项

（一）做好个人安全防护工作

石化火灾处置注意防火、防爆、防毒、防冻、防灼伤、防同位素辐射等个人防护。参战人员必须按照规定穿戴防护服，正确佩戴个人防护装备。在实施灭火救援行动时，应设立消防观察哨实时监控现场变化，注意根据装置系统工况，着火设备的火焰颜色、状态、压力声响的变化，容器、管线、管廊框架的异常抖动移位，火势发展蔓延方向等情况，综合分析判断险情发生的可能性，提醒和指导灭火的安全防护工作。

（二）强化对装置系统内参数变化的监控

扑救装置火灾中，应密切关注装置系统内温度和压力的变化，防止其快速升高导致失控而发生爆炸。应及时通知生产人员安排专人打开火炬放空线，使装置系统或单元放空泄压。若装置系统的压力、温度仍然持续快速升高，应及时采取规避风险的扩大措施，如事故装置紧急停车、邻近装置紧急停车、全厂性装置紧急停车，封堵雨排系统、倒料降低塔釜容器液面、切断互通管线、加堵盲板等措施，避免灾难性连锁反应。

中央控制室及现场要设置内外安全员，明确现场统一紧急撤离信号，内安全员实施观测DCS系统温度、压力、液位、流量等参数变化，接近设计红线值，应及时通知现场指挥员；外安全员实施观测燃烧设备、燃烧区设备框架烟气、火焰、设备形状、颜色、声响变化等情况，出现异常各阵地指挥员应果断采取紧急避险措施。现场总指挥视灾情发展程度和危害后果及时做出紧急避险、紧急撤离、暂缓救援等决定。

（三）准确辨识主要危险源

（1）在容易结焦、生成固体的反应器、塔等设备内往往用放射源作为液位计，如延迟焦化、聚丙烯、聚乙烯等装置，要先寻找同位素放射源再进行处置。

（2）氢气的爆炸极限较宽，且燃烧时不易察觉，而装置往往多与氢气反应打开分子链，在处置过程中要特别注意侦检氢气的工作。

（3）在装置反应过程中催化剂、引发剂多为化学性质较为活泼的强氧化剂物质，如三乙基铝、二乙基铝、倍半烷基铝等遇水爆炸、遇空气自燃，在处置过程中要查找催化剂、引发剂容器的位置，阀门关闭情况再进行冷却等。

（4）在石油化工生产装置灭火救援应急处置中，注意避免和控制气态、液态毒性物质的泄漏危害。如碳四装置萃取法抽提丁二烯使用乙腈为萃取液，乙腈常态时有恶臭，燃烧后分解的氰根属于神经毒性物质；丙烯氧化法生产丙烯腈，副产物固体物氰化钠，焚烧产生氰化氢气体属剧毒物质。危险化学品仓库火灾，如仓库储存氰化钠，灭火过程中应注意控制用水量，一是防止氰化氢气体中毒，二是防止氢氰酸中毒。

此外要特别注意硫化氢、液化烃液体，做好个人安全防护，采取措施防止爆炸。

（四）科学设置水枪阵地

（1）冷却保护应优先进行气液分离罐、回流罐的力量部署，这些设备大多为气液相介质，受热辐射影响易发生超压爆炸。

（2）带保温的热交换器严禁直流水冲击封头压盖部位，防止冷热不均，缠绕垫密封破坏液相介质泄漏量扩大，导致火势蔓延扩大。

（3）热油机泵输送物料的温度大多超过介质自燃点，一旦泄漏遇空气自燃。热油机泵泄漏部位一般发生在油泵密封，一旦泄漏遇空气自燃，低压蒸气软管吹扫是最有效的处置，直流水、泡沫管枪直接冲击易导致密封损坏出现流淌火，不能轻易出水。

（4）框架立体火灾处置，应采取同类灭火战术和药剂，避免上层框架出水控制冷却，下层泡沫覆盖灭火，导致灭火效能降低。

（5）车辆站位、阵地部署，应坚持上风向或侧风向原则，并根据事故装置的工艺流程避开同一流程内的设备容器，避免处置过程中意外伤害。

（6）减少现场一线作战人员，多选择移动摇摆水炮、移动水炮作为阵地。轻易不上装置框架进行处置，防止框架倒塌造成伤亡。

（五）其他注意事项

一是根据处置对象和灾情，加强灭火人员的个人防护；二是及时关闭事故装置雨排，避免流淌物料沿地下管道蔓流，引发周边装置或罐区火灾，避免灭火废水直接排入河流；三是如危险源没消除，采取的堵漏、倒罐、输转等措施没到位，应采用控制燃烧战术，严禁直接灭火；四是保护硫化氢等有害气体焚烧炉处于明火状态；五是根据泄漏的控制程度，必要时扩大周边疏散和交通管制范围。

本章小结

本章以石油化工生产基本工艺流程路线为基础，简要介绍了石油化工常见装置及各个装置的火灾危险性，分析了装置火灾的危险性和处置难点，提出了工艺处置措施、基本控制措施、处置该类火灾的基本对策，现总结如下。

（1）本章介绍了常见7套装置的构成、基本工艺，即原油蒸馏装置、催化裂化装置、延迟焦化装置、催化重整装置、加氢装置、气体分离装置、乙烯裂解装置。

（2）常见装置应知应会知识如表2-4-1所示。

表 2-4-1　常见装置应知应会知识

名称	外观辨识	简易工艺流程	主要物料及产物	注意事项
常减压	两炉两塔两框架	1. 原油预处理 2. 常压蒸馏单元 3. 减压蒸馏单元	原油（含硫）、气煤柴油、芳香烃等重组分	1. 当热油泵房发生火灾时，不能轻易射水 2. 重质油品燃烧的热值较高，复燃能力较强 3. 减压单元事故状态应及时恢复正压

续表

名称	外观辨识	简易工艺流程	主要物料及产物	注意事项
催化裂化装置	由反应-再生、分馏及吸收稳定系统构成。其中反再系统的沉降器及再生器较大、较粗、较高	在催化剂及高温的作用下,重质油品裂化成轻组分的过程。反再系统对原料进行裂解;分馏系统对反再系统的产物进行初步分离;吸收稳定系统吸收分馏系统中较低的组分	常压重油、减压渣油、焦化蜡油和蜡油生产汽油、柴油、液化烃及焦炭	1.反再系统、气体压缩机火灾风险性较大。发生火灾时要进行优先保护 2.此类装置的尾油比渣油更重,一旦燃烧复燃性极强
延迟焦化装置	焦炭塔并排布置,且在塔上设有框架;气体分馏塔在装置前或后布置	以渣油、蜡油为原料,将重质油进行加热裂解、聚合使之转化为轻质油、中间馏分油和焦炭的加工过程	渣油、蜡油原料生产汽柴油、氢气等	1.焦化塔等部位有同位素放射源料位计 2.该装置有氢气循环机,注意防爆
重整装置	由预处理、重整反应、芳烃抽提及精馏单元四个部分组成。各部分联合布局,重整反应在一个较大的反应炉中进行,芳烃抽提由三个塔构成	原料中的烃分子,在催化剂的作用下,重新排列或转化成新的分子结构的过程	石脑油、常减压汽油;高辛烷值汽油组分和苯、甲苯、二甲苯、氢气	1.该装置的反应器、高压分离器火灾危险性较大 2.该装置是临氢装置,氢气易爆炸
加氢装置	由加热炉、预加氢、加氢反应器、高压分离器等部分组成。相较整个装置,分馏塔高度较高	加氢装置的目的是为了提高汽油、柴油的精度和质量。可分为加氢裂化和加氢精制两种类型	直馏柴油、催化柴油、氮、硫化物、氢气	1.该装置的加氢反应器、高压分离器、氢气循环机加加热炉的火灾危险性较大 2.临氢装置火灾处置,阵地部署要避开高压容器设备封头部位
气分装置	一般采用5塔式,即5个高而细的分馏塔并排布置	以碳四组分为原料,在分馏塔内将混合碳四中的丙烷、丙烯、丁烷、丁烯分离开来	$C_2 \sim C_4$,液化气	该装置的物料以液化烃为主,常温下呈气态,因此要主要防止泄漏与爆炸
乙烯裂解	由裂解、压缩、分离和装置储罐等单元组成。各部分联合布局,设备管道较多	以乙烷、C_4拔头油、石脑油、加氢尾油、轻柴油等为原料,经乙烯裂解装置成为乙烯、丙烯等重要的化工产品原料	乙烷、C_4拔头油、石脑油、加氢尾油;乙烯、丙烯等	1.乙烯裂解炉是该装置的核心装置,也是火灾危险性较高的部位 2.该装置管线、装备较多,易形成大面积立体燃烧 3.裂解热区火灾危险性大,压缩分离精馏冷区火灾、爆炸危险性大

(3) 石油化工生产装置事故的工艺处置措施有:紧急停车(停工)、泄压防爆、关阀断料、系统置换、倒料输转、填充物料、物料循环、工艺参数调整等。

(4) 石油化工生产装置事故的消防处置措施有:侦察研判、切断外排、冷却控制、堵截蔓延、驱散稀释、控制燃烧、强攻灭火、洗消监护等。

（5）石油化工生产装置都是以管道、反应容器、加热炉、分馏塔等为基础，布置相应框架构成一个整体的装置进行生产，基本设备具有一定的共性。一是发生化学反应的炉等容器一般都是在高温高压条件下进行的，很多物料处于自燃点以上，发生火灾时要防止超压或产生负压导致爆炸；二是使用或产生液化烃、氢气的设备部位火灾危险性较大；三是热油泵、液化烃泵等输送特殊物料的泵风险较大，热油泵不能直接射水；四是框架的布局从下到上依次是泵、（液相、提供动力）—换热器（热能交换）—回流罐（气液分离）—空冷器（初级降温），危险性也在逐步递增。

（6）处置生产装置火灾时要立足工艺处置，着重查明事故部位、单元、装置的上下游关系，充分利用 DCS 系统进行侦察、研判、关阀断料等，并根据现场情况进行核实。采取氮气置换、蒸汽注入等方式尽量将事故控制在小范围内。如有需要，要按照部位、单元、装置、全厂的顺序进行紧急停车。

（7）处置时要高度重视与厂方技术人员的配合，尤其是当日的值班员、调度员、事故操作工等。需要注意的是，沟通过程中对同一管道、设备、装置等设备的称谓会有所差异，对厂方提供的信息要进行会商研判，有选择地为灭火救援提供决策支撑。

（8）基本处置程序如下。

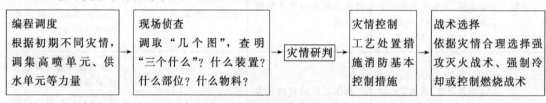

思考题

1. 简述常减压装置的工艺流程及火灾危险性。

2. 装置的"特性"和"共性"有哪些？

3. 简述装置火灾的工艺处置及消防基本控制措施。

4. 简述装置火灾的处置程序。

5. 处置装置火灾时，有哪些注意事项？

第三章

储罐概述及固定顶储罐火灾扑救

　　储罐是收发和储存原油、汽油、煤油、柴油、喷气燃料、溶剂油、润滑油和重油等整装、散装可燃液体的设备。储罐的结构和储存介质不同，其中，固定顶罐是最早用于储存各种油品和化工液体的储罐，其储存介质蒸发量较大，易造成资源浪费和环境污染，且一旦发生事故极易形成全液面火灾。随着技术的发展和对储罐容量、储存介质要求的提高，外浮顶、内浮顶、液化烃、低温储罐等相继出现，各类型储罐的火灾风险性又有所不同，为灭火救援带来新的挑战。

　　本章将介绍有关储罐的分类、油品储罐的火灾危险性及扑救时的注意事项，为第四章至第七章的学习打下基础。另外学习固定顶储罐的结构、火灾形式及防控理念针对其四种火灾类型，归纳总结了相应的处置方法。

第一节　储罐概述

● 学习目标

　　1. 掌握储罐分类。

　　2. 掌握油罐火灾的危险特点。

　　3. 掌握储罐火灾扑救注意事项。

　　储罐是储存油品和化工液体的主要设备，类型多样，数量庞大，储存介质复杂，火灾危险性较高。不同类型的储罐结构和事故特点有所不同，但油品储罐火灾危险性、火灾扑救时的注意事项又存在共同性。

一、储罐分类

　　为更好地理解储罐火灾特点，关于储罐的一些常见专业名词，解释如下。

　　地上储罐——在地面以上，露天建设的立式储罐和卧式储罐的统称。

　　立式储罐——固定顶储罐、外浮顶储罐和内浮顶储罐的统称。

　　储罐区——由一个或多个罐组或覆土储罐构成的区域。

　　罐组——布置在同一个防火堤内的一组地上储罐。

　　油品——原油、石油产品（汽油、煤油、柴油、石脑油等）、稳定轻烃和稳定凝析油的统称。

　　常压储罐——设计压力从大气压力到 6.9kPa（表压，在罐顶计）的储罐。固定顶罐

（锥/拱顶）、外浮顶罐、钢制内浮顶罐属于常压罐。

低压储罐——设计承受内压力大于 6.9kPa 到 103.4kPa（表压、在罐顶计）的储罐。低压储罐主要用于盛装挥发性介质。汽油、凝析油、轻烃、轻质石脑油以及各种蒸发性能较强的化学品等。固定顶罐、浅盘式内浮顶罐、单双盘内浮顶、易熔盘内浮顶罐。

沸溢性液体——具有热波特性，在燃烧时会发生沸溢现象的含水黏性油品（如原油、重油、渣油等）。

根据储罐的储存方式、结构形式和埋设深度，将其分类如下。

（一）按储存方式分类

可分为常压储罐、低压储罐、全压力储罐；半冷冻、全冷冻储罐。

采取常温和较高压力储存液化烃或其他类似可燃液体的方式称全压力式储存。常温压力储存时常采用球形或卧式储罐。

半冷冻、全冷冻储罐一般用于储存常温下呈气态的液化烃，半冷冻在储罐外有一层保温层，一般用于球形罐；全冷冻是将液化烃降低至其沸点温度以下并保持冷冻状态。低温储罐的结构又分为单容、双容和全容罐。

（二）按结构形式分

可分为固定顶储罐和浮顶储罐。

固定顶储罐顶部与罐体固定焊接，分为拱顶罐与锥顶罐。

浮顶储罐是浮盘随罐内液位升降活动，分为内浮顶储罐和外浮顶储罐。外浮顶储罐的罐顶浮盘直接放在油面上，随油品的进出而上下浮动，在浮顶与罐体内壁的环隙间有随浮顶上下移动的密封装置。内浮顶储罐是拱顶罐与浮顶罐的结合，外部拱顶，内部浮顶，内部浮顶可减少油耗，外部拱顶可以避免雨水、尘土等异物进入罐。

固定顶储罐储存容量相对较小，外浮顶罐储存大容量原油、重质油，内浮顶储罐主要储存成品油及中间产品物料。

（三）按油罐的埋设深度分

可分为地上、半地下、地下及水下储罐。地上储罐是指建于地面上的储罐；半地下储罐在地表基础以下，但储罐顶仍在地上；地下储罐整体位于地面以下，包括覆土隐蔽罐和山洞金属罐；水下储罐建在水面以下，是海上石油开采储存的主要形式。

二、油品储罐火灾危险性

油品储罐数量多于化工液体储罐数量，因储存油品介质的危险特性，决定了其装卸、仓储、输转、分装、灌装、中转过程中具有如下火灾危险性。

（一）着火爆炸危险性大

石油库油罐储存的油品属有机物质，其燃烧性与油品的闪点、自燃点有关。油品的闪点和自燃点越低，发生着火燃烧时的危险性越大。常用油品的闪点、自燃点和燃烧速度如表 3-1-1 所示。

表 3-1-1　常用油品的闪点、自燃点和燃烧速度

油品名称	油品闪点/℃	油品自燃点/℃	燃烧速度	
			传播速度/(m/s)	燃尽速度/(mm/min)
原油	27～45	380～530	—	1.5～3

续表

油品名称	油品闪点/℃	油品自燃点/℃	燃烧速度	
			传播速度/(m/s)	燃尽速度/(mm/min)
航空煤油	−16~10	390~530	12.6	2.1
车用汽油	−50~10	426	10.5	1.75
煤油	28~45	380~425	6.5	1.10
轻柴油	45~120	350~380		
润滑油	180~210	300~350		

储存的轻质油品具有较强的挥发性,在较低的气温下就能蒸发,如 1kg 汽油完全蒸发大约形成 0.4m³ 的汽油蒸气,且随着温度的升高,油品蒸发速度加快。这些蒸发出来的油蒸气,相对密度较大,且不易扩散,积聚在空气不流通的低部位或低洼处。当油蒸气与空气达到一定浓度时,遇火源极易发生燃烧爆炸。爆炸的危险性取决于油蒸气的爆炸下限和爆炸范围。爆炸下限越低或爆炸范围越宽,爆炸的危险性就越大。如汽油的爆炸下限极低,混合气体中汽油蒸气浓度达到 1.4%,在极小的点火能量下即可引起混合气体爆炸。爆炸极限一般用油品的蒸气浓度表示,也可用相应的温度来表示。表 3-1-2 中列出了几种油品的爆炸浓度极限和爆炸温度极限。

表 3-1-2 几种油品的爆炸浓度极限和爆炸温度极限

油品名称	爆炸浓度极限(体积)/%		爆炸温度极限/℃	
	下限	上限	下限	上限
汽油	1.4	7.6	—	—
航空煤油	14	7.5	−34	−4
煤油	1.4	7.5	40	86
车用汽油	1.4	7.2	−38	−8
溶剂油	1.4	6.0	—	—

油品储罐尤其是汽油、柴油、煤油等储罐受热后,温度升高,部分液体挥发成蒸气,体积膨胀,蒸气压力增加。密闭的固定储罐,若其油品灌装超量,或在储罐呼吸器、泄压阀损坏等情况下,储罐在受热时因罐内蒸气压升高和液态体积膨胀,超过储罐的最高允许压力限度,会引起储罐爆炸。

此外,油品为非极性物质,其电阻率高(汽油、柴油的电阻率一般在 1010~1015Ω·cm 之间),导电性能差,积累电荷的能力较强。在管道输送、灌装等过程中,由于摩擦易产生静电。当油品所带静电荷聚集到一定程度时,就会产生电火花,如果静电火花能量达到或大于油品蒸气的最小点火能量时,就会立即引起燃烧和爆炸。如汽油的最小点火能量为 0.1~0.2mJ,而油品在装卸、灌装、泵送等作业过程中,由于流动、喷射、过滤、冲击等缘故所产生的静电电场强度和油面电位,往往高达 20000~30000V,据测定,静电电压在 350~450V 时,所产生的放电火花就能引起可燃气体燃烧或爆炸。

(二) 火焰温度高 辐射热强

油罐发生火灾,其火焰中心温度达 1050~1400℃,罐壁温度达 1000℃以上。油罐火灾的热辐射强度与发生火灾的时间成正比。燃烧时间越长，辐射热越强。

（三）重质油品罐燃烧易发生沸溢喷溅

原油、渣油等重质油品因燃烧过程中形成高温热层及其含有水分，着火燃烧时可能发生沸腾突溢和喷溅。沸溢喷溅会导致燃烧的油品大量外溢，甚至从罐内猛烈喷出，形成巨大的火柱，可高达 70～80m，油火顺风向喷射距离可达 120m 左右。这不仅扩大火场的燃烧面积，而且严重威胁扑救人员的人身安全。重质油发生沸溢喷溅的征兆如下。

（1）出现油面蠕动、涌涨现象，出现油沫 2～4 次。

（2）火焰增大、发亮、变白，火舌形似火箭，烟色由浓变淡。

（3）金属罐壁颤抖，罐体发出强烈的噪声。此外，现场还有罐内油品发出的剧烈"嘶嘶"声。

部分油品的热层扩展速度和燃烧直线速度见表 3-1-3。

表 3-1-3　部分油品的热层扩展速度和燃烧直线速度

油品名称	热层扩展速度/(cm/h)	燃烧直线速度/(cm/h)
轻质原油含水率 0.3% 以下	38～90	10～46
轻质原油含水率 0.3% 以上	43～127	10～46
重质原油含水率 0.3% 以下	50～75	7.5～13
重质原油含水率 0.3% 以上	30～127	7.5～13
煤油	0	12.5～20
汽油	0	15～30

（四）泄漏油品流动扩散易形成大面积火灾

汽油、柴油的黏度一般都很小，极易流动和渗透，且温度升高，黏度降低，流动扩散性增强。当油罐容器有极细微裂纹，油品会在渗透、浸润及毛细现象作用下渗出容器壁外，不断地挥发，使空气中的油蒸气浓度增高，增加油品燃烧、爆炸的危险性。油品蒸发出的油气密度都比空气大，可随风沿地面扩散，在低洼处积聚不散。油品比水轻，能够在水面上漂浮扩散，在地面也易沿地势迅速流淌，燃烧的油品流到哪里便烧到哪里。加之储罐的爆炸或油品的沸溢喷溅，流散的着火油品便会在储罐周围形成大面积火灾，对周围其他油罐产生严重的威胁。

（五）具有复燃复爆性

重质油品储罐及其输油管道灭火后，在没有切断可燃源的情况下，遇到火源或高温，或由于其壁温过高，不继续进行冷却处理，会重新引起油品的燃烧或爆炸。石油类储罐因储存介质、储罐结构不同，发生部位、灾害类型、燃烧形式、处置方法也不相同，处置不当会导致事故扩大或引发次生事故。

（六）油品蒸气具有一定的毒害性

油蒸气经人口、鼻进入呼吸系统，使人体器官受害而产生急性和慢性中毒。空气中汽油蒸气含量为 0.28% 时，人在其中经过 4～12min 便会感到头晕；含量达到 1.13%～2.22% 时，便会发生急性中毒，使人难以支持；当油蒸气含量更高时，会使人立即昏倒，失去知觉，甚至有生命危险。油蒸气的慢性中毒会使人产生头晕、疲倦和嗜睡等症状，经常与油品接触的皮肤会产生脱脂、干燥、皮炎和局部神经麻木。

三、储罐火灾扑救注意事项

扑救储罐火灾时，在严格落实事故处置程序的基础上，还应重点做好以下工作。

（一）全面落实侦察研判

全面的侦察研判是成功处置的首要条件。石油化工企业储罐区储罐类型繁多、储存介质危险性高、工艺流程复杂，科学、全面、及时的侦察研判可为储罐火灾扑救提供重要的决策信息，为指挥决策提供重要参考。

接警过程中，应尽量详细询问储罐类型（固定顶储罐、外浮顶储罐、内浮顶储罐、球罐、圆筒形、卧式，全压力、半冷冻、全冷冻）、灾害的形式（泄漏、燃烧、爆炸）、储存介质、灾情规模等；到达现场后，应通过询问厂区人员、查看储罐内部结构图、观察储罐形状进一步确认储罐储量、储存介质、储存方式、泄漏范围、灾情形式规模等。

在进行外观辨识时，应能区分外浮顶储罐、内浮顶储罐及固定顶储罐；应能正确区分全压力储罐和半冷冻储罐（两者均为球罐）；应能区分全冷冻储罐、内浮顶储罐、拱顶罐（三者均为圆筒形）；应能区分全冷冻储罐的储存方式（单容、双容、全容），防止误判。

当储罐外观特征不明显，应通过查看储罐内部结构图和厂区人员确认的方法综合全面辨识，防止片面化。当事故现场灾情复杂，危险性较大时，应能通过中央监控室察看现场灾情。此外，还应通过查看厂区平面图、工艺流程图、询问技术人员，掌握发生事故储罐工艺流程及与邻近储罐工艺流程关联情况。

（二）科学使用灭火剂

科学使用灭火剂是成功处置的重要保证。石油化工储罐火灾需要大量的泡沫进行灭火，科学合理掌握泡沫类型、泡沫比例、注入时机、注入方式等细节，能有效提升灭火处置效果，是处置成功的重要保证。

1. 泡沫的使用

（1）当现场同时使用固定泡沫灭火系统、半固定装置、车载泡沫进行灭火处置时，应确保三者泡沫类型、比例、倍数一致，防止混打、错打，影响泡沫效果。

（2）当现场有多支力量同时使用泡沫进行灭火处置时，应分区实施，严格禁止在同一区域使用不同类型、比例、倍数的泡沫，防止混打、错打，影响泡沫效果。

（3）无论使用何种形式向储罐注入泡沫，必须提前进行泡沫验证，待充分发泡后方可向罐内注入泡沫，防止发泡效果不佳，泡沫混合液压沉浮盘。

（4）采用半固定装置注入泡沫灭火，应采用大流量泡沫车一次性供液不少于30min。单罐容量50000m³以下，选取泵浦流量不小于100L/s泡沫消防车，一台车不少于4条干线连接半固定接口供液；单罐容量100000m³以上，选取泵浦流量不小于10000L/min泡沫消防车，一台车不少于5条干线连接半固定接口供液。同时，应注意检查驾驶员泡沫比例混合器调整操作，确保车载泡沫液比例或外供泡沫液比例与驾驶员操作调节泡沫比例混合器相符（3%或6%比例调节）。

（5）发起进攻前，应注重储备充足的泡沫液，至少保证30min持续注入泡沫量，一次到位灭火。期间如供泡沫间歇或停顿，浮盘易扭曲、倾斜、下沉，导致浮盘结构破坏，失去最佳灭火时机。

（6）储罐长时间燃烧，应考虑控制泡沫注入的间歇时间，避免频打影响泡沫析液时间，储罐液位升高，液体溢流形成流淌火。

（7）连续注入泡沫灭火，应定时进行罐内、浮顶排水作业，防止形成水垫层，导致沸溢、喷溅发生。

（8）易熔盘内浮顶发生罐火和池火时，灭火所需泡沫量不能按单个储罐燃烧液面积进行计算，应按罐组防火堤面积进行计算并调运泡沫。

2. 冷却供水

对于储罐火灾的冷却供水，储罐区发生火灾，消防供水保障既要做到满足现场灭火冷却需要，也应防止消防用水外泄造成环境污染事件，应注意以下5点。

（1）应综合考虑使用市政供水、厂房消防水池储水、远程供水符合灭火处置需求，合理供水，避免出现过度供水产生大量消防用水。

（2）应充分利用厂区消防水池、废水池、沟渠等设施实现消防用水循环利用。

（3）冷却用水应重点加强浮盘与介质液面罐体周长的强制水冷却保护，避免出现无目的、无科学依据的储罐区全区域、大面积冷却保护，造成水资源浪费。

（4）灭油池火时，水封液位不易过高，宜保持在事故防火堤1/5高度，保护罐组内储罐进出料管线和阀门。防止储罐油品外溢、沸溢，引发整个储罐区火灾，同时也能防止液位过高造成防火堤坍塌。

（5）储罐火灾部署冷却力量时，应根据火场情况进行综合研判，重点考虑罐型、介质、液位、风向、燃烧形式等因素，避免轻易判定邻近罐为风险最大储罐。

（三）注重消防与工艺的协调配合

消防与工艺的协调配合是成功处置的有效手段。石油化工储罐火灾发生在石油化工产品的储存阶段，储罐本身结构复杂、各种阀门管线繁多，设计有各种应急措施，因此，在处置储罐火灾时，应结合化工工艺，实现工艺控制与消防技战术的联合应用，协调配合。

常见的工艺法包括：注入氮气保护和冷油置换两种，合理运用工艺法能有效提升储罐火灾的灭火处置效果。

（1）氮封系统是确保固定顶储罐、易熔盘储罐（包括着火罐和邻近罐）本质安全的重要条件，只要氮封系统完整好用，储罐始终处于较安全状态，因此，灾情处置过程中，应采取措施优先保障氮封系统安全，当氮封系统损坏，条件许可时，应立即组织人员实施抢修，恢复氮气注入。

（2）在紧急情况下，可采用外接临时氮气管线和干粉车应急供氮的方法实施窒息灭火。

（3）当条件允许时，可采取冷油置换法进行处置，即通过输油管道使用正常温度介质对事故储罐内受热介质进行置换，防止储罐内介质温度过高引发火灾爆炸。必须注意的是，同一罐组内储罐阀门往往联通，不能相互置换，防止将灾情扩展至邻近罐。实施冷油置换，必须在厂方人员确认管道、阀门连接情况，确保置换工作不导致灾情蔓延的情况下进行。

（四）做好安全防护

石油化工储罐事故危险性高，灭火救援过程中火灾、爆炸都有可能随时发生，事故处置人员的安全尤为重要，注重个人防护确保安全处置是成功处置的重要基础。

　　油品储罐储存物质复杂，且中间罐区介质多为含硫油品或化工液体，易导致人员中毒，储罐燃烧过程中极易引发爆炸造成人员伤亡，应注意以下几点。

　　（1）应注意硫化氢防护，处置人员按要求佩戴空气呼吸器等个人防护装备。着火罐火情扑灭后，容易产生大量硫化氢，应重点防护；邻近罐应重点保护氮封系统，防止储罐内硫化氢外泄。灭火处置力量应尽量部署在上风方向。

　　（2）应优先考虑使用固定、半固定设施和移动炮实施灭火冷却工作，尽量减少一线处置人员，防止储罐爆炸造成人员伤亡。

　　（3）现场应统一进攻撤退信号，由灭火作战经验丰富的人员担任安全员，发现险情，及时示警。

　　针对液化烃储罐事故，处置时应从以下几点做好个人防护。

　　（1）液化烃事故处置现场必须严格实施现场警戒，警戒区域应有明显标志；应采取一切措施防止火源进入液化烃泄漏区域；现场装备器材操作及技战术措施展开必须有防静电、防火花措施；对使用设备，必须严格确定其防爆等级和防静电功能。

　　（2）集结区域或进攻路线应选择在上风或侧上风方向，以防误入危险区域，严禁在下风方向部署处置力量、组织进攻。

　　（3）严格落实安全防护措施。处置人员按灾情处置需求穿戴防护装备，严格落实安全防护措施，进入危险区人员的数量降低到保证完成任务的最小限度，并设立观察哨注意储罐爆炸征兆；处置泄漏事故个人防护穿戴，应考虑灾情突发逆转，预先考虑强制保护措施方案；低温液体处置同时考虑防冻伤和防辐射热措施。

　　（4）液化烃火灾被扑灭后，要认真彻底检查现场，防止复燃。应仔细查看泄漏口是否堵严，阀门是否关好，残火是否彻底消灭，确定是否需要留下消防车和人员看守，以防泄漏、燃烧、爆炸再次发生。

　　（5）大容积全冷冻低温罐事故处置，应慎重对待灾情发展阶段，在已有预案的基础上，根据现场灾情实际变化超前预判、分析、评估，果断作出决策。必要时，根据灾害模型数据作出紧急避险、扩大警戒区决策和快速撤离行动。

　　（6）实施放空或点燃排险时，必须在安全有保障的前提下实施。

　　（7）要及时关闭雨排、沟渠等储罐区与外界联系设施，防止液化烃沿地下隐蔽设施外泄后，遇明火回燃至储罐区。

第二节　固定顶储罐结构

● 学习目标

　　掌握固定顶储罐结构。

　　固定顶储罐罐体内无浮盘，罐壁无通风口，为密封性储罐，拱顶本身是承重构件，有较大的刚性和内压，油品蒸发量较大，单罐容积一般为 $100\sim20000\ m^3$。

　　固定顶储罐一般由呼吸阀、人孔、量油孔、罐盖、罐体、盘梯和固定泡沫灭火系统等部件组成。固定顶储罐结构图、平视图和侧视图、俯视图分别如图 3-2-1～图 3-2-3 所示。

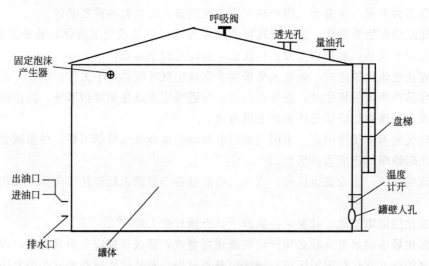

图 3-2-1 固定顶储罐结构图

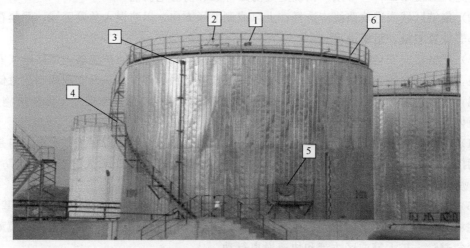

图 3-2-2 固定顶储罐平视图

1—呼吸阀；2—量油孔；3—立式泡沫产生器；4—盘梯；5—检修人孔；6—罐顶护档

图 3-2-3 固定顶储罐侧视图、俯视图

1—呼吸阀；2—横式泡沫产生器（应安装立式泡沫产生器）；3—固定消防喷淋

固定顶储罐的进出物料管线、排水口设置在储罐底部。其他主要附件功能如下。

（1）呼吸阀是用来控制油罐内气体空间压力，抑制油料蒸发损耗防止油料质量降低，保护油罐免遭损坏的一种专用阀门，如图 3-2-4 所示。

图 3-2-4　固定顶储罐罐顶呼吸阀

1—带双接管阻火呼吸阀；2—防爆阻火呼吸人孔

（2）人孔是在油罐进行安装、清洗和维修时，工作人员可经人孔进出油罐。

（3）量油孔安装在储罐顶部用于测量罐内物料的标高、温度以及取样等，如图 3-2-5 所示。

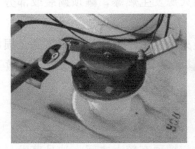

图 3-2-5　固定顶储罐量油孔

（4）加热盘管主要用于保持物料流动性或满足工艺输转要求的温度。由于原油、重质油的凝固点较低，加热盘管主要用于防止原油凝固。

（5）泡沫灭火系统分为固定式和半固定式两种：固定式泡沫灭火系统主要由消防水泵、泡沫泵、泡沫液储罐、泡沫比例混合器、泡沫输送管线和泡沫产生器组成，其中泡沫液储罐、消防水泵、泡沫泵、泡沫比例混合器，一般设在消防泵房内；半固定式泡沫灭火系统主要由泡沫产生器、泡沫输送管线和半固定泡沫接头组成，半固定泡沫接头固定在防火堤外。

内浮顶储罐、固定顶储罐都应选择立式泡沫产生器，因为内浮顶、固定顶储罐发生火灾时多伴有罐顶整体或局部破坏，安装在罐壁顶部的横式泡沫产生器由于受力条件不佳及进口连接脆弱而往往被拉断，选用立式泡沫产生器可降低这一风险。需要指出的是，图 3-2-2 为立式泡沫产生器，安装正确。图 3-2-3 为横式泡沫产生器，安装错误，这种情况在罐区仍然普遍存在。

第三节   固定顶储罐火灾形式及防控理念

● 学习目标

1. 掌握固定顶储罐的火灾事故形式。
2. 掌握固定顶储罐的火灾防控理念。

从固定顶储罐的结构来看，呼吸阀、量油孔、人孔等部位都有可能发生泄漏燃烧，若发生爆炸则可能造成罐盖的撕裂进而形成半敞开或敞开式燃烧，本节分别介绍固定顶储罐的火灾形式和防控理念。

一、火灾形式

固定顶储罐由于设计安装不合理、设备老化、误操作、违章作业等原因，都容易导致油品"跑、冒、滴、漏"，从而使油品外溢积聚，形成爆炸燃烧危险源。固定顶储罐由于油蒸气积聚、一遇到点火源即易发生燃烧爆炸，造成火灾事故。固定顶罐火灾包括以下四种形式。

（1）储罐挥发出的油蒸气，从呼吸阀、量油孔等处冒出，形成稳定燃烧，即火炬式燃烧。

（2）检修人孔法兰巴金垫密封损坏，在防护堤内形成地面流淌火、油池火。

（3）罐内油气混合物达到爆炸极限后，遇火源发生燃爆，罐顶撕裂或部分开裂，呈半敞井式燃烧，存在灭火死角。

（4）罐内油气混合物达到爆炸极限后，遇火源发生燃爆，造成罐盖完全损坏，罐顶呈敞开式剧烈燃烧（全液面火灾），随燃烧时间推移，罐体出现塌陷、卷边，半敞开、敞开、塌陷式燃烧。

二、防控理念

固定顶储罐结构简单，油面无浮盘，液面与罐顶有较大空间，油品蒸发量较大，一旦发生火灾，全液面燃烧的风险较大。因此，固定顶储罐的防控立足于全液面燃烧灾型，储罐固定泡沫灭火系统设计、燃烧液面积计算、泡沫供给强度、泡沫液罐容积、泡沫灭火延续时间均按全液面火灾对待。移动力量做预案也应按全液面火灾考虑，估算一次灭火泡沫使用量和泡沫原液储备量。

第四节   火灾扑救措施及注意事项

● 学习目标

1. 掌握固定顶储罐不同类型火灾的处置方法。
2. 掌握固定顶储罐不同类型火灾处置时的注意事项。

不同的火灾类型具有不同的燃烧特点，应采取不同的灭火救援措施。本节针对固定顶储罐四种常见火灾形式提出相应的处置措施。

一、呼吸阀、量油孔火灾扑救

该类型火灾呈喷射火炬状燃烧或多点燃烧，属于初期火灾，但若控制不当易发生回火，导致火势扩大。固定顶储罐呼吸阀、量油孔火炬式燃烧如图 3-4-1 所示。

图 3-4-1　固定顶储罐呼吸阀、量油孔呈火炬式燃烧

（一）侦察检测

（1）着火罐储存介质、实际储油量、储罐油面高度；

（2）工艺流程情况及已经采取的工艺措施；

（3）了解罐内储物介质的基本情况，例如温度、含水率等；

（4）固定和半固定消防设施完好情况及启动情况；

（5）前往中控室，利用 DCS 系统实时监控事故罐区的液位、压力、温度等情况。

（二）灭火措施

（1）工艺措施：立即停止储罐各种形式加热（如电加热、导热油加热、蒸汽盘管加热）。

初期灭火毯覆盖灭火措施。单个储罐火灾初期，储罐全方位强制冷却，迅速登罐用灭火毯（用水浸湿的棉被）覆盖灭火。需要特别注意的是，此种灭火措施要慎重选择，仅仅适用于储罐油温、罐壁还处于常温的状态下。

（2）注氮惰化窒息。通过进出物料管线、量油孔、氮封系统（第五章涉及）等，利用企业自备氮气系统、干粉车（泡沫干粉联用车）氮气瓶组氮气向储罐内注氮达到惰化保护、窒息灭火的作用（注：固定顶储罐一般大于 $10000m^3$ 设有固定氮封系统）。

（3）高喷消防车灭火措施。利用高喷消防车自上而下垂直喷射喷雾水或雾状泡沫射流瞬间灭火。使用这种方式时要根据储罐、防火堤及道路间距、风向、高喷车最大水平操作幅度等情况调集相应的车辆（灭火示意图如图 3-4-2 所示）。

（三）注意事项

（1）现场战斗员应着隔热服，佩戴空气呼吸器，防止燃烧不完全产生的硫化氢等有毒有害气体；

（2）油罐稳定燃烧时，不宜直流水射流仰角

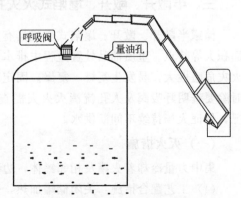

图 3-4-2　灭火处置示意图

或水平角度冲击呼吸阀和量油孔，避免负压回火引起爆炸；

（3）灭火全过程对着火罐壁上部实施射水冷却，防止罐壁在火焰和高温的作用下向内塌陷；

（4）防止冷却水射入罐中，导致油面升高，影响泡沫有效覆盖厚度。

二、流淌火、油池火火灾扑救

由于罐体检修人孔法兰巴金密封损坏形成地面流淌火、油池火，该类型火灾呈流体状蔓延，扩散速度较快，形成地面流淌火、油池火、罐火与池火。控制不当易发生大面积火灾，导致火势扩大，造成邻近罐发生燃烧或爆炸。侦察时除要查明着火罐储存介质、实际储油量、含水率等基本情况，还要查明泄漏点、估算泄漏面积、蔓延方向及蔓延速度。

（一）灭火措施

对大面积地面流淌火，采取围堵防流，分片消灭的方法；对大量重油质油品火灾，可视情况采取挖沟导流的方法，利用干粉或泡沫灭火。

（1）工艺配合措施：关闭防火堤雨水排放管道阀门；工艺倒料输转降低储罐液位，更换巴金垫。

（2）初期流淌火：利用泡沫管枪上风向合围控制灭火。

（3）油池火：用 4～5 只泡沫钩管上风向持续泡沫覆盖推进，防火堤两侧移动炮跟随泡沫钩管覆盖进度泡沫射流推进，推至着火罐边缘增加移动炮泡沫射流罐壁，直至防火堤泡沫完全覆盖封闭；干水泥成袋在人孔下方 U 形堆积高于人孔，挂泡沫钩管持续覆盖 U 形燃烧面。

（4）流淌火转池火措施不当，同时出现池火和罐火：先控制池火至 U 形燃烧面，罐火分情况参考半敞开、全敞开处置。

（二）注意事项

（1）要做好个人防护，必要时穿隔热服，佩戴空气呼吸器，防止流淌火热辐射伤人。

（2）时刻观察防火堤内水位高度，防止灭火用水过多，造成浸堤现象。

（3）有效控制蔓延趋势，防止流淌火热辐射危及相邻罐体，使火势进一步扩大。

（4）做好对温度计的保护，防止破裂。

三、半敞开、敞开、塌陷式火灾扑救

储罐半敞开、敞开、塌陷式燃烧具有火焰、烟气高，辐射热强，热波传播速度快，燃烧面积大等特点。重质油品处置过程中排水不及时会引起连续沸溢喷溅，燃烧过程火焰起伏，火灾危险性大，易发生复燃、复爆。固定顶储罐敞开式、塌陷式燃烧如图 3-4-3 所示。侦察时除要查明呼吸阀及人孔流淌火火灾需查明的情况外，还要查明周边环境和可利用水源情况，保证火场持续不间断供水。

（一）灭火措施

集中力量冷却着火罐及相邻罐体，边冷却边灭火。

（1）工艺配合措施：关闭储罐加热，关闭防火堤雨水排放阀门；罐底定时排水作业，防止连续喷射泡沫在罐底形成水垫层引发沸溢喷溅。

图 3-4-3　固定顶储罐敞开式、塌陷式燃烧

（2）启动固定泡沫灭火系统，若损坏或启动时间超过固定泡沫设计值，应及时关闭固定泡沫灭火系统；移动力量使用半固定泡沫灭火系统灭火。半固定泡沫系统如图 3-4-4 所示（见书后彩页）。启动半固定泡沫灭火系统流程如下：

① 关闭固定泡沫灭火系统进液阀门；

② 打开泡沫管线导淋阀，排放管线泡沫余液，余液排除后迅速关闭导余阀；

③ 携带转换接口、1 支泡沫管枪等装备铺设双干线水带至半固定泡沫注入装置，其中一条连接泡沫管枪，一条连接半固定泡沫注入接口；

④ 向泡沫管枪供泡沫测试发泡效果，观察发泡倍数符合要求后，停止供泡沫卸下泡沫管枪并将水带连接半固定泡沫注入接口；

⑤ 打开半固定泡沫注入装置手动开关，确认固定泡沫灭火系统罐前分配阀全部打开，多干线连接半固定泡沫注入接口供泡沫，连续出泡沫 30min 灭火。

为确保储罐设置的多个泡沫产生器发泡效果良好，必须注意半固定泡沫注入技术要求：

① 利用半固定泡沫灭火系统时一要先打开导淋阀排放管道内泡沫混合余液，防止固定泡沫系统与移动消防泡沫种类、比例、倍数不一致，泡沫混合液相混达不到发泡倍数和效能要求影响灭火效果；

② 应保证泡沫消防车泡沫混合流量供给强度，5 万立方米以下储罐应选用泵浦流量不小于 100L/s 泡沫消防车，大于 5 万立方米储罐应选用泵浦流量不小于 10000L/min 泡沫消防车炮；

③ 优先选用全自动泡沫比例混合器泡沫消防车，如选用半自动或手动泡沫比例混合器车型，必须观察事故储罐泡沫产生器数量和每个泡沫产生器所需混合量，估算事故储罐泡沫混合液总需求量，调节半自动或手动泡沫比例混合器满足总需求流量后供液；

④ 罐前分配阀 6 个半固定泡沫接头采取单车连接并不少于 5 条干线；

⑤ 根据车载泡沫的种类、倍数、比例，进行调试、验证发泡效果，持续供液 30min。

外浮顶储罐与内浮顶储罐应用半固定泡沫灭火系统时与上述方法流程一致。

（3）氮气惰化窒息。半敞开、敞开及塌陷式燃烧罐顶已经崩开，邻近罐受热辐射威胁较大，可采取本节一中的方法，对邻近罐进行惰化保护。对于燃烧的储罐，利用进出物料管线注氮进行窒息灭火。

（4）高喷车灭火。在罐盖撕裂处沿内罐壁顺风方向注入泡沫，直至罐内泡沫覆盖层完全覆盖灭火。严禁向撕裂处正面油面注入泡沫。

（二）注意事项

（1）在受到热辐射威胁时，应穿隔热服，佩戴空气呼吸器；在可能发生爆炸、毒害物质泄漏等危险情况下救人或灭火时，应布置水枪掩护。

（2）着火罐扑灭后，着火罐周边、邻近罐周边及下风向的作战人员要注意硫化氢等有害气体防护。

（3）及时关闭防火堤雨排，保持事故防火堤1/5水封液位，防止储罐油品外溢、沸溢以及消防废水造成污染。

（4）长时间燃烧，应控制泡沫注入的间歇时间，防止影响油水析液时间。

（5）利用高喷车灭火时，必须保证高喷车臂架炮射流喷射储罐内罐壁一侧罐壁上，流向液面形成覆盖层，严禁不同方向同时喷射泡沫，互相影响导致泡沫破裂。

（6）在可能发生爆炸、沸溢、喷溅等危险时，应设施安全观察哨。若事态严重，应果断组织人员撤离，必要时可放弃车辆器材紧急避险或紧急撤离。

本章小结

本章介绍了各类储罐的基础知识、固定顶储罐的结构，针对固定顶储罐的火灾形式，提出了不同的灭火救援对策及注意事项，现总结如下。

（1）储罐根据不同的分类方法可作如图3-5-1所示的分类。

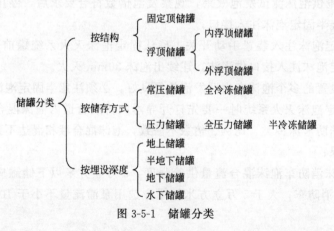

图 3-5-1　储罐分类

（2）储罐火灾扑救注意事项有：全面落实侦察研判、科学使用灭火剂、注重消防与工艺的协调配合、做好个人安全防护。

（3）固定储罐的火灾形式有：呼吸阀、量油孔火灾；流淌火、油池火火灾；半敞开、敞开及塌陷式火灾。

（4）固定顶储罐没有浮盘，泡沫液储备量、固定半固定泡沫灭火系统供给强度及发生火灾时采取的战术均应按照全液面火灾来进行处置。

（5）针对不同灾情，将固定顶储罐火灾处置方法总结如表3-5-1所示。

表 3-5-1　固定顶储罐处置方法与注意事项

灾情阶段	工艺处置措施	处置措施	注意事项
呼吸阀、量油孔		1.初期可利用灭火毯进行灭火；及时启动固定喷淋冷却，固定泡沫产生系统 2.注氮惰化窒息 3.高喷车灭火	油罐稳定燃烧时，不宜以仰角、平射射流灭火，避免造成负压回火引起爆炸
人孔地面流淌火、池火	1.停止储罐加热装置 2.关闭防火堤雨水排放阀门 3.罐底定时排水	围堵防流，分片消灭的方法，初期利用泡沫钩管进行灭火；大面积流淌火采取围堵防流，视情采取挖沟导流，利用干粉或泡沫灭火	时刻观察防护堤内水位高度，防止灭火用水过多，造成漫堤现象
半敞开		固移结合，做好邻近罐的冷却工作	1.着火罐扑灭后，着火罐周边、邻近罐周边及下风向的作战人员要注意硫化氢等有害气体防护 2.长时间燃烧，应控制泡沫注入的间歇时间，防止影响油水析液时间 3.应设置安全观察哨
全敞开		固移结合，立足大流量装备，加强力量调配，做好邻近罐的冷却工作	

思考题

1.油罐火灾的特点是什么？

2.简述固定顶储罐的结构及各个附件的作用。

3.固定顶储罐有哪些事故类型？

4.在处置固定顶储罐火灾事故时，有哪些配合的工艺处置措施？

5.在处置固定顶储罐火灾事故时，射水有哪些注意事项？

6.处置半敞开、全敞开事故时有哪些注意事项？

7.简述处置固定罐事故的灭火战术。

第四章

外浮顶储罐火灾扑救

大型外浮顶储罐常用于储存原油，单个储罐最大容量已达 15 万立方米。外浮顶储罐受到雷击后，易引发密封圈火灾，若处置不当，将导致灾情扩大，威胁整个罐区，为灭火救援工作带来较大困难。本章立足外浮顶储罐的防控理念，以外浮顶储罐主要结构为基础，根据火灾发展规律，将着重学习各个阶段的火灾特点及针对初期密封圈火灾的登罐处置方法、浮盘卡盘半液位火灾和浮盘沉盘发生全液面火灾时的处置方法。

第一节　外浮顶储罐结构

● 学习目标

1. 掌握外浮顶储罐结构。
2. 能从外观对外浮顶储罐进行辨识。
3. 掌握外浮顶储罐固定消防设施相关知识。

石油储备库多为外浮顶储罐。近年来，随着能源储备战略的深化，我国兴建了许多大型石油储备库，石油储量进一步提升。截至 2017 年 4 月，我国共建成 9 个国家级石油储备基地，总储备库容为 3325 万吨。分别为舟山（500 万立方米）、舟山扩建（250 万立方米）、镇海（520 万立方米）、大连（300 万立方米）、黄岛（320 万立方米）、独山子（规划 540 万立方米，首期库容 300 万立方米）、兰州（300 万立方米）、天津（建设规模 500 万立方米，前期库容 320 万立方米）、黄岛国家石油储备洞库（地下库 300 万立方米）共 9 个国家石油储备基地。

由于原油中含硫成分较多，易腐蚀管道形成硫化亚铁，硫化亚铁则易受到氧化作用而自燃着火，此外，储罐密封圈受雷击也易引发火灾。只有充分了解外浮顶储罐结构，才能及时准确、科学安全地进行处置。反之，若一味依赖大型装备，则可能导致贻误战机，失去最佳处置时机。同时，还要掌握外浮顶储罐火灾的发生发展规律。若对外浮顶储罐火灾规律缺乏认识和把握，极有可能导致"小火变大灾"，为后期的处置带来困难。例如，对于储量为 10 万立方米的外浮顶储罐，一旦发生全液面火灾，着火液面面积将达 5000 多平方米，需要大量的泡沫液、大流量装备及远程供水系统才能满足火场需要。

外浮顶储罐为常压储存，储存介质一般为原油、渣油等重质油。正常储存时原油紧贴浮盘，液面随钢制浮舱式浮船上下升降，浮盘形式分为单盘式、双盘式。常见的单罐容积有 1 万、3 万、5 万、10 万、15 万立方米。储量与高度、直径的关系如表 4-1-1 所示。

表 4-1-1　外浮顶储罐储量与高度、直径关系

储量/万立方米	高度/m	直径/m	液面面积/m²
0.5	17	20	314
1	18	28	615.44
3	19	48	1808.6
5	19	68	3629.8
10	21	80	5024
15	22	95	7084.6

由表 4-1-1 可知，随着储量的增加，外浮顶储罐的高度增加不大，但直径面积增加较大。

一、外浮顶储罐外观结构

外浮顶储罐外观结构如图 4-1-1 所示。

(a) 平视图

1—罐外盘梯；2—泡沫混合液管路；3—消防冷却喷淋；4—泡沫管路、
喷淋水管路罐前分配阀组及半固定接口；5—罐底进出物料管线；6—油罐编号

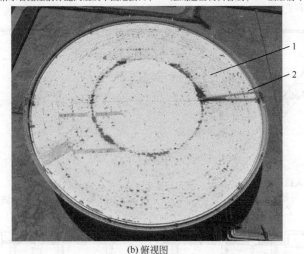

(b) 俯视图

1—外浮顶储罐浮盘；2—转动走梯

图 4-1-1　外浮顶储罐外观结构图

罐外盘梯是供检修及发生初期密封圈火灾登罐灭火使用。当固定消防设施不能启动时，可利用泡沫管路、喷淋管路、罐前分配阀组及半固定接口出水和泡沫进行处置。到达现场后，可观察罐体编号，通过消防控制室或 DCS 控制中心查询液位、温度、罐体设计图、平面图等情况。

二、外浮顶储罐内部结构

常见的外浮顶储罐浮盘分为双盘式和单盘式两种。单盘式浮顶由若干个独立舱室组成环形浮船，其环形内侧为单盘顶板。其优点是造价低、便于维修。双盘式浮顶是由上盘板、下盘板和船舱边缘板所组成，由径向隔板和环向隔板隔成若干独立的环形舱。其优点是浮力大、排水效果好。外浮顶储罐结构如图 4-1-2、图 4-1-3 所示。

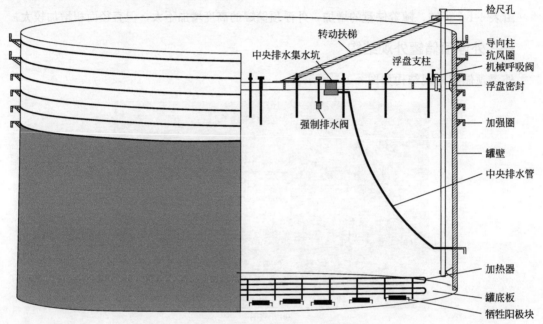

图 4-1-2　外浮顶储罐结构示意图

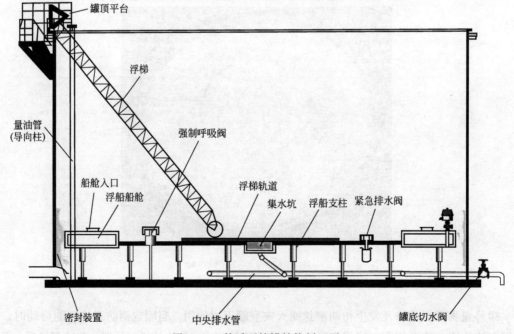

图 4-1-3　外浮顶储罐结构剖面图

单盘式和双盘式外浮顶储罐区别主要在于浮盘方式不同，从浮盘外形上看，单盘浮舱检查孔在外围的浮舱上，双盘表面有若干个浮舱检查孔，如图4-1-4所示（见书后彩页）。

从图4-1-4中可以看出，单盘浮舱检修孔位于虚线以里，呈环形分布，且环形浮舱略高于中间单盘板；双盘浮舱检修孔位于浮盘表面。两者密封结构、转动扶梯、中央排水等结构一致。下面以双盘式外浮顶储罐进行举例，其浮盘构件如图4-1-5所示。

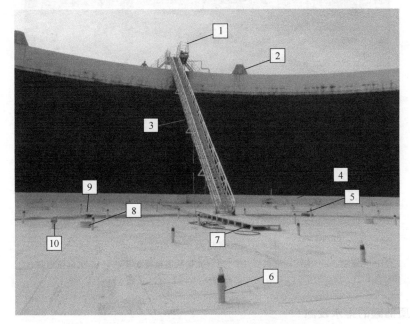

图4-1-5 双盘式外浮顶储罐浮盘构件图

1—罐顶平台；2—泡沫导流罩；3—转动扶梯；4—环形泡沫挡板；5—中央排水阀；6—浮盘支柱；
7—导轨；8—浮舱检修人孔；9—紧急排水阀；10—量油孔

罐顶测量平台处设有泡沫竖管和二分水器，供登罐连接水带、泡沫管枪密封圈火灾处置，此外还设有雷达液位计、量油孔（也称抽样孔）等。转动走梯是连接罐顶平台和浮盘的通道，供日常和检修时使用，通过浮盘上的轨道，转动走梯随着浮盘一起升降。导向柱的作用是保持浮盘的平衡，防止其旋转。若导向柱受热变形，可能导致"卡盘"，增加液面燃烧面积，因此在火灾情况下要注意保护导向柱。此外导向柱也称为量油管，上有若干孔，用于测量油面液位时使用。

1. 密封圈

在上、下运动的浮顶与罐壁之间存在着至少200～300mm的环形间距，需要采取良好的密封装置，称为"密封圈"。密封圈的作用是保持浮顶与罐壁紧密接触而又不卡住，同时起到减少储液的蒸发损失、保证储液质量和安全操作、防止大气污染的作用。密封圈上部安装有光栅光纤感温感烟火灾报警。此外泡沫覆盖区挡板内还安装有机械呼吸阀，当气温上升油蒸气较多时防止密封圈内超压。常见的密封形式主要有机械式密封、泡沫密封和管式密封三种。密封圈结构示意图如图4-1-6所示。

密封圈是外浮顶储罐最易发生火灾的部位，油品蒸发聚集于密封圈内，当其结构受到破坏后，遇到雷击等其他点火源时，易发生燃烧，燃烧不完全的情况下还会释放出硫化氢剧毒气体。

图 4-1-6　密封圈结构示意图

1—内罐壁；2—泡沫围堰挡板；3—光纤光栅感温报警系统；4—二次机械密封；

5—泡沫灭火覆盖区；6—机械呼吸阀

2. 外浮顶储罐的排水设施

外浮顶储罐的排水方式分为罐底和浮顶排水：浮顶排水是及时排除浮盘上的雨水，防止卡盘或沉盘；罐底排水是排除原油中的水分，防止形成水垫层，出现沸溢、喷溅或突沸。其原理如图 4-1-7 所示。

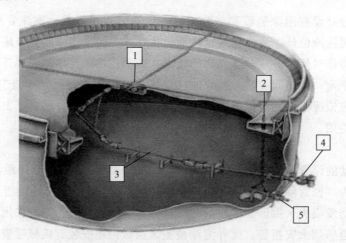

图 4-1-7　外浮顶储罐排水原理图

1—中央排水集水坑；2—紧急排水阀；3—中央排水管；4—罐顶排水阀；5—罐底排水阀

浮盘上的排水设施有中央排水阀和紧急排水阀，紧急排水阀比中央排水阀高约 10cm。正常情况下雨水经中央排水阀至中央排水集水坑进行排水，当雨量较大时，雨水进入紧急排水阀直接进入罐内，原油与水分层，原油在上水在下，打开罐底排水阀进行排水。紧急排水阀、中央排水阀如图 4-1-8 所示。

(a) 罐顶紧急排水阀　　　　　　　　　　(b) 罐顶中央排水阀

图 4-1-8　外浮顶储罐罐顶排水

灭火救援过程中若短时间向浮盘大量喷射泡沫、消防水射流，流量大于浮顶排水系统能力则易使多余水聚集浮盘上，导致卡盘、倾盘甚至沉盘。储罐内大量喷射的泡沫消失后，集聚的混合液极易形成水垫层，若罐内排水不及时，易导致沸溢、喷溅或突沸。

在处置该类火灾时，一是要定时打开浮顶和罐底排水阀，二是要控制泡沫射流量防止发生沸溢喷溅。储罐积水应及时排入罐区污水处理池进行处理。10 万立方米外罐底、罐顶排水阀如图 4-1-9 所示。

图 4-1-9　外浮顶储罐罐底排水

1—10 万立方米外浮顶储罐罐底排水阀；2—10 万立方米外浮顶储罐浮顶排水口

3. 储罐内部结构

加热装置、物料进出管线位于储罐底部。原油黏度较大，为保障重质油输转，一般在罐底设有加热装置（电加热、蒸汽盘管加热、导热油加热等）。图 4-1-10 为储罐底部蒸汽盘管加热装置。图 4-1-11 为外浮顶储罐浮顶紧急排水装置。

三、外浮顶储罐固定消防设施

外浮顶储罐固定消防设施有：围绕罐体的冷却喷淋盘管及喷头、测量平台处泡沫二分水、固定泡沫灭火系统（泡沫管线及泡沫产生器、泡沫分配阀、半固定泡沫接头）等。其中固定泡沫灭火系统又分为：罐壁式泡沫灭火系统和浮盘边缘式泡沫灭火系统两种。罐壁式泡沫灭火系统是指泡沫产生器安装在罐壁，如图 4-1-12 所示。固定或半固定泡沫系统启动时，泡沫混合液经泡沫产生器产生泡沫，泡沫经导流罩沿内罐壁流入环形泡沫堰板后，流动覆盖进行灭火，如图 4-1-13 所示。

图 4-1-10　储罐底部蒸汽盘管加热装置

1—蒸汽加热盘管；2—浮盘支柱

图 4-1-11　外浮顶储罐浮顶紧急排水装置

图 4-1-12　罐壁式泡沫灭火系统

1—泡沫产生器（横式泡沫产生器安全位置错误）；
2—泡沫导流罩

图 4-1-13　罐壁式泡沫灭火系统灭火示意图

　　需要指出的是，罐壁式应选择横式泡沫产生器，横式泡沫产生器应安装至外罐壁下沿35～40cm处，否则在火灾时下风向泡沫产生器受热烟气影响无法产生泡沫或泡沫产生效果较差。图 4-1-12 所示的泡沫产生器就是一种错误的安装方式。此外导流罩底部应呈梯形，有利于泡沫的沿内罐壁导流，如图 4-1-12 所示。在处置时，指挥员应根据泡沫产品器安装形式，综合研判泡沫产生效果，避免贻误登罐战机。正确的泡沫产生器、导流罩安装形式如图 4-1-14 所示（见书后彩页）。

　　浮盘边缘式泡沫灭火系统是泡沫产生器安装在浮盘上，泡沫混合液经浮盘下部升降式泡沫软管分配至各个泡沫产生器，产生泡沫流入泡沫堰板内进行灭火。泡沫产生器随着浮盘的上升下降而升降，从泡沫导流管内产生的泡沫到达火点的时间要比罐壁式要短，受到热辐射、风力、液位等其他因素的影响要小，如图 4-1-15 所示。

　　罐壁式泡沫灭火系统的优点是满液位时泡沫很快形成覆盖层，成本低、维护保养方便。缺点是在半液位或低液位时，泡沫容易被紊流卷走，易被热辐射破坏，无法有效覆盖进行灭火。

　　浮盘边缘式泡沫灭火系统的优点是不受液位影响，泡沫能快速在挡板内形成覆盖层进行灭火，灭火效率较高。缺点是升降式泡沫软管一旦出现被腐蚀、破损等情况，需整个储罐停用时才能进行检修，维护保养成本较高。

图 4-1-15　浮盘边缘式泡沫灭火系统

1—泡沫混合液中央分配管；2—泡沫混合液输送管；3—泡沫导流管；4—泡沫挡板；

5—横式泡沫产生器；6—分配管测试压力表

在利用半固定泡沫灭火系统注入泡沫时，除要按照第三章的规程、注意事项外，还要根据外浮顶泡沫产生器数量正确选用泵浦流量符合要求的泡沫消防车。例如，储量为 15 万立方米的外浮顶储罐泡沫产生器为 14 个，每个泡沫产生器流量 8L/s，混合液总需求量 112L/s。因此应选择泵流量大于 100L/s 的泡沫消防车，满足扬程、流量、流速要求，提高利用半固定泡沫灭火设施灭火效能。

受动力源、设备故障等原因影响，固定、半固定泡沫系统不能启动灭火时，指挥员必须在外浮顶密封圈初期火灾阶段，科学研判，果断决策，立即实施登罐灭火作战行动。外浮顶储罐测量平台如图 4-1-16 所示。

图 4-1-16　外浮顶储罐测量平台示意图

1—雷达液位计；2—消防器材箱；3—二分水器

第二节　外浮顶储罐火灾形式及防控理念

学习目标

1. 掌握外浮顶储罐火灾形式。

2. 掌握外浮顶储罐防控理念。

外浮顶储罐是伴随着油品储量剧增出现的，与固定顶储罐相比，它液面有浮盘，油品挥发性小。但储罐容量大，液面较大，全液面火灾风险性也随之增加。通过对外浮顶储罐各个部件、结构的分析，密封圈是外浮顶储罐最易发生火灾的部位，但当浮盘发生倾斜、沉没时也有可能发生全液面火灾。因此，本节对外浮顶储罐火灾进行分类并阐述其防控理念。

一、火灾形式

根据火灾发展规律，可将外浮顶储罐火灾分为：储罐密封圈火灾（包括密封圈分散火点和密封圈环形火带）；浮盘卡盘倾斜时，储罐半液上/半液下火灾；浮盘沉没时，储罐全液面火灾，储罐火灾与管道阀门流淌火灾，防火堤池火五种形式。

二、防控理念

据统计，从 1950 年至今世界范围储罐火灾事故共有 500 余起，其中密封圈火灾占72.8％，其他火灾占 27.2％。因此，外浮顶储罐的防控应立足于初期密封圈火灾。固定泡沫灭火系统的设置，就是为了及时扑救密封圈初期火灾。但当液位较低、泡沫受到热辐射、风向及紊流等因素的影响不能有效覆盖起火点时，罐顶测量平台设置的泡沫混合液二分水、罐顶外走台、转向走梯则为人员登罐使用泡沫管枪实施泡沫覆盖灭火提供了条件。

外浮顶储罐火灾扑救，要也注意初期密封圈火灾的控制，根据现场情况，及时登罐灭火。2015 年福建漳州古雷腾龙芳烃有限公司"4·6"爆炸着火事故，中间罐区 607、608 号重石脑油储罐和 610 号轻重整液储罐猛烈燃烧，在事故处置近 5h 后，凌晨 2：50，下风向20 余米处 102 号常渣油外浮顶罐顶橡胶密封圈着火，在进行初期侦察后，果断登罐实施灭火，成功将 102 号储罐的险情控制在初期，为整个作战行动的成功打下了坚实基础。前期火情侦察、登罐灭火分别见图 4-2-1。

(a) 前期侦察图（初期密封圈点式火灾）　　　　(b) 登罐灭火图

图 4-2-1　漳州古雷"4·6"火灾事故现场登罐灭火情况

火灾初期较为容易控制，仅仅会出现密封圈点式局部或带式燃烧。一旦到了火灾后期，出现卡盘、沉盘全液面火灾时，燃烧面积较大，热辐射强，原油的蓄热能力较强，火灾扑救面临极大困难。油品中的水垫层极易出现沸溢、喷溅。储罐进出物料管线发生泄漏、火灾后期储罐呈塌陷式燃烧则易出现流淌火。防火堤内液面不高时，流淌火处于防火堤内燃烧；液面较高或出现大规模泄漏、防火堤垮塌等情况时，火灾突破防火堤，燃烧面积进一步扩大。因此，外浮顶储罐的防控理念应立足于初期密封圈火灾。

第三节　火灾扑救措施及注意事项

1. 掌握外浮顶储罐火灾处置程序。
2. 掌握外浮顶储罐不同火灾形式的处置措施。
3. 掌握处置外浮顶储罐火灾时的注意事项。

根据外浮顶储罐的火灾发生规律和火灾形式，不同火灾阶段应采用不同的处置方法和措施。本节分别介绍初期密封圈火灾、浮盘卡盘半液面火灾、浮盘沉盘全液面火灾等各种形式外浮顶储罐火灾的处置方法。

一、初期密封圈火灾扑救

密封圈点式或圈形带式火焰，油气挥发少，热值不高，按外浮顶储罐火灾防控设计理念，初期密封圈火灾是最佳的扑救阶段。处置应坚持固移结合，及时登罐的原则。

（一）基本扑救措施

（1）启动固定泡沫灭火系统，罐壁式或浮盘边缘式泡沫灭火系统泡沫产生器出泡沫覆盖灭火；启动固定喷淋系统冷却储罐表面。

（2）移动力量利用半固定泡沫灭火系统出泡沫灭火，消防车直供泡沫混合液泡沫覆盖灭火。

（3）固定或半固定泡沫灭火系统出泡沫覆盖灭火，如下风向泡沫产生器保护半径交界处泡沫覆盖点不闭合，果断组织人员登罐用泡沫管枪补充覆盖泡沫灭火。登罐最佳时间：冬天60min 之内；夏天 40min 之内。

（4）固定或半固定泡沫灭火系统故障等原因不能奏效，应立即组织人员登罐，按密封圈初期火灾泡沫覆盖处置。利用罐顶平台二分水保障泡沫混合液供给，也可直接铺设干线出泡沫。

（5）加大储罐外部罐壁冷却，重点冷却浮盘与油面结合部层外罐壁。防止密封圈油气高温复燃。

（6）工艺处置措施：当液面较低时，可注入冷油提升液面，减少泡沫下降距离，防止泡沫受到风力影响不能覆盖火点，有利于泡沫进入环形挡板。另外，提醒工艺人员及时关闭储罐加热装置和定时排水（浮顶排水和储罐内底部排水，防止压斜浮盘和及时消除水垫层）。

（二）满液位登罐处置

满液位登罐处置灭火条件为：密封圈分散火点和密封圈环形火灾，储罐液位在 2/3以上。

以测量平台二分水为敷设泡沫干线起点，沿罐顶外环形平台敷设双泡沫干线至上风向，使用泡沫管枪沿内罐壁喷射泡沫，泡沫覆盖层形成后逐步向下风向推进至泡沫闭合点，完成泡沫覆盖灭火操作，具体程序如下。

（1）先铺设水带沿罐顶外延通道至上风处顺风喷射泡沫，见图 4-3-1（a）。

（2）形成泡沫覆盖层后，往回分段出泡沫覆盖至平台。班长至上风处依次向前铺设，每条水带的接口互不连接，见图 4-3-1（b）。

（3）待泡沫覆盖至平台后，1名战斗员返回上风处连接铺设的水带继续向前推进，喷射泡沫覆盖，另一名战斗员从二分水平台处反向推进喷射覆盖灭火，最后将围堰覆盖闭合，见图4-3-1（c）。

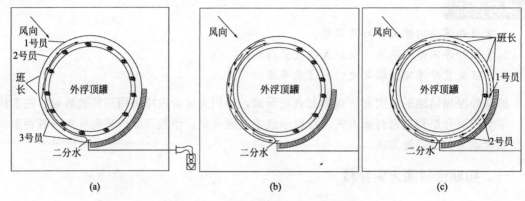

图4-3-1　满液位登罐灭火流程示意图

（三）半液位登罐处置

半液位登罐处置灭火条件为密封圈分散火点和密封圈环形火带，储罐液位在1/2以下。

以测量平台二分水为敷设泡沫干线起点，沿罐内旋转走梯斜面敷设双泡沫干线至浮顶中央，再从浮顶中央预先水平延伸敷设8条干线至泡沫挡板处，1号、2号战斗员在上风向处开始敷设泡沫，形成泡沫层后分别顺风向下风向推进至泡沫闭合点，班长协助1、2战斗号员完成8条水带的连接/断开，直至泡沫覆盖灭火操作完成。半液位登罐灭火示意图见图4-3-2。

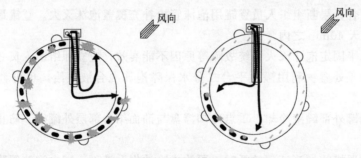

图4-3-2　半液位登罐灭火示意图

（四）登罐注意事项

实施满液位、半液位登罐作业时，应注意以下几点。

（1）登罐灭火时人员应着隔热服，防止热辐射。佩戴空气呼吸器，防止硫化氢中毒。需要指出的是，外浮顶储罐高度较高，人员体力消耗较快，因此明火未扑灭前，可不用打开空气呼吸器供气。待明火即将扑灭时，应佩戴呼吸器面罩，确保有效的撤离时间。当风向变化或扑救失控，烟火封堵罐顶操作平台时，观察员应及时利用喷雾水枪掩护人员撤离，所有作战人员撤离自救时应根据不同情况选择安全绳、水带等器材迅速撤离罐顶。

（2）在注入泡沫前，应确认浮盘排水阀处于打开状态，应留有单位操作工人操控罐内排水阀，及时排出罐内余水。

（3）实施登罐灭火时，应当启动固定喷淋冷却系统或利用移动水炮加强对罐体实施冷却；泡沫堰板内泡沫覆盖厚度不低于0.3m，接近泡沫覆盖闭合点，推进速度需放慢，防止高温回火引起油气复燃。

（4）遇雷雨天气时，应设置防雷水枪（就近使用消火栓，沿罐旋梯铺设水带至罐顶平台，连接直流水枪并固定至罐顶最高位，保持水枪枪口垂直出直流水柱）。

二、浮盘卡盘半液面火灾扑救

浮盘卡盘导致油面与空气接触的面积进一步扩大，燃烧面积扩大，热辐射增加，处置难度增大。切忌对浮盘短时间内大量射流，可能会导致沉盘引发全液面火灾。

着火罐冷却保护不到位，罐体变形，燃烧液面下降时，易导致浮盘单边卡盘。浮盘下部会出现拱顶罐式局部空间燃烧。浮盘倾斜，形成灭火死角，固定泡沫灭火系统失去作用，如图4-3-3所示。

此时，可采用输入同质冷油提升液位，使油面贴近浮盘底部——再次形成密封圈式燃烧。高液位有利于泡沫进入环形挡板，降低罐壁冷却用水量，提高灭火效率，注入同质冷油浮盘上升恢复平衡，如图4-3-4所示。

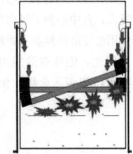

图4-3-3 卡盘火灾示意图

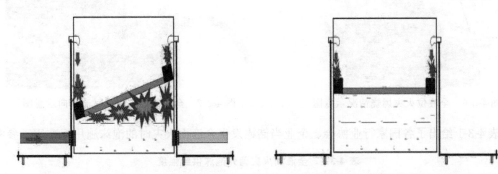

图4-3-4 注入同质冷油浮盘上升恢复平衡示意图

储罐高液位后停止进出油，如罐内油温较高，可采取油料进出平衡法降温。即注入同质油品循环达到冷却目的，控制进出流量达到提升液罐液位目的。同质油品循环法如图4-3-5所示。

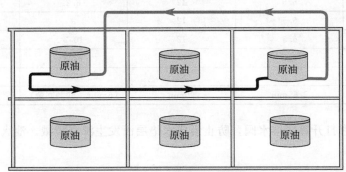

图4-3-5 同质油品循环法

此外，卡盘原因可能是浮盘上积水过多，储罐排水功能不能满足排液要求，此时，要停止向浮盘射水，加大罐壁冷却力量，及时打开罐底、浮顶排水阀进行排水。

三、浮盘沉盘全液面火灾扑救

当发生沉盘即全液面火灾时，灭火救援难度较大。要加强力量调派，尤其是远程供水系统、大流量炮等大型装备和大量泡沫药剂。对着火罐的冷却要均匀，加强邻近罐冷却，启动邻近罐固定水喷淋系统，实时利用无人机、观察哨等手段进行侦察，将邻近罐控制在初期密封圈火灾。

大型储罐在无风条件下燃烧时，氧气由四周沿罐壁上方被吸入，因此火焰靠近罐壁周边处为负压；废气自罐顶排出，火焰顶部为正压。有风条件下，上风位置罐壁处为负压，氧气由此被吸入；自中心偏下风向位置处于正压，气体向上排出。若泡沫由燃烧储罐的正压处入射，其扬升作用会使泡沫被吹飞飘散，不易于凝聚成柱，损耗极大。全液位火灾燃烧情况如图 4-3-6 所示。

因此，泡沫射流应由燃烧储罐的上风向处，瞄准火焰吸入窗口，即沿罐壁上表面处由负压吸氧位置切入火场，使损耗达到最小。全液位火灾泡沫射流方向如图 4-3-7 所示。

图 4-3-6　全液位火灾燃烧情况示意图

图 4-3-7　全液位火灾泡沫射流方向示意图

表 4-3-1 给出了各国家行业协会、企业当储罐发生全液面火灾时的泡沫施用标准用于参考。

表 4-3-1　全液面火灾国外泡沫供给强度

储罐直径/m	NFPA 和 API 标准 /[L/(min·m²)]	欧盟标准（2009） /[L/(min·m²)]	威廉姆斯公司标准 /[L/(min·m²)]	Bp 公司消防标准 /[L/(min·m²)]
<45	6.5	10	6.5	10.4～12.9
45～60	6.5	11	7.3	10.4～12.9
60～75	6.5	12	8.2	10.4～12.9
75～90	6.5	12	9	10.4～12.9
90～105	6.5	12	10.2	10.4～12.9
105～120	6.5	12	12.3	10.4～12.9
>120	6.5	12	12.9	10.4～12.9
泡沫施用时间	>65min	90min	65min（+60%冗余）	65min

此外，要注意打开罐底排水阀，防止形成水垫层而发生沸溢喷溅。池火、流淌火的处置参考第三章。

四、注意事项

（1）第一处置力量到达现场后，将车辆停靠在上风方向。通过观察罐外走道、固定泡沫产生器及储罐编号等情况，迅速对储罐类型进行辨识。通过询问罐区工作人员和调派专人去消防控制室，及时查询确认储罐容量、储存介质、储存液位、固定消防设施是否启动、着火部位等情况。要迅速查明水源、风向、风力等基本情况。

（2）通过不间断火场侦察，确定火情是否处于密封圈初期火灾、卡盘半液面燃烧及沉盘全液面燃烧阶段。要在便于观察和警示的地方设立安全员，明确撤退信号，着重观察风向变化及沸溢喷溅征兆等危险情况。

（3）指挥员要视情请求调派增援力量，在未查明火场情况时，切忌直接对浮盘射水冷却。

（4）牢牢把握外浮顶储罐火灾处置的先机，立足于其设防理念，初期密封圈火灾时要树立果断"登罐灭火"的战术思想，严禁短时间内对浮盘喷射大量泡沫射流。

（5）做好现场的安全防护工作。登罐灭火时人员要着隔热服、佩戴空气呼气器防止硫化氢中毒。设立安全员，明确撤离信号，当发生沸溢喷溅的前兆时，果断下达撤退命令。

（6）固定、半固定消防设施由于长时间受到腐蚀、维护保养不到位等情况，要做好其不能正常启动的准备。

（7）储罐底定时排水，防止罐内形成水垫层。

（8）关闭防火堤、分隔堤雨排阀门及化污水出口，保持事故防火堤1/5水封液位，防止储罐油品外溢、沸溢，引发整个储罐区火灾。防止废消水流入江河湖海，引发环保事件。

本章小结

本章介绍了外浮顶储罐的外形、浮盘结构、固定消防设施及排水设施，分析了外浮顶储罐的火灾特点，针对不同灾情，提出了不同的处置对策，现总结如下。

（1）外浮顶储罐一般用于储存原油、渣油、重质油等，相对于其他储罐，储量较大。原油不易燃，但一旦发生燃烧，复燃能力强，且原油中含有硫，灭火后有硫化氢等有害气体。

（2）雷击易引发外浮顶储罐密封圈火灾。其防控理念和处置措施立足于初期密封圈火灾快速处置，控制油气挥发温度、燃烧速度、燃烧面积，避免出现"卡盘"、"沉盘"是处置外浮顶储罐火灾的战术核心思想。

（3）针对不同灾情，将外浮顶储罐火灾处置方法总结如表4-4-1所示。

表 4-4-1　外浮顶储罐处置方法与注意事项

灾情阶段	工艺处置措施	处置措施	注意事项
密封圈初期火灾	1. 停止罐底加热 2. 当液面较低时，可注入同质冷油提升液面，减少泡沫下降距离，充分发挥固定消防设施作用 3. 当油温较高，可采取油料进出平衡法降温	1. 及时启动罐体冷却，固定泡沫灭火系统 2. 视情况及时组织人员进行登罐灭火	1. 登罐灭火时，人员要做好个人安全防护，防止硫化氢中毒 2. 在罐顶平台设置安全员，统一紧急撤离信号，实时观察风向
卡盘半液上/半液下火灾		通过排水及注入同质冷油的方法及时排除卡盘险情	1. 严禁向浮盘短时间大量射流导致沉盘 2. 打开罐顶、罐底排水阀及时进行排水
沉盘全液面		立足大流量装备，加强力量调配；做好邻近罐的冷却工作	1. 实时进行现场侦察，将邻近罐火灾控制在初期 2. 从上风口贴近罐壁打入泡沫 3. 关闭进出料阀门，防止出现流淌火

思 考 题

1. 简述罐壁式泡沫灭火系统和浮盘边缘式泡沫灭火系统各自的优缺点。

2. 外浮顶储罐的设防理念、火灾防控、处置要素是什么？

3. 外浮顶储罐的排水方式有哪些？排水目的是什么？如何进行排水？

4. 当发生"卡盘"时，应采取何种工艺措施进行排险？

5. 防止浮盘旋转的设备是什么？发生险情时怎样对其进行保护？

6. 外浮顶储罐的处置要素、注意事项有哪些？

第五章

内浮顶储罐火灾扑救

内浮顶储罐是立式钢制储罐的重要组成形式之一。内浮顶储罐主要用于储存汽油、煤油、柴油、航空煤油、石脑油、重整油等轻质油品、易挥发性介质以及对清洁度和环保要求较高的含硫中间产物，储存介质普遍具有闪点低、易爆炸、挥发性强等特点。从生产与储存的工艺角度讲，与固定顶和外浮顶储罐相比，内浮顶储罐较好地结合了两者的优点，有效减少了油品的蒸发量，具有造价低、装配简单、施工周期短、耐腐蚀、不污染油品等优点，在石油化工行业有广泛的应用。

在石油库、石化企业、化工液体储罐区内，内浮顶储罐往往数十个成组布置，储存介质种类繁杂、储罐数量大，另外，内浮顶储罐类型较多，不同类型的储罐，其结构、防控理念及火灾特点也不尽相同，一旦发生火灾，灭火救援人员需进行针对性处置，才能取得良好的效果，对灭火处置的专业化要求较高。

本章介绍不同类型的内浮顶储罐结构特征，分析其火灾危险性及特点，阐述了防控理念，并归纳总结了内浮顶储罐尤其是铝制易熔盘内浮顶储罐火灾发展不同阶段特点的灭火技战术措施。

第一节　内浮顶储罐结构

● 学习目标

1. 了解内浮顶储罐的基本类型。
2. 熟悉不同类型内浮顶储罐的基本结构特点。
3. 掌握内浮顶储罐的辨识方法。

内浮顶储罐是伴随着石化行业的发展而发展的。石油化工产业大量中间产品的出现，对储量、油品蒸发损耗量、经济等因素均提出了新的要求。在此背景下，我国从20世纪70年代后期从发达国家引进技术，开始内浮顶储罐的推广应用研究，依次经历了钢质浅盘式、敞口隔舱式、单盘式、双盘式内浮顶储罐和铝合金材质易熔盘内浮顶储罐等结构形式的变化。

一、内浮顶储罐分类

目前，各地在用的浅盘、敞口隔舱、单盘、双盘内浮顶浮盘均为钢制浮盘，敞口隔舱、单盘、双盘内浮顶属于铁浮舱式内浮盘，储存含硫较高的中间产品介质时，浮盘的抗腐蚀能力较差，储罐的运行周期较短。因此，在石化生产和储运企业出现了铝合金材质易熔盘内浮顶储罐，也称为浮筒式内浮顶，有效提高了浮盘的抗腐蚀能力。国家相关设计防火规范将这类储罐按固定顶罐对待（全液面火灾类型），铝合金材质浮盘内浮顶发生火灾时，浮盘受热易变形和熔化导致全液面火灾，其火灾危险性、处置难度、泡沫药剂需求量等比钢制单盘和双盘内浮顶储罐要高、要难、要大。

(一) 浅盘式内浮顶储罐

浅盘式内浮顶储罐多为石油化工企业中间产品储罐。单层盘板结构，浮盘为钢材质制造。浮顶无隔舱、浮筒或其他浮子，周圈设有不高于 0.5m 的边缘板，无排水设施、有泡沫挡板，储存状态下浮盘与储存介质液面直接接触，罐体有通风口或通风帽，属于淘汰罐型，见图 5-1-1。

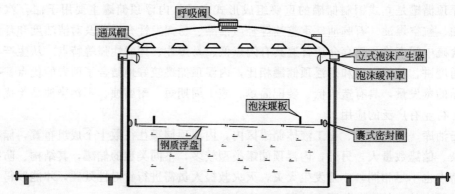

图 5-1-1　浅盘式内浮顶储罐结构示意图

(二) 敞口隔舱式内浮顶储罐

敞口隔舱式内浮顶储罐多为成品油产品储罐。单层盘板结构，浮盘为钢材质制造。浮顶边缘为敞口隔舱结构，浮顶无排水设施、有泡沫挡板，储存状态下浮盘与储存介质液面直接接触。浮盘通常为钢制浮盘，罐体有通风口或通风帽，已列入淘汰罐型，见图 5-1-2。

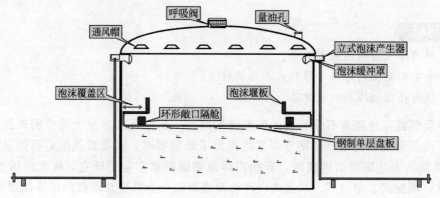

图 5-1-2　敞口隔舱式内浮顶储罐结构示意图

(三) 单盘式内浮顶储罐

单盘式内浮顶储罐多为成品油产品储罐。中间为单层盘板，浮盘为钢材质制造。浮顶无隔舱、浮筒或其他浮子，周圈设环形密封舱起浮力作用，浮顶无排水设施、有泡沫挡板，储存状态下浮盘与储存介质液面直接接触。罐体有通风口或通风帽，单罐最大容量5万立方米，见图5-1-3。

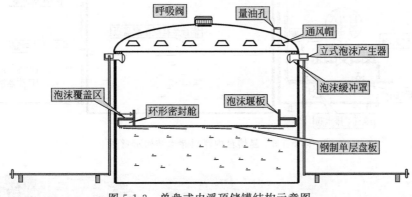

图 5-1-3 单盘式内浮顶储罐结构示意图

（四）双盘式内浮顶储罐

双盘式内浮顶储罐多为成品油产品储罐。浮盘整体为为双层盘板，浮盘为钢材质制造。浮顶整体均由若干个隔舱结构构成，浮顶无浮筒或其他浮子、有排水设施、有泡沫挡板，储存状态下浮盘与储存介质液面直接接触。罐体有通风口或通风帽，单罐最大容量5万立方米，见图5-1-4。

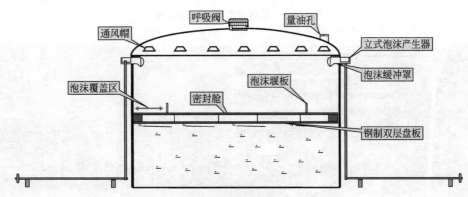

图 5-1-4 双盘式内浮顶储罐结构示意图

（五）易熔盘内浮顶储罐

1. 易熔盘内浮顶结构

易熔盘内浮顶也称为浮筒式内浮顶，多为石油化工中间产品储罐。浮顶下方为浮筒或浮子，浮顶无隔舱、无排水设施，浮筒半淹没式浮盘与储存介质液面间有油气混合空间。浮盘材质主要为铝合金，也有不锈钢薄钢板材质非标浮盘储罐，罐体密闭，无通风口或通风帽，见图5-1-5。

2. 浮盘结构

易熔盘内浮顶储罐浮盘为铝合金材质盘板，盘板安装有铝板平铺、铝条铆接、箱式镶嵌三种形式。图5-1-6（a）为易熔盘浮筒；图5-1-6（b）为正在施工的浮筒式浮盘。

铝条铆接式易熔盘内部结构见图5-1-7。

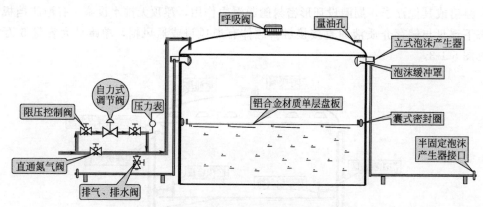

图 5-1-5 易熔盘内浮顶储罐结构示意图

(a) 易熔盘浮筒图   (b) 正在施工的浮筒式浮盘

图 5-1-6 易熔盘内浮顶储罐浮盘

图 5-1-7 铝条铆接式易熔盘内部结构图

从易熔盘内浮顶储罐浮盘的材质可以看出，易熔盘受热易发生熔化、变形、卷曲、鼓包，如浮盘继续受热烘烤，容易开裂沉底，以全液面形式蒸发易燃气体。浮盘受热鼓包、卷边情况见图 5-1-8。

上述五种不同结构的内浮顶储罐，其中浅盘式内浮顶与敞口舱隔式内浮顶一旦发生漏损、卡盘、泡沫液射流进入浮顶等，浮盘倾斜到超过盘边高度时，油品流入浮盘内浮盘就会沉没，浮盘抗沉性很差，目前，这两种型式的浮顶已基本不再使用。双盘式内浮顶通常用于外浮顶储罐和单罐容量较大的内浮顶储罐。钢制单盘式和铝制易熔盘式内浮顶是目前国内应用最为广泛的两种内浮顶型式。易熔盘内浮顶储罐应用最为广泛，在内浮顶储罐中占比在80％以上，但是，易熔盘内浮顶储罐一旦发生火灾，火灾形式类同于固定顶储罐，极易形成

图 5-1-8 易熔盘受热鼓包、卷边情况

全液面火灾，如果初期处置方法、程序、处置要素不到位，随着灭火时间延续、油温热值增高，超过最佳处置时间，一般都很难直接扑灭。目前，国家相关防火规范规定浅盘式和易熔盘内浮顶储罐火灾防控应按固定顶储罐对待（全液面火灾），因此，在储罐设计、施工、运行过程中普遍存在防火间距小、容积不规范等情况，增加灭火救援工作难度。

二、内浮顶储罐外观结构

根据储存介质种类、数量需求及维护检修要求，不同内浮顶储罐外部结构附件有所不同，掌握细节差异，是灭火处置时快速准确辨识储罐类型的基础和前提。

（一）钢制浮盘外部结构主要附件

钢制浮盘内浮顶储罐（浅盘、敞口隔舱、单盘、双盘）常见外观结构附件包括：通风口（通风帽）、阻火器、量油孔、进出管线储罐、人孔及检查盘梯等。

钢制浮盘内浮顶储罐的通风口包括环形通风口和通风帽两种（见书后彩页图 5-1-9）。设置通风口可以为浮顶上方油蒸气提供足够的与外界大气流通的面积，以保证浮顶上方的油蒸气浓度不至于达到爆炸浓度极限；同时，当罐壁上未设置溢流口时，一旦发生操作失误，可使注入介质从罐壁环形通风口流出，起到油品溢流作用，防止出现浮盘冲顶情况。通风口均匀安装于罐顶边缘或罐壁上部，一般情况下，通风口间距不超过 10m，单罐设置通风口数量不少于 4 个，单罐通风口总面积$\geq 0.06D^2$（D 为储罐直径）。通风口会加装防护网，防止飞鸟、异物进入储罐污染介质，个别储罐会在通风口加装阻火器。

盘梯一般在储罐检修、维护时使用，不是灭火处置登顶途径。

量油孔设置在罐顶平台，设置有能密闭的孔盖和松紧螺栓。量油孔不仅可以测液位，还可以取样测温。量油孔下方连接导管直接与介质相连接。储罐火灾往往发生在量油孔部位，主要原因是测量作业时，孔盖打开，介质蒸气冲出，如遇到撞击、摩擦、静电火花，就会引起火灾。

进出输油管是储罐介质输入和输出的必经之路，一般安装于储罐下部，特殊情况下，进出输油管会由储罐上方进入储罐，但是进入储罐后，油管会一直延伸至储罐底部。

检修人孔又称道门，一般设置在储罐罐壁最下圈板上，大都为直径 600mm 圆孔，为储罐清洗或检修人员进出使用，也可通过人孔进入储罐观察结构对储罐类型进行确认。

（二）铝制浮盘外部结构主要附件

与钢制内浮顶储罐相比，铝制易熔盘无通风口，有氮封系统、呼吸阀、安全阀等附件。固定顶储罐、内浮顶储罐泡沫产生器应为立式泡沫产生器，氮封系统应安装在罐底部，一是防止罐盖撕裂时损害,二是供紧急注氮使用。图 5-1-10 为非标准易熔盘内浮顶储罐,罐体安装有横式泡沫产生器,实际应安装立式泡沫产生器,如图中 1 处所示。图 5-1-11 为易熔盘式内浮顶储罐外观图。

图 5-1-10　非标准易熔盘式内浮顶储罐实景图

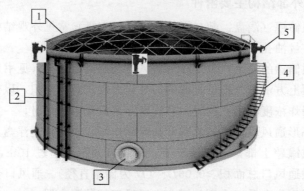

图 5-1-11　易熔盘式内浮顶储罐外观图
1—网壳式罐顶;2—泡沫管线;3—检修人孔;4—罐外扶梯;5—立式泡沫产生器

呼吸阀是保护储罐安全的重要附件,安装于储罐顶部显著位置。呼吸阀可保持储罐的密闭性,一定程度上减少储存介质的损耗,呼吸阀能自动通气,调节平衡储罐内外压力。易熔盘内浮顶储罐设置氮封系统,当氮封阀组失灵不能及时关闭,造成储罐内部气相压力超过 0.15MPa 时,储罐内部气体通过呼吸阀外排;当氮封阀组失灵不能及时开启,造成储罐内部气相压力降低至 -0.03MPa 时,通过呼吸阀向罐内补充空气,确保储罐内部压力不低于设计压力 -0.03MPa。

呼吸阀与阻火器联用,可有效减少外部火源与储存介质蒸气的联系,降低储罐火灾危险性。当呼吸阀损坏时,可造成储存介质蒸气向罐外逸散,增加火灾危险性。

一般情况下,如储罐设置有通风孔,则不会设置呼吸阀。

三、内浮顶储罐固定消防设施

内浮顶储罐的固定消防设施主要有：围绕罐体的固定水喷淋系统，固定、半固定泡沫灭火系统，氮封系统等。

（一）钢制浮盘内浮顶储罐固定消防设施

钢制浮盘内浮顶储罐的固定消防设施主要有固定水喷淋系统和固定、半固定泡沫灭火系统，见图 5-1-12。

图 5-1-12　钢制浮盘内浮顶储罐固定消防设施
1—水喷淋盘管及喷头；2—泡沫管线；3—立式泡沫产生器

钢制浮盘泡沫灭火系统的设计原理与外浮顶储罐相似，基于密封圈环形火灾计算泡沫用量，泡沫产生器与外浮顶储罐不同，主要为立式泡沫产生器。设置有泡沫缓冲罩、泡沫堰板，确保注入储罐的泡沫能有效覆盖密封圈。

1. 泡沫缓冲罩

泡沫缓冲罩安装于内罐壁上部，包括连接板、泡沫入口、进口管、泡沫导流板、缓冲网和侧板。缓冲罩连接板上的泡沫入口与泡沫产生器出口相连，产生的泡沫进入进口管后，沿着导流板调整流动方向，使泡沫调整为面向罐壁喷射；缓冲罩侧方由侧板焊接密封，防止泡沫由两侧流出；然后泡沫通过缓冲网，降低其动量后喷出，喷出的泡沫出口速度低，且直接喷射至罐壁上能够沿着罐壁缓慢流下，确保注入泡沫不因压力直接冲向浮盘，均匀覆盖至泡沫堰板内，也能防止泡沫破裂影响灭火性能。

泡沫缓冲罩既可用于普通泡沫的释放，也可以用于抗熔性泡沫的释放，既可用于固定顶储罐，也可用于内浮顶储罐。具体结构如图 5-1-13 所示。

2. 泡沫降落槽与泡沫溜槽

当固定顶储罐储存水溶性介质时，泡沫导流装置为泡沫降落槽或泡沫溜槽。泡沫降落槽是水溶性液体储罐内安装的泡沫缓冲装置中的一种。因为水熔性液体都是极性溶剂，如：醇、酯、醚、酮类等，它们的分子排列有序，能夺取泡沫中的 OH^-、H^+，而使泡沫破坏，

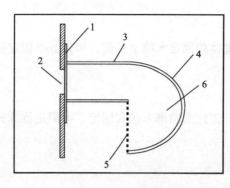
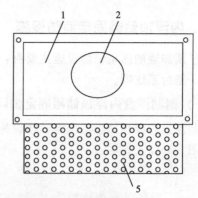

图 5-1-13　泡沫缓冲罩结构示意图

1—连接板；2—泡沫入口；3—进口管；4—泡沫导流板；5—缓冲网；6—侧板

故必须用抗醇性泡沫液才能灭火，同时又要求泡沫平缓地布满整个液面，并具有一定的厚度，所以要求设置缓冲装置以避免泡沫自高处跌入溶剂内，由于重力和冲击力造成的泡沫破裂，影响灭火。常用的泡沫降落槽，其尺寸是与泡沫产生器配套设计的。泡沫溜槽是在泡沫降落槽之后发展起来的，它的作用与泡沫降落槽相同，只适用于储存水溶性介质的固定顶储罐，泡沫溜槽随着液面的上下升降而漂浮在液面上，如图 5-1-14 所示。

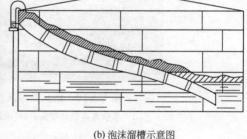

(a) 泡沫降落槽　　　　　　　　　　　　　　　(b) 泡沫溜槽示意图

图 5-1-14　泡沫降落槽、泡沫溜槽

敞口隔舱式内浮顶储罐泡沫堰板如图 5-1-15 所示。

图 5-1-15　钢制浮盘内浮顶储罐泡沫堰板图（敞口隔舱）

1—泡沫堰板；2—泡沫覆盖层；3—内罐壁；4—囊式软密封

（二）铝合金材质内浮顶储罐固定消防设施

铝合金材质浮盘内浮顶储罐的固定消防设施主要有固定水喷淋盘管及喷头，固定、半固定泡沫灭火装置，氮封系统等。其泡沫灭火系统与外浮顶和钢制内浮顶均有所差别，其火灾防控理念基于固定顶储罐考虑（全液面火灾），浮盘不设泡沫堰板，但仍然设置泡沫缓冲罩，防止直接击沉浮盘。

氮封系统是保障轻质油品内浮顶储罐安全运行的重要措施之一。由于采用浮筒结构，铝合金材质内浮顶储罐不可避免地在浮顶与油面之间形成一定高度的油气空间，如果油品流动产生静电，且浮顶与罐体之间产生电位差，放电产生火花，该空间就存在燃烧爆炸的可能性。氮封系统可有效防止硫铁化合物自燃、雷击、静电或明火等引燃罐顶空间的可燃气体，同时也防止储存介质氧化聚合、外逸损耗等。内浮顶储罐罐前氮封系统如图 5-1-16 所示（见书后彩页）。

氮封系统正常运行时为微正压，紧急情况时可加大氮气供给量或利用外接氮气源窒息灭火。氮封系统工作时，来自氮气输送管网压力为 0.4MPa 氮气，经阀门控制后减为 0.2MPa，再经自力式调节阀减压至 0.09~0.117MPa 后进入罐内进行惰化保护，使得罐内保持微正压。遇紧急情况，需加大氮气供给量时，关闭上路阀门，打开下路阀门，使管网氮气未经调压直接进入罐内窒息灭火。此外，系统的排水口可利用外接软管接干粉车氮气瓶组或单个氮气瓶，进行紧急注氮操作。需要指出的是，氮封系统在设计时应安装在罐体底部，一是防止火灾时罐体撕裂开口将氮气管线破坏，二是便于紧急情况下注氮惰化保护，但目前在我国还普遍存在将氮封系统安装在顶部的情况。其原理如图 5-1-17 所示。

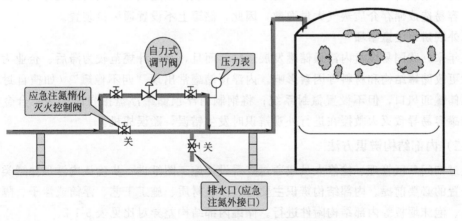

图 5-1-17　氮封系统工作原理示意图

四、内浮顶储罐辨识

内浮顶是固定顶和浮顶结构的有效结合，从外观看，内浮顶储罐和固定顶罐较为相似，不同形式的内浮顶储罐外观差异也不大，但是，其结构设计和防控理念有较大差别。特别是易熔盘内浮顶储罐，发生火灾后，一旦浮盘受热易发生铝板条裂缝、扭曲、熔化导致浮盘散盘、卡盘、沉盘，其火灾危险性与固定顶储罐相当，危险性高。如能根据外观和浮盘形式对储罐进行准确辨识，可有效提高灭火预案的针对性、科学性，发生事故时，有利于灭火指挥员制定科学合理的处置方案，防止因辨识错误贻误战机。

(一) 外观辨识

通过氮封管线、通风帽、通风口、呼吸阀等外部结构附件进行辨识。储罐外部结构附件差异对比见表 5-1-1。

表 5-1-1　储罐外部结构附件差异对比

辨识方法　　　储罐类型	易熔盘内浮顶储罐	钢制浮盘内浮顶储罐	固定顶储罐
氮封管线	有	无	无/有
罐壁环形通风口	无	有	无
罐顶边缘通风帽	无	有	无
呼吸阀	有	有	有

1. 通过氮封管线辨识

易熔盘内浮顶储罐属于密闭储罐，类似固定顶储罐，设置有氮封系统；钢制浮盘内浮顶设置通风口或通风帽，便于介质通风换气，不设置氮封系统。

氮封管线涂有明显的黄色油漆，是氮封系统明显的外观标志，灭火救援人员可通过查看储罐外部是否设置黄色氮气管线初步判定储罐是否为易熔盘内浮顶储罐。一般情况下，设置氮封系统的储罐一定不是钢制内浮顶储罐，但可能是易熔盘内浮顶储罐和固定顶储罐。

2. 通过通风口（通风帽）辨识

易熔盘内浮顶储罐因氮封系统对罐体密闭性要求，不设置通风口。钢制浮盘一般设置罐顶边缘通风帽或者罐壁环形通风口，易于从外观辨识。固定顶储罐因内部无浮盘，如设置通风口，容易造成储存介质蒸气大量逸散，因此，储罐上不设置通风口装置。

3. 外观辨识注意事项

近年来，我国易熔盘内浮顶储罐发展迅猛，而且，受设计规范较为滞后、企业为节约成本任意更改储罐结构和材料等因素影响，内浮顶储罐常出现"四不像罐"（如擅自封闭钢制内浮顶储罐通风口，但不设置氮封系统；将钢制内浮顶储罐浮盘擅自改造为铝合金浮盘），此类储罐容易导致灭火救援在进行外观辨识时发生错误，贻误战机。

(二) 内部结构辨识方法

通过询问厂区管理、检修人员或通过查看设计施工图纸进一步确认内浮顶储罐类型，是灭火处置的必要前提。内部结构辨识主要通过浮盘材质、施工工艺、浮筒或浮子、隔舱、浮顶支柱、泡沫堰板等内部结构附件进行。储罐内部结构差异对比见表 5-1-2。

表 5-1-2　储罐内部结构差异对比

辨识方法　　　储罐类型	易熔盘内浮顶储罐	钢制浮盘内浮顶储罐	固定顶储罐
浮盘材质	铝合金板或非标不锈钢薄钢板	普通钢板	无
施工工艺	装配式	焊接式	无
浮筒或浮子	有（浮筒式）/无（夹板式、全接液蜂集式）	无	无
隔舱	无（浮筒式）/有（夹板式、全接液蜂集式）	有	无
浮顶支柱	有	有	无
泡沫堰板	无	有	无

1. 通过浮盘材质辨识

易熔盘内浮顶储罐浮盘材质主要为铝合金板或不锈钢薄钢板，钢制内浮顶储罐材质为普通钢板。深入储罐内部仔细观察浮盘材质，极易辨识储罐类型。

2. 通过施工工艺辨识

易熔盘内浮顶储罐施工工艺为装配式，钢制内浮顶储罐施工工艺为焊接式。相比较而言，装配式从安全性、经济成本、施工周期等方面均优于焊接式。深入储罐内部仔细观察浮盘施工工艺，极易辨识储罐类型。

3. 通过浮筒浮子或隔舱进行辨识

易熔盘内浮顶储罐浮盘质量轻，采用浮筒或浮子提供浮力；钢制内浮顶储罐钢制浮盘质量较重，采用隔舱或敞口隔舱提供浮力。浮筒、浮子、隔舱在结构外观上容易辨识。

4. 通过浮顶支架进行辨识

易熔盘内浮顶储罐浮顶使用支架进行支撑，从结构外观上容易辨识。

5. 泡沫堰板

易熔盘内浮顶储罐浮盘属易燃材料，一旦发生火灾，容易造成全液面火灾，设置泡沫堰板不利于泡沫对介质液面的全覆盖，因此常不设置泡沫堰板；钢制内浮顶储罐浮盘钢板较厚且为非易熔材料，发生火灾后，主要是确保泡沫对密封圈的覆盖，因此普遍设置泡沫堰板。

五种内浮顶储罐浮盘结构与区别如图 5-1-18 所示（见书后彩页）。

第二节 内浮顶储罐的火灾形式及防控理念

🔵 **学习目标**

1. 了解内浮顶储罐火灾发生的常见原因。
2. 了解内浮顶储罐火灾的常见形式。
3. 掌握内浮顶不同类型储罐的防控理念。

内浮顶储罐储存介质种类繁多，属性复杂，储罐设计和安全管理要求高，且内浮顶储罐往往数十个成组布置，一旦发生火灾爆炸事故，容易牵连邻近储罐，造成灾难性后果。了解内浮顶储罐火灾发生原因、形式及特征，结合储罐防控理念，掌握不同类型储罐火灾发生的普遍规律，有利于消防指挥员统筹部署，科学决策，取得灭火救援的最终胜利。

本节按火灾发生后，内浮顶储罐浮盘结构完好和损坏两个阶段，对易熔盘和钢制内浮顶储罐火灾发生的原因、形式及特征分别进行了归纳总结，并从设计防火规范的角度指出了内浮顶储罐的防控理念。

一、浮盘结构完好阶段火灾形式

火灾发生后，内浮顶储罐浮盘结构完好阶段时，一般属初期发展阶段，火情基本发生在内浮顶储罐外部结构附件上，容易从外部进行观察，此阶段，火势规模较小，主要形式如下。

（一）呼吸阀、量油孔、通风口火灾

呼吸阀损坏或呼吸阀下方加装阻火器，容易导致储罐内介质蒸气逸散，遇火源极易引发

呼吸阀火灾；量油孔下方连接导管，与储罐内介质直接连通，量油孔孔盖密封不严或未关闭孔盖时，容易导致导管内介质蒸气冲出，遇火源引发量油孔火灾；钢制盘内浮顶储罐通风口（罐顶边缘通风帽、管壁环形通风口）与外界直接连通，储罐内介质蒸气从通风口逸散，遇火源极易引发通风口火灾。

储罐内硫化亚铁自燃、雷击、静电等因素均能引燃外泄介质蒸气，其主要起火部位是储罐顶部呼吸阀、量油孔处和罐顶、罐壁通风口位置形成稳定的有焰燃烧。

易熔盘内浮顶储罐呼吸阀、量油孔发生燃烧爆炸时，容易导致储罐氮封系统损坏，失去本质安全储存条件，使储罐处于不安全状态。

（二）罐盖撕裂

内浮顶储罐罐盖和罐壁连接部位一般为弱化设计安装，具备紧急状态下泄压功能，防止爆炸引起罐体撕裂导致大面积流淌或池火。易熔盘内浮顶储罐的呼吸阀和氮封阀组损坏或失灵时，储罐内部饱和蒸气压力上升，超过一定压力时，易造成储罐罐盖被撕裂，遇火源引发罐盖撕裂口处火灾；钢制内浮顶储罐内部密封圈密封不严时，浮顶和储罐顶部之间容易集聚爆炸混合气体，遇火源极易引发闪爆，出现罐盖撕裂、罐盖飞出、泡沫产生器从罐体安装位置蹦出的情况，并形成火灾。

罐盖撕裂过程中产生的机械能以及硫化亚铁自燃、雷击、静电等因素均能引燃外泄介质蒸气，其主要火灾形式是罐盖和罐壁连接位置呈火炬式有焰燃烧。

易熔盘内浮顶储罐罐盖撕裂后，安装在顶部的氮封系统易损坏，失去本质安全储存条件，为灭火救援工作带来较大困难。

（三）储罐、浮盘完好，泡沫产生器损坏

易熔盘内浮顶储罐的呼吸阀和氮封阀组损坏失灵或钢制内浮顶储罐内发生闪爆时，储罐内部介质蒸气压力上升，超过一定压力时，泡沫产生器从安装位置蹦出，遇火源极易引发泡沫产生器连接口处火灾。

泡沫产生器从罐体安装位置蹦出过程中产生的机械能以及硫化亚铁自燃、雷击、静电等因素均能引燃外泄介质蒸气，其主要特征是储罐、浮盘结构完好，储罐管壁泡沫产生器安装位置形成火炬式有焰燃烧。

固定顶和内浮顶储罐出现泡沫管线断裂、泡沫产生器损坏情况时，失去使用固定和半固定泡沫灭火设施灭储罐火灾的手段和措施。罐盖撕裂火灾可以考虑移动供氮装置氮气窒息灭火。

（四）检修人孔法兰巴金密封损坏

内浮顶储罐检修人孔法兰巴金因超压、腐蚀或人为原因损坏后，容易造成储罐人孔泄漏，遇火源极易造成火灾。储罐发生闪爆，储罐内部超压也能引起人孔法兰巴金垫开裂泄漏。

超压过程中产生的机械能以及硫化亚铁自燃、雷击、静电等因素均能引燃外泄介质蒸气，其主要特征是储存介质外泄形成流淌火，如果扑救不及时易引发池火。

易熔盘内浮顶储罐检修人孔法兰巴金密封损坏后，容易导致氮封系统损坏，失去本质安全储存条件，使储罐处于不安全状态。

二、浮盘结构损坏阶段火灾形式

浮盘结构损坏后，内浮顶储罐火灾逐渐演变成全液面火灾，火灾危险性增加，处置难度

加大。根据储罐类型不同，其形式、原因和特征有一定区别。

（一）易熔盘内浮顶储罐浮盘结构损坏阶段火灾形式

易熔盘内浮顶储罐氮封系统损坏情况，受长时间高温、热辐射等因素影响，极易导致导向钢丝绳断裂，铝合金盘板受热出现裂缝、卷边、鼓包、扭曲等现象，逐渐演变为卡盘、倾盘、沉盘等灾情。储罐灾情发展迅速，全液面火灾逐渐形成，往往会导致罐盖落入罐内，继续发展则会出现罐体卷边、坍塌，控制与灭火难度加大。

（二）钢制内浮顶储罐结构损坏阶段火灾形式

钢制内浮顶储罐浮盘损坏有密封圈受热变形、密封圈烧毁灾情；导向柱受热变形，卡盘、倾盘灾情；浮盘沉没全液面灾情。这三类灾情一般发生于储罐灾情的中后期，难以从外部进行观察。主要形式及特征如下。

1. 密封圈受热变形

钢制内浮顶储罐发生火灾或受到高温、热辐射影响，易出现单层盘板受热不均发生扭曲，软密封受热变形、燃烧损坏等情况，随着受热变形加剧，浮盘与内罐壁缝隙扩大，导致储存介质蒸气与储罐内燃烧区的接触面加大，罐内火势逐渐加大，泡沫覆盖区扩大，泡沫供给强度及扑救控制难度也随之加大。

2. 导向柱变形扭曲

钢制内浮顶储罐发生火灾或受到高温热辐射，其钢制浮盘结构长时间受高温、热辐射影响，易导致导向柱变形扭曲，造成浮盘卡盘、倾盘、沉盘。当导向柱发生轻度变形扭曲时，因为浮盘单边不随储存介质液面上下漂移（卡盘现象），会逐渐形成盘上、盘下同时出现两个燃烧区；当导向柱扭曲变形较为严重时，会造成浮盘单边掉入油层（倾盘现象），导致液面燃烧部分逐渐扩大；当导向柱发生严重扭曲变形甚至断裂时，浮盘完全沉入罐底（沉盘现象），长时间燃烧，则会出现罐盖落入储罐导致储罐呈敞开式全液面燃烧（失控状态）。

3. 储罐直接进入失控状态

当储罐处于低液位时，如果储存介质进出流速过快，高速流动产生的静电容易引发储罐内部混合气体发生闪爆，造成罐体撕裂、储罐移位、罐底开裂、油品大量外泄等灾情，同时造成大面积池火和罐火，直接威胁分隔堤内各储罐、罐组内各储罐和储罐区安全。严重时，储罐火灾产生辐射热烘烤邻近输油管廊、储罐，外泄介质快速沿雨排、排污管道蔓延，易引发连锁反应。

三、防控理念

内浮顶储罐的防控理念因储罐类型的不同而各有差异。对于钢制内浮顶储罐（主要指浅盘、敞口隔舱、单盘、双盘），由于钢材抗烧能力相对较好，且储罐设有通风口或通风帽，浮盘不易出现油蒸气聚集的情况，因此其防控理念主要基于密封圈环形火灾。

易熔盘内浮顶储罐，由于其浮盘为铝合金材料，抗高温、抗烧性较差，易形成全液面火灾，因此氮封系统是保证其本质安全的根本。现行《泡沫灭火系统设计规范》规定，其泡沫灭火系统设计需按固定顶储罐对待，即按全液面火灾计算燃烧液面积和设计泡沫灭火系统。需要指出的是，不少石化企业和化工液体储罐区在生产储存过程中，因设计缺陷或扩能改造变更，出现了"四不像罐"。这类储罐无氮封系统保护装置，易引发火灾，发生火灾后通风孔补充空气量大，易引起铝合金浮盘熔化形成全液面火灾，且"四不像罐"储量较大，罐与罐之间的防火间距往往按浮顶罐设计，一旦初期处置不当，往往导致罐组火灾，火灾危险性大于标准钢制内浮顶储罐、易熔盘内浮顶储罐和固定顶储罐，在灭火救援中要尤为注意，应优先做好储罐类型辨识工作，现场处置按固定顶储罐全液面来进行研判处置。

立足于防控理念，在处置钢制内浮顶储罐时，要充分利用固定或半固定泡沫灭火系统，以保护浮盘为主，防止出现卡盘、倾盘、沉盘等情况。在处置易熔盘内浮顶储罐时，要优先利用氮封系统进行窒息灭火或惰化保护，后利用固定或半固定泡沫灭火系统释放效验后的泡沫冷却浮盘防止复燃。

第三节　火灾扑救措施及注意事项

● 学习目标

1. 掌握不同类型内浮顶储罐火灾扑救基本技战术措施。
2. 掌握内浮顶储罐火灾扑救注意事项。

在内浮顶储罐的火灾处置过程中，处置人员应在储罐辨识的基础上，结合储存介质理化性质。根据储罐灾情发生的原因、形式及特征，准确判断储罐火灾所处阶段，客观分析处置重点难点，合理制定灭火处置方案，灵活运用技战术措施，将储罐火灾迅速扑灭或保持在可控状态，防止大面积储罐区火灾的形成。

本节按内浮顶储罐浮盘结构完好和损坏两个阶段，对易熔盘和非易熔盘内浮顶储罐火灾处置技战术措施分别进行了归纳总结。

一、浮盘结构完好阶段火灾处置措施

一般情况下，内浮顶储罐浮盘结构完好阶段，灾情规模较小，应立即利用一切有利条件，注重固定设施、半固定装置、消防车辆处置和工艺法处置的充分结合，迅速扑灭火灾，防止灾情进一步扩大。常见的处置方法有工艺法处置、工艺辅助法处置、固定泡沫灭火系统处置、半固定装置处置、高喷车处置、泡沫管枪合围处置、泡沫钩管推进处置等方法。

（一）工艺法处置

工艺法处置是指通过氮封系统管线向储罐注入氮气窒息灭火。氮封系统是确保易熔盘储罐（包括着火罐和邻近罐）本质安全的重要条件，只要氮封系统完整好用，储罐始终处于较安全状态，当氮封系统损坏时，应及时组织人员抢修，恢复氮气保压管路压力。

工艺法处置主要适用于安装有氮封系统的内浮顶储罐，特别适用于储罐开口部位较小，火情较小的情况，如呼吸阀、量油孔、通风口、泡沫产生器安装口火灾及罐盖撕裂、检修人孔巴金密封损坏造成火灾等灾情初期阶段，是灭火处置的重要技战术措施，应优先采用。

（二）应急注氮法处置

应急注氮法是指当氮封系统损坏，一时无法修复或储罐本身未设置氮封系统时，可通过临时外接氮气管线或干粉车氮气瓶组氮气应急供氮，向储罐注入氮气窒息灭火。灭火时保持注入氮气压力为 0.4～0.6MPa，惰化保护时保持压力为 0.09～0.117MPa。具体操作方法如下。

1. 钢制内浮顶储罐通风口、呼吸阀火灾应急注氮灭火、惰化保护

钢制内浮顶储罐通风口、通风帽、呼吸阀发生火灾时，可利用移动应急注氮装置外接氮

气瓶组或干粉车氮气瓶组，调整所需氮气灭火压力和流量，向储罐内注入抑制窒息氮气直接灭火或对相邻储罐进行惰化保护。钢制内浮顶浮盘通风帽、呼吸阀火灾，利用量油孔应急供氮灭火如图 5-3-1 所示（见书后彩页）。

操作流程是：

（1）将干粉消防车氮气瓶组与移动式调压装置用高压橡胶软管连接；

（2）将移动式调压装置调整至处置所需抑制窒息氮气压力和流量；

（3）连接并延长耐压胶管至锥形氮气放散管；

（4）打开储罐顶部量油孔上盖，插入锥形氮气放散管；

（5）打开移动式氮气调压阀出口开关，向事故罐注入窒息灭火氮气；

（6）明火熄灭后，调整移动式调压装置氮气压力，转为惰化保护供氮模式；

（7）效验泡沫并向罐内注入泡沫冷却浮盘密封圈，消防水冷却外罐壁至安全温度。

2. 易熔盘内浮顶储罐通过固定氮封惰化保护系统应急供氮灭火

易熔盘内浮顶储罐量油孔、呼吸阀发生火灾时，如固定氮气系统氮气压力低或氮气供应中断，可利用移动应急注氮装置外接氮气瓶组氮气或干粉车氮气瓶组氮气，连接固定氮封系统排水管路，调整所需氮气灭火压力和流量，向储罐内注入抑制窒息氮气直接灭火。易熔盘内浮顶量油孔、呼吸阀火灾，利用固定氮封装置应急注氮灭火如图 5-3-2 所示。

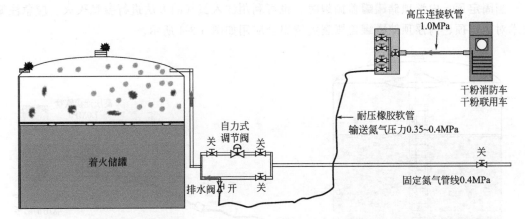

图 5-3-2　易熔盘内浮顶量油孔、呼吸阀火灾，利用固定氮封装置应急注氮灭火应用示意图

操作流程是：

（1）将干粉消防车氮气瓶组与移动式调压装置用高压橡胶软管连接；

（2）将移动式调压装置调整至处置所需氮气压力；

（3）连接并延长耐压胶管至固定氮封装置排水口并固定；

（4）关闭自力式调节阀组氮气管线阀门；

（5）打开移动式氮气调压阀出口开关，向事故罐注入窒息灭火氮气；

（6）明火熄灭后，调整移动式调压装置氮气压力，转为惰化保护供氮模式；

（7）效验泡沫并向罐内注入泡沫冷却易熔盘，消防水冷却外罐壁至储罐安全温度。

3. 易熔盘内浮顶储罐区氮气惰化保护与抑制窒息灭火应用

易熔盘内浮顶储罐区发生火灾，可利用干粉车氮气瓶组或氮气瓶作为供气源，连接氮气管线分配装置控制支线压力，对着火罐注氮抑制窒息灭火，对相邻罐注氮惰化保护，如图 5-3-3 所示（见书后彩页）。

操作程序为：

（1）上风向站位，泡沫消防车连续供液覆盖扑灭流淌火、池火；

（2）将干粉消防车、氮气瓶组沿事故罐区部署；

（3）移动式氮气调压装置、应急注氮联排分别与干粉车氮气瓶组和氮气瓶高压橡胶软管连接；

（4）根据着火罐结构和灾情选择氮气释放组件（勾型、杆型、锥形或软管连接）；

（5）组合连接并延长耐压胶管至氮气释放组件；

（6）分别将移动式调压装置调整至处置所需氮气压力（氮气惰化保护压力 0.09～0.117MPa；氮气窒息灭火压力 0.35～0.6MPa）；

（7）打开移动式氮气调压装置和氮气瓶调压装置出口开关，向着火罐注入限定的氮气压力和流量进行灭火；向邻近罐注入限定的氮气压力和流量进行氮气惰化保护，防止储罐受热辐射烘烤引燃或爆炸；

（8）观察处置区各罐变化并实时调整氮气流量和压力；明火熄灭后，调整移动式调压装置氮气压力，转为惰化保护供氮模式；

（9）效验泡沫并向罐内注入泡沫冷却易熔盘，消防水冷却外罐壁至储罐安全温度。

4. 应急注氮技术对固定顶、内浮顶储罐罐盖撕裂灾情组合应用

当固定顶、内浮顶储罐罐盖撕裂时，也可利用注入氮气的方法进行窒息灭火。应急注氮技术对固定顶、内浮顶储罐罐盖撕裂灾情组合应用如图 5-3-4 所示。

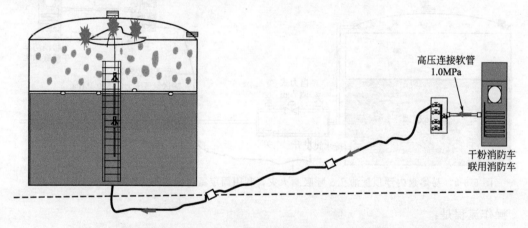

图 5-3-4 应急注氮技术对固定顶、内浮顶储罐罐盖撕裂灾情组合应用示意图

操作程序如下：

（1）将干粉消防车氮气瓶组与移动式调压装置用高压橡胶软管连接；

（2）将移动式调压装置调整至处置所需氮气压力；

（3）连接并延长耐压胶管至勾型氮气放散管；

（4）组合连接勾型氮气释放管，二节梯辅助勾挂钩型氮气释放管放入撕裂处罐内；

（5）固定或半固定泡沫系统连续供液覆盖泡沫控制火势；

（6）打开移动式氮气调压阀出口开关，连续向事故罐注入窒息灭火氮气；

（7）明火熄灭后，调整移动式调压装置氮气压力，转为惰化保护供氮模式；

（8）消防水冷却外罐壁至储罐安全温度。

5. 冷油循环工艺与移动应急注氮技术组合灭火应用

发生储罐通风口或呼吸阀处火灾，或发生池火危及罐组内事故储罐、邻近罐，需要采取应急氮气惰化保护措施时，可选用冷油循环工艺并配合应急注氮，达到控制着火罐火势和惰化保护邻近罐的目的。方法是先建立冷油循环流程，将储罐部分热量带走，在进油管道试压口接入氮气管线，注入灭火或惰化保护所需氮气压力和流量，达到工艺组合处置目的。图 5-3-5 为利用进料管线试压接口注入氮气窒息灭火。

图 5-3-5　利用进料管线试压接口注入氮气窒息灭火
1—进料管线试压接口；2—软管转换接口

注油辅助法：如储罐、浮盘完好，仅泡沫产生器损坏处燃烧，可采取注同质冷油提升液位，减少储罐内气相空间，避免闪爆。

应急注氮法处置既适用于钢制内浮顶储罐，也适用氮封损坏无法修复的易熔盘内浮顶储罐，处置效果类似于工艺法处置，但和工艺法相比，临时连接充氮管线难度较大，同时，干粉车氮气瓶组储量有限，对长时间连续作战有一定影响。因此处置时应采用多种氮气源确保氮气保障，如企业内空分装置、制氮站、氮气瓶组等。

（三）固定、半固定泡沫灭火系统处置

启动固定泡沫灭火系统是灭火处置基本技战术措施之一。启动固定泡沫灭火系统灭火时，应在罐前分配阀半固定接口处连接泡沫罐枪出液验证泡沫效果，待发泡效果正常后方可开启进罐截止阀注入泡沫灭火。固定泡沫灭火系统应保证持续不间断供液不少于 30min，直至火情完全处置。使用半固定泡沫装置处置火情时，应先切断固定泡沫灭火系统供液，防止两者泡沫种类、比例、倍数掺混，影响泡沫液发泡效果。

（四）高喷车处置

高喷车处置是指利用高喷车举高和臂展优势，从储罐上方向下垂直喷射喷雾水或雾状泡沫射流处置火情。高喷车主要适用呼吸阀、量油孔、通风帽、全液面火灾处置。

当高喷车处置呼吸阀、量油孔火灾时，应确保水流垂直向下喷射喷雾水或雾状泡沫射流，封闭呼吸阀和量油孔，切断着火部位和空气的连接，实现切封灭火，高喷车窒息灭火示意图如图 5-3-6 所示。

当出现多个通风口同时发生火灾时，应使用高喷车和水枪炮相结合的方法处置。具体操作方法是：从上风方向开始，分两组人员使用水枪沿罐壁延伸逐一扑灭通风口火灾，扑灭通风口火灾时，每组人员使用两支水枪在通风口处形成交叉高速强射流，利用水流产生的空气

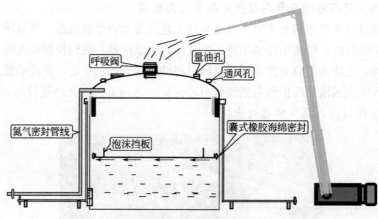

图 5-3-6　高喷车窒息灭火示意图

负压强行剪切通风口处火焰达到灭火效果，灭火后使用水炮漫流跟进防止复燃；高喷车应及时跟进水枪灭火工作，当水枪处置的通风口与顶部呼吸阀或量油孔处于同一水平位置时，高喷车应及时跟进，从上方垂直喷射喷雾水或雾状泡沫扑灭呼吸阀或量油孔火灾。

当使用高喷车沿罐盖撕裂口向储罐内注入泡沫时，应选择上风方向顺风沿储罐内壁注入泡沫，直至密封圈完全淹没灭火。处置过程中，严禁向浮盘中央注入泡沫，防止造成铝合金或不锈钢薄钢板损坏，导致全液面火灾，直接进入灾情难以控制阶段。

在使用高喷车处置灾情过程中，应充分考虑储罐区储罐间距、防火堤设置、输油管廊对高喷车展开作业的影响，选择 56m、60m、70m 等水平延伸跨度大的高喷车，确保射流能垂直喷射，防止射流倾斜喷射至浮盘中央，同时，也应避免射流从侧面或底部喷射呼吸阀和量油孔，防止回火。

（五）泡沫管枪合围处置

当检修人孔法兰密封垫片损坏造成储罐介质泄漏或火灾时，极易形成罐体流淌火和储罐液面火，甚至发展成大面积流淌火、池火，将灾情蔓延至同一防火堤内邻近储罐组。此形式下，灭火处置应在泄漏初期泄漏介质较少，流淌火火势较小的情况下，迅速组织人员使用 100L/s 流量的泡沫管枪从上风方向对泄漏区域进行合围控制，快速灭火。处置过程中，应结合工艺倒料输转降低储罐液位，并在灭火成功后立即更换密封垫片。

（六）泡沫钩管推进处置

当发生大面积池火时，应在上风方向防火堤设置 4～5 支泡沫钩管持续向防火堤内进行泡沫覆盖推进，同时在防火堤两侧设置移动炮跟随泡沫钩管覆盖进度进行射流推进，当泡沫覆盖推进至着火罐边缘时，应增设针对储罐罐壁的移动炮射流，直至防火堤被泡沫完全覆盖封闭。处置过程中，应在检修人孔下方使用干水泥成袋堆放出高于人孔的 U 形围堰，并使用泡沫钩管持续覆盖 U 形围堰，同时，结合工艺倒料输转降低储罐液位，并在灭火成功后立即更换密封垫片。

二、浮盘结构损坏阶段火灾处置措施

当易熔盘储罐初期灾情处置不力，辐射热逐渐增强、火势发展迅速，储罐结构长期受高温炙烤损坏，容易出现浮盘盘板开裂、卷边、扭曲、倾斜、散盘、沉没及导向绳变形断裂等现象，最终导致全液面火灾。浮盘结构损坏阶段，如灭火处置评估研判不准、处置力量调整不到位或灭火剂供给不足，往往导致罐盖落入罐内，继续发展则会引发罐体塌陷、卷边，控制与灭火难度加大，进而引发周边储罐火情，扩大灾情。此阶段，灾情处置过程应充分结合灾情不同发展阶段，综合运用工艺法处置、固定泡沫灭火系统处置、半固定装置处置等技战术措施，以控制燃烧为目的，科学制定处置方案，加强战勤保障工作，做好连续作战的准备。

（一）科学处置，控制燃烧

此阶段，难于直接扑灭储罐火灾，应采取一切措施将燃烧范围限制在有限范围内，处置过程中应坚持做到灾情不扩大、不失控、无伤亡、无环境污染事件，达到科学处置、安全处置、环保处置目的。

（1）当储罐灾情有失去控制趋势或已经失去控制时，应及时组织专家论证、集体会商、权衡利弊，做出灭、控决策；

（2）应坚持工艺措施与消防处置联动。持续对邻近罐注入同品质冷油循环和注入氮气，确保降低储罐内油温，并实现氮气惰化保护，使油气由通风口外泄不燃，此方法在缺水或不利于部署冷却力量的火场特别有效；邻近管廊应及时采取低位处排放倒淋余液，高位处打开放空排压，有条件的可注入氮气，在处置力量不足或场地受限火场，工艺措施是控制管廊爆裂、燃烧、火势蔓延扩大的有效手段。

（3）当储罐储存石脑油、拔头油、重组液等中间产品液体火灾，且连续燃烧 $8\sim12h$ 超过以上时间时，应严格控制储罐注入泡沫频次，防止储罐形成水垫层导致沸溢、喷溅。如指挥决策实施控制燃烧战术，应减少或不注入泡沫。

（4）处置火情同时，应加大罐体强制水冷却保护，并注重防火堤、罐底定时排水。

（二）加强战勤保障，做好连续作战准备

此阶段应做好长时间，连续作战思想准备。应全面统筹部署人员倒班、车辆更换、通讯、油料、饮食、饮水、防雨、防寒等战勤保障工作。

（1）应提前考虑省内、周边省市消防力量、灭火药剂、器材装备的跨区域调集，确保增援力量的及时到达。

（2）应向所有参战力量及时通报方案、确定战术、组织编程、落实梯队、视情实施，确保灭火处置工作协调统一。

（3）应充分考虑水资源优化利用，综合考虑市政供水、厂区水池、远程供水、灭火用水循环，做到灾情处置无污染。

三、注意事项

内浮顶储罐类型多样，储存介质种类复杂，灭火救援时应针对储罐类型，合理选择处置措施。

（1）应做好储罐辨识工作。内浮顶储罐类型不同，处置措施各不相同，因此，做好储罐辨识工作是灭火救援工作的基础。当前，"四不像"内浮顶储罐在石化企业使用数量较多，增加了储罐辨识难度。消防部队在做好灭火救援现场辨识工作的同时，更应在日常工作中加强辖区石化企业"六熟悉"工作，通过实地观察、咨询了解、查看图纸等方式，加深对企业所属储罐类型的掌握，并通过制定针对性预案，实地演练提高事故应对能力。

（2）要重视氮封系统的应用。氮封系统是内浮顶储罐中重要的安全附件，是储罐本质安全条件，特别对易熔盘内浮顶储罐，氮封系统对铝制浮盘降温、防止油品蒸气外逸等具有明显作用，消防部队在灭火救援过程中应牢固树立优先使用、确保安全运行氮封系统的理念。

（3）要注重固定设施和移动消防力量结合。当储罐氮封系统损坏或企业自身氮气补充不足时，应充分发挥干粉消防车等移动消防力量作用，通过氮封管线向储罐进行应急注氮，同时，做好氮封系统抢修、氮气补充等工作，恢复本质安全。

（4）要正确判断储罐灾情发展阶段。应根据储罐类型、燃烧时间、火情发生位置、火势等情况综合判断储罐灾情发展阶段，准确把握时机，果断下定决心，按火灾发展不同阶段采取科学处置措施。

本章小结

内浮顶储罐结构类型繁多，储存介质属性复杂，对灭火处置工作有着极高的要求。消防部队在执勤战备中，应不断加强内浮顶储罐基础知识学习，深入研究灭火处置技战术措施，确保在灭火处置现场做到紧抓处置要点、冷静思考、科学应对。

本章对内浮顶储罐灭火救援过程中的常见问题和技战术要求进行了归纳总结。

（1）根据浮盘材质、易熔性，内浮顶储罐可按如下分类：

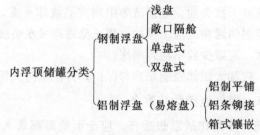

（2）储罐类型辨识时，判断出内浮顶储罐浮盘是否易熔是辨识的关键。辨识过程是外观辨识、查看内部结构、查看设计施工图纸、厂区人员确认相结合过程，要重点辨识"四不像"储罐。因为，"四不像"储罐具有浮顶储罐的间距（浮顶储罐间距相对固定顶储罐小）、固定顶储罐的火灾风险性（全液面燃烧），处置时要尤为注意。

（3）内浮顶储罐的固定泡沫消防设施主要有固定、半固定泡沫灭火系统及氮封系统两种。泡沫系统应安装立式泡沫产生器，泡沫释放装置做如下分类：

$$
\text{泡沫释放装置}
\begin{cases}
\text{泡沫导流罩（外浮顶储罐）} \\
\text{泡沫缓冲罩（内浮顶、固定顶非水溶性介质储罐）} \\
\text{泡沫降落槽} \\
\text{泡沫溜槽}
\end{cases}\text{（固定顶水溶性介质储罐）}
$$

氮封正常运行保证储罐处于微正压状态下，事故状态下可通过紧急注氮口加大氮气量达到惰化保护和窒息灭火的作用。需要指出的是，氮封系统应安装于罐体底部便于紧急注氮，但安装于罐体顶部的情况仍然普遍存在。

（4）钢制内浮顶浮盘的防控理念是立足于初期密封圈，依靠固定、半固定泡沫灭火系统进行处置；氮封系统是保证易熔盘内浮顶储罐的本质安全条件，发生事故时应优先考虑利用氮封系统。在紧急情况下，可采取外接临时氮气管线和干粉车应急供氮的方法实施窒息灭火。

思考题

1. 内浮顶储罐共有几种结构？各有什么特点？

2. 如何对内浮顶储罐类型进行辨识？

3. 简述不同类型内浮顶储罐的防控理念。

4. 内浮顶储罐的火灾形式有哪些？

5. 针对内浮顶储罐初期灾情，有哪些技战术措施？

6. 如何处置内浮顶储罐全液面火灾？

7. 处置内浮顶储罐火灾时有什么注意事项？

第六章

液化烃储罐事故灭火救援

液化烃储罐是石油化工企业用于储存液化烃类危化品介质的储罐。液化烃属甲类或甲$_A$类火灾危险性物质，具有易燃、易爆、有毒等特性，是火灾爆炸危险性最高的一类危险化学品。液化烃的储存方式包括全压力式、半冷冻式和全冷冻式，都是把气态烃类通过加压或降温以液态的方式进行储存。在生产、储存、运输、经营、使用过程中，液化烃一旦泄漏，将迅速从周围环境吸收大量的热量而气化，并从泄漏点沿地面向下风向或低洼处漂移、积聚，与空气混合形成爆炸性气体。若大量泄漏，易形成蒸气云，遇明火可造成大面积的火灾或爆炸事故。液化烃的燃烧热值高，爆炸迅速，威力大，火焰温度高，破坏性强。

本章在学习液化烃理化性质、储存方式、储罐结构的基础上，阐述了不同液化烃储罐的设防理念，归纳总结了液化烃储罐火灾爆炸事故的处置方法。

第一节　液化烃储罐结构

●学习目标

1. 熟悉液化烃理化性质。

2. 掌握液化烃的储存方式和储罐分类。

3. 掌握液化烃储罐安全附件及固定消防设施。

液化烃类介质属于甲类或甲$_A$类火灾危险性物质，具有易气化、低温、易爆等特性，理化性质复杂，储存过程中，不同介质对温度、压力等储存条件有不同要求。

一、液化烃的储存方式

液化烃是指在15℃时，饱和蒸气压力大于0.1MPa的烃类液体及其他类似的液体，不包括液化天然气（LNG），包括液化石油气（LPG）。15℃、0.1MPa接近于常温常压，因此液化烃需通过加压或降低温度等方式形成液态进行储存。

液化烃属多组分物质，液化烃的成分一般包括乙烯、乙烷、丙烯、丙烷、丁烯、丁烷以及其他碳氢化合物，还有微量的硫化合物。通常情况下，液化烃无色，稍带烃类特有的甜味，不溶于水，溶于四氯化碳等有机溶剂；液化烃在气态状态下，密度一般比空气重（甲烷、乙烯除外），泄漏后极易在低洼处积聚；液化烃具有麻醉和冻伤伤害，当由液态转化为气态过程时，具有窒息伤害。液化烃熔点和沸点极低，自燃点一般在250～480℃间，储存

温度在 $-196\sim50℃$ 间。液化烃的点燃能量很低，一般都在 0.25mJ 左右（乙烯的爆炸性气体混合物的点火能量仅为 0.0096mJ，相当于 1m 以外大头针落地的能量），因此极易被点燃发生爆炸。压力下储存的液化烃减压或升温都可以使其气化，体积可增大 250～300 倍，有可能引起罐体超压发生物理爆炸。

液化烃的储存方式分为全压力储存、半冷冻储存、全冷冻储存三种，这三种储存方式也称为常温压力、低温压力、低温常压储存。

（一）全压力储存（常温压力储存）

采取常温和较高压力储存液化烃或其他类似可燃液体的方式，也称常温压力储存。全压力储存时常采用球形或卧式储罐。

全压力储存时，液化烃储罐的设计温度为常温，储存压力为其对应的饱和蒸气压，且要求储罐内部工作压力高于常压下的储存方式。常温压力储存的投入少，运行成本低，但火灾危险性较大，储罐压力随液化烃组分和气温条件而变化，在常年气温较高的地区需要采用喷淋水等降温措施；全压力球型罐储存量一般不超过 6000m³，适用于乙烯、乙烷、丙烯、丙烷及液化石油气等介质储存。

（二）半冷冻储存（低温压力储存）

采取较低温度和较低压力储存液化烃或其他类似可燃液体的方式，半冷冻储存时常采用带保温层的球型储罐。

在低温条件时，液化烃的饱和蒸气压较低，储存容器的设计压力也相对较低，因此，储罐建设过程中能降低钢材消耗量，降低投资，在气温较低的北方采取这种工艺，可以有效节省制冷等设备操作运行费用。低温压力储存方式通常适用于乙烯、丙烯等介质储存。

（三）全冷冻储存（低温常压储存）

采取低温和常压储存液化烃或其他类似可燃液体的方式，也称为低温常压式储存。全冷冻储存时常采用地上拱顶双层壁的圆筒形储罐。

全冷冻储存是将液化烃降低至其沸点温度以下（如储存温度：乙烯 $-104℃$，丙烯 $-40\sim47℃$，乙烷 $-40\sim45℃$），并保持冷冻状态，使得液化烃对应的气相压力与大气压力相同或相近，从而可以采用常压容器（双层低温罐）装盛储存，以降低储罐建设投资。

与压力储存相比，低温常压储存压力低，液化烃处于冷冻状态，挥发较慢，储罐中气相空间少，能增加液化烃储存量，适合大容量储存。通常适用于乙烯、丙烯、乙烷、丙烷等介质储存。

二、储罐分类

常见的液化烃储罐有球形储罐、圆筒形储罐、卧式储罐三种类型。

（一）球形储罐

液化烃球形储罐为钢制储罐，与其他类型液化烃储罐相比，同等容量下，球形储罐具有耐高压、表面积小、占地面积小等优点，在石油化工企业有广泛应用。

球形储罐容积差异较大，容积最小的有 50m³ 储罐，最大的可达 10000m³，常见储罐容积在 2000～4000m³。

球形储罐一般为全压力储存和半冷冻储罐，有带保温层和不带保温层两种类型。带保温层球形储罐在其钢制储罐表面安装有保温材料，适用于半冷冻储罐；不带保温层球形储罐为全钢制储罐，适用于全压力储罐。此外，半冷冻储罐的管线一般带有保温层。全压力与半冷冻储罐如图 6-1-1 所示（见书后彩页）。

（二）圆筒形储罐

圆筒形储罐通常为立式拱顶或圆顶储罐，罐体通常为双层结构，两层罐壁中间填充保温材料，底部为保温混凝土并设置制冷装置以确保储罐内温度维持在一定水平。运行压力保持在 0.1MPa 左右，罐内介质一般呈气液共存状态。圆筒形储罐也称为全冷冻储罐，按储罐结构类型，又可分为单容、双容、全容型储罐。圆筒形储罐一般储罐容积大，储罐容积往往大于 10000m³，适用于大容量储存。单容、全容型储罐如图 6-1-2 所示。

图 6-1-2　单容、全容型储罐

（三）卧式储罐

卧式储罐通常为钢制储罐，适用于液化烃常温压力储存方式。卧式储罐容量较小，容积通常＜200m³，结构较简单，事故处置时，救援人员应避免直面储罐封头位置。

三、安全附件及固定消防设施

不同类型液化烃储罐，安全附件和固定消防设施各有不同，全面掌握其特点和工作原理，有助于科学合理处置事故。

（一）球形储罐安全附件及固定消防设施

液化烃球形储罐多采用多个储罐并联的方式成组布局设计。

一般情况下，每个储罐下部至少都有 4 个接口，1 个为排污阀，1 个为气相管，2 个为液相管（1 个为进液管，1 个为出液管）。每个储罐气、液相法兰均设计为 2 个阀门，其中紧靠储罐侧法兰面的为常开备用阀，紧紧相连的为工作阀门。一个工作阀出现泄漏时，可关闭备用阀，更换检修工作阀。

减少罐底部的接口可有效防止和减少泄漏发生，因此，现广泛使用底部共用一根进出管线，设一个排污阀。液相管线上安装有烃泵使物料进出储罐，在进料管和出料管上均安装有紧急切断阀。安全阀直接与气相管线相连，气相管线连接火炬线，当储罐压力升高时，超压气体从安全阀直接经火炬线（也称为紧急放空线）引至地面火炬或高架火炬安全焚烧，如图 6-1-3 所示。

液化烃球形储罐有全压力式和半冷冻式两种。从储罐结构看，两者有一定的相似性。不同之处在于半冷冻式由于需要低温储存，因此半冷冻储罐外表面覆盖有保温层，且多设置了一套冰机系统用于制冷。半冷冻储罐无紧急注水系统。液化烃球形储罐结构示意图如图 6-1-4 所示。

图 6-1-3 全压力式液化烃球形储罐安全放空系统

1—火炬线；2—安全阀

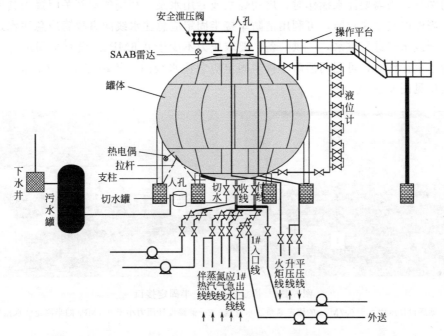

图 6-1-4 液化烃球形储罐结构示意图

1. 紧急注水系统

紧急注水系统只适用于常温全压力式储罐，且储存的液化烃应不溶于水或微溶于水，密度小于水。液化烃储罐的进出料管口一般设在底部，因此泄漏事故大多在储罐底部发生。其工作原理是：如果液化烃储罐底部阀门、法兰等连接件处发生泄漏时，利用液化烃不溶于水且比水轻的特性，通过紧急注水系统向储罐内注水，用水将液化烃托起，使泄漏点处于水面以下，则漏出的不再是液化烃，而是水，从而切断或减少了液化烃的泄漏。

紧急注水实施后，对已泄漏的液化烃气体进行有效驱赶、稀释，并在采取相关防护措施的基础上，抢修人员可对泄漏储罐实施倒罐、堵漏等措施，减少了发生火灾和爆炸的几率，达到彻底消除隐患的目的。液化烃储罐底部注水一般有三种形式，最常见的罐底注水方式为物料线辅助注水形式。液化烃储罐底部注水管线如图 6-1-5 所示。

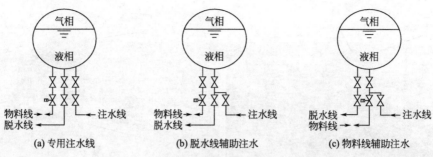

图 6-1-5　液化烃储罐底部注水管线示意图

液化烃储罐注水点有专设注水线、利用脱水线、利用物料线进行注水三种形式。压力大于 0.7MPa 储罐设固定注水系统，压力小于 0.7MPa 的储罐设半固定注水系统。设有固定注水系统的储罐，当需要注水操作时，启动烃泵或专用水泵，利用气动阀关闭罐内其他管线进行注水。当停电或水泵故障，可利用消防车接半固定应急注水线向事故罐应急注水，供水时应铺设双干线水带进行供水，一供一备，要求压力不少于 0.6MPa。设有半固定注水系统的储罐进行注水操作时，可利用消防车接半固定应急注水线向事故罐应急注水。固定式管线、半固定接口见图 6-1-6。

图 6-1-6　固定式管线、半固定接口

1—储罐设计压力大于 0.7MPa 的固定紧急注水管线；2—储罐设计压力小于 0.7MPa 的半固定注水接口

2. 保温层及冰机

半冷冻式球形储罐对温度压力要求较高，为防止夏季温度过高和强烈日光对球形储罐表面暴晒导致储罐内气相压力急剧升高造成安全阀起跳，储罐外壁表面设置有隔热保温层。

冰机是利用气氨容易压缩液化的性质来制冷的设备。半冷冻式球形储罐在储罐表面设置保温层的同时，也同时利用冰机循环对储存介质进行低温液化。冰机是保证介质处于低温状态的关键，相比于全压力液化烃储罐，半冷冻式储罐因其设计有直接冷冻以达到液化物料的目的，因此其储罐的抗压能力小于全压力储罐，罐壁相对薄。发生事故时，要确保冰机处于运行状态，以保证半冷冻储罐内物料处于稳定的气化速度，避免气化速度过快超过设计压力导致爆炸等。

3. 其他安全附件

液位计及 SABB 雷达液位计用于实施监控储罐内液位，以确保储罐内液位处于安全高度范围内。液位计在液位 85% 及 15% 位置上划有红线，以表示储罐允许充装的液位上限和下限，当储罐液位高于 85% 或低于 15% 时，报警装置能启动发出警报。

热电偶为安装在储罐内对物料进行温度监控的装备。

切水系统，即油品的脱水系统，主要用于分离油品和储罐内的水。

4. 固定消防设施

液化烃固定消防设施包括固定水喷雾系统和固定水炮系统。一方面，夏季气温较高时，可开启固定水喷淋系统降低储罐表面温度；另一方面，发生事故时，可开启固定消防水喷雾系统对事故罐及邻近储罐进行水冷却，可确保罐壁温度不致过高，从而保持罐壁强度不降低，罐内压力不升高。

（二）圆筒形储罐安全附件及固定消防设施

圆筒形储罐一般为全冷冻低温储罐，主要分为单容、双容和全容三种类型，也称为单防罐、双防罐、全防罐。低温储罐一般用于储存沸点降低的物料，如液化天然气（－162℃）、乙烯（－104℃）、丙烯（－45℃）等。储罐通常由储罐内罐、外罐、绝热层、围堰等结构构成。因储存介质对安全工作的高标准，圆筒形储罐罐体结构是重要安全部件，此外，为保证储罐在工艺运行过程中始终处于低温状态，还相应设置了 BOG 系统（蒸发器系统）、交换系统、气化系统及储罐安全系统。

1. 安全附件

（1）单容罐（单防罐）　是指带绝热层的单壁储罐或由内罐和外罐组成的储罐。其内罐能适应储存低温冷冻液体的要求，外罐主要是起支撑和保护的绝热层，并能承受气体吹扫的压力，但不能储存内罐泄漏出的低温冷冻液体。因此设有拦蓄堤（防护堤）防止低温液体进一步泄漏。单容罐结构及实物见图 6-1-7。

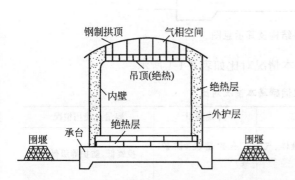

图 6-1-7　单容罐结构及实物图
1—拦蓄堤（也称防火堤、围堰）；2—单容罐

（2）双容罐（双防罐）　由内罐和外罐组成的储罐。其内罐和外罐都能适应储存低温冷冻液体，在正常操作条件下，内罐储存低温冷冻液体，外罐能够储存内罐泄漏出来的冷冻液体，但不能限制内罐泄漏的冷冻液体所产生的气体排放。外罐与单容罐的径向距离不大于 6m 且顶部向大气开口，用于容纳单容罐破裂后溢出的低温易燃液体。双容罐结构见图 6-1-8。

（3）全容罐（全防罐）　由内罐和外罐组成的储罐。其内罐和外罐都能适应储存低温冷冻液体，内外罐之间的距离为 1～2m，罐顶由外罐支撑，在正常操作条件下内罐储存低温冷冻的液体，外罐既能储存冷冻液体，又能限制内罐泄漏液体所产生的气体排放。全容罐结构见图 6-1-9。

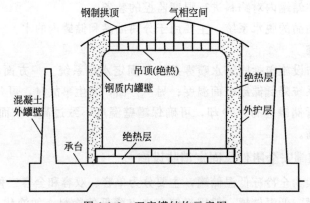

图 6-1-8 双容罐结构示意图

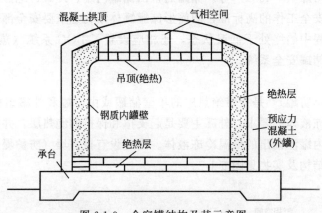

图 6-1-9 全容罐结构及其示意图

（4）三种低温储罐比较 三种低温储罐基本情况对比如表 6-1-1 所示。

表 6-1-1 三种低温储罐基本情况对比

名称	结构	设防等级	外观辨识	容量及使用情况
单容	由内罐和外罐组成，外罐能够承受气相冲刷，但不能承受低温液体的泄漏	不能防止液体、气体泄漏	有拦蓄堤（防护堤）	投资低，防护等级低
双容	在单容罐的基础上多了一层不封顶的混凝土外罐壁	只能防止液体泄漏	有混凝土外罐壁	与全容罐投资和交付周期接近，安全水平较低，一般不选用
全容	由内罐和外罐组成，均能承受低温液体的泄漏，外罐还能减缓低温液体的泄漏	能防止液体泄漏、气体泄漏	无拦蓄堤、无防护堤	安全性较好，大型液化烃、LNG 储罐选用

从安全性方面来说，单容罐内罐发生液相泄漏时，只能依赖挡液墙，相当于只有一层的容器。外罐不能承受低温液相的冲击，附近的爆炸或其他抛射物容易造成钢质外罐损坏，如果发生罐体断裂，会形成大量的蒸发气，可能造成大火或爆炸。

双容罐在内罐外（不锈钢材质），设有一层外罐（不锈钢或钢筋混凝土浇筑），外罐与大气接触，外罐罐顶是不封闭的，内罐为密闭容器，外罐为不密闭容器。同单容罐设计一样，钢质罐顶容易受到外部的威胁，外围罐无法密封因泄漏造成的蒸发气，需要喷淋灭火系统保护罐顶免受外部火灾影响。

全容罐在内罐泄漏时,外罐能承受低温,相当于两层密闭容器。外罐还能够排出因泄漏造成的蒸发气。混凝土罐壁和罐顶能够抵挡外部物体穿透或抛射物造成的严重损害,能够抵挡附近低温液体池火的热辐射。

2. 液化烃低温储罐工艺流程

液化烃低温储罐工艺流程中,BOG 系统(蒸发器系统)、交换系统、气化系统及储罐安全系统是重要的安全附件,应掌握其流程和工作原理。以储存低温乙烯为例,其流程如图 6-1-10 所示。

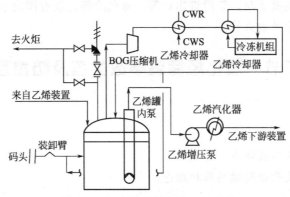

图 6-1-10 低温乙烯储罐工艺流程

由码头装卸臂或乙烯装置将乙烯输送至罐内,由于物料密度、组分、温度等不同,加之其沸点较低(−104℃),因此极易气化,此时储罐内乙烯将以气液两相的形式存在。其工艺流程的核心就是对气液两相物料的处理。

(1)气相低温液化处理 气相主要有两条线。一是利用 BOG 系统将气相变回液相进行循环利用。BOG 系统即蒸发气体回收系统。一般包括乙烯压缩机、冷冻机组、再冷凝器及分液罐等。其作用就是将储罐内的气相物料经过物理变化为液态后最终输送返回储罐加以循环利用。对于保持储罐内压力平衡具有重要意义。图 6-1-11 分别为 20000m³ 乙烯、丙烯全冷冻拱顶储罐及 BOG 实景图。

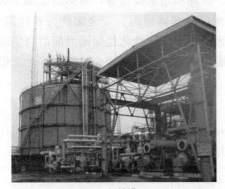

(a) 乙烯储罐

(b) 丙烯储罐

图 6-1-11 液化烃圆筒形储罐及 BOG 实景图

为保证储罐内压力的平衡,BOG 系统处理剩余后的气体走另一条线即火炬线进行排空处理。火炬线上安装有安全阀、止回阀等。

（2）液相气化处理　当储罐内乙烯物料需要外输时，由液化乙烯增压泵进入气化系统气化后输送至下游装置。

3. 固定消防设施

对于全冷冻低温储罐来讲，因其储存的物料沸点远低于常温下水的温度，因此，灭火救援过程中，应谨慎使用水处置。若将水与液态物料直接接触，两者将发生热交换，加快物料的气化速度，有可能会扩大灾情；发生泄漏时，雾状水可起到分割稀释抑爆的作用；发生着火时，水可起到冷却钢结构不被破坏的作用。

当单容罐外壁为钢制时，沿罐壁设有固定水喷淋系统，罐顶也设固定水喷淋系统；当双容、全容罐壁为钢筋混凝土时，管道进出口等局部危险部位设有固定水喷雾系统；此外，在储罐四周设有固定水炮及消火栓。

第二节　液化烃储罐事故类型及防控理念

● **学习目标**

1. 了解液化烃常见事故类型。
2. 掌握液化烃储罐事故特点。
3. 掌握不同类型液化烃储罐的防控理念。

液化烃储罐火灾爆炸事故往往由泄漏开始，在全面熟悉储罐结构和工艺流程的基础上，了解储罐泄漏易发、高发部位，掌握事故发生的类型、内在原因和危害后果，有助于灭火救援过程中快速分析、掌握事故形成原因，预见灾害规模和发展趋势，制定针对性预防处置措施。

一、事故类型

液化烃储罐常见的事故类型主要有泄漏、着火、爆炸及由这三种形式或两两组合出现的事故。一般情况下，先是液化烃泄漏，若大量泄漏在低洼处或密闭空间达到爆炸极限后，遇火源易引发爆炸，进而开始燃烧，也有可能泄漏后迅速气化导致容器超压发生物理性爆炸。

液化烃储罐泄漏主要原因为储罐部件老化、失效、损坏和违章操作等，常见的泄漏形式有管线腐蚀穿孔泄漏、管道法兰垫片开裂泄漏、阀门泄漏、罐体泄漏、安全附件失效泄漏、过量充装造成泄漏等。根据泄漏部位、泄漏形式和点火条件不同，液化烃储罐泄漏后会呈现火球、喷射火、流淌火、闪燃、无约束蒸气云爆炸、罐内沸腾液体扩展为蒸气爆炸等火灾爆炸形式。

（一）火球

液化烃储罐发生连续性泄漏，因摩擦静电、电气火花、雷击、违章动火、设备故障、化学能、其他外界诱因等，可立即被点燃，产生火球，并在泄漏处形成燃烧。

（二）喷射火

当泄漏发生于全压力液化烃储罐北极板且为球罐半液面以上，会导致破裂处发生液化烃泄漏，并呈火炬式喷射火。

（三）流淌火

当泄漏发生于全压力储罐南极板且为球罐半液面以下，会在泄漏处呈溶滴式气液流淌混燃，这种灾情状态会因时间推移，导致火焰的热辐射和热对流对储罐表面的影响加大，着火罐及其邻近罐的内部气化状态、压力以及罐壁温度将发生一系列的热响应变化，进而引发罐体破裂、液化烃大量泄漏和二次闪爆危险。

（四）闪燃

泄漏的液化烃蒸发形成的蒸气云，遇到火源发生突然燃烧而没有爆炸。闪燃发生时，在可燃物质泄漏与点火之间存在时间上的延迟。闪燃不会产生冲击破坏，其初始危害取决于热辐射，但是，如果火焰蔓延至泄漏源，从而产生一系列连锁事件如：池火，喷射火，沸腾液体扩展蒸气爆炸，蒸气云爆炸等。

（五）无约束蒸气云爆炸（UVCE）

一般情况下，泄漏发生时立即被点燃的概率较低，多数情况下泄漏的液化烃会随着主导风向漂移扩散。此时，若应急处置不当，泄漏扩散的液化烃与空气混合形成爆炸性的蒸气云，遇到点火源被点燃，导致蒸气云迅速闪燃甚至化学性爆炸，火焰可回燃至泄漏口处燃烧。

蒸气云爆炸时，会产生巨大的火球和爆炸冲击波，会造成被炸损容器碎片大量抛出，可导致周围人员伤亡，建筑及设备破坏，着火罐及邻近罐的火炬管线、进出料管线被拉断，安全阀、消防喷淋系统损毁，储罐或管线出现多点多形式燃烧，储罐上部气相部分以火炬形式喷射火燃烧，储罐下部液相部分破裂处以溶滴式气液流淌混燃等严重后果。

（六）沸腾液体扩展为蒸气爆炸（BLEVE）

储罐内液化烃在一定温度压力条件下保持蒸气压平衡，当罐体突然破裂，罐内液体会因急剧的相变而引起激烈的蒸气沸腾现象，进而发生爆炸。例如，装有纯丙烷液化气的储罐，在 40℃的液温下，它的气相压力约 2MPa。若罐体突然破裂，则压力将迅速降到常压，使原来 40℃的液体处于过热状态。为了恢复平衡，过热量转换为蒸发热，使大部分液体变为常压沸点的蒸气，引起液体体积的急剧膨胀与气化，最终因急剧的相变而发生蒸气爆炸。

当储罐、设备或附件因泄漏着火后，其本身以及邻近设备均会受到火焰烘烤，受热储罐的内部介质在瞬间膨胀，急剧释放出内在能量，引发罐体破裂，导致物理性蒸气爆炸。喷出的液化气体可立即被火源点燃，出现火球，产生强烈的热辐射，若没有被立即点燃，喷出的液化气体与空气混合形成可燃性气云，遇火源则发生二次化学性爆炸。

二、事故特点

液化烃储罐的事故特点是由液化烃的特殊理化性质及储罐结构决定。从处置该类型事故的角度上讲，液化烃储罐事故具有以下特点。

（一）处置针对性强

液化烃具有低温、沸点低、易燃易爆、常温常压下极易气化及与水接触后会发生热传递、会加快气化速度等特殊的理化性质。液化烃储存方式多样，每一种储存方式其本质安全有所不同。发生事故处置时，若采取错误的技战术措施，"见火就打，见漏就堵"，极易导致小火变大灾，因此处置必须针对物料理化性质及工艺流程。

（二）防爆等级要求高

液化烃发生泄漏后，极易气化，可随风向扩散至密闭空间或在低洼处聚集，若泄漏量过大还会形成蒸气云，极易导致爆炸事故，因此，现场防爆等级要求高。个人防护装备要全棉防静电，消防车发动机、泵等运转时要用屏障水枪或者喷雾水进行分隔，通讯要采用防爆设备。

（三）灭火剂的选择使用要求高

因液化烃的特殊理化性质，发生事故时对灭火剂的选择要求高。如发生泄漏时，禁止对泄漏部位直接射水，避免采用直流射水的方式；对低温液化烃液相泄漏应采用高倍数泡沫进行覆盖。

三、防控理念

液化烃常温常压下以气态方式存在，为便于储存需将其液化。液化有加压和降温至其沸点以下两种方式，因此出现了全压式和全冷冻式液化烃储罐，而半冷冻式是结合了两者的特点来设计的。三种储罐的工艺关键就是对高压气相和低温液相物料的处理，其核心防控理念就是防止和减缓液化烃的气化量和气化速度，避免出现大规模急剧泄漏，突破容器耐压极限，发生爆炸或燃烧。

（一）全压力液化烃储罐防控理念

火炬排放系统是为避免全压力液化烃储罐超压破裂导致事故扩大，将超压气体紧急排放的系统，是保证储罐压力平衡的关键。紧急注水系统则是专门针对该类型储罐底部液相介质泄漏而设计的，通过罐底注水，可达到临时止漏的处置目的。固定喷淋系统可对球形罐表面积强制冷却，避免钢结构遭到破坏失去本质安全条件。

气相泄漏主要采取火炬排放泄压，有条件时倒罐输转导出剩余物料；液相泄漏主要采取罐底注水临时止漏，同时控制火源、设置警戒区、制作堵漏卡具封堵。

球罐上部发生气相管线或球罐裂缝火灾时，要加大火炬排放，也要对储罐进行强制冷却，当气源无法切断时，应维持其稳定燃烧，不可轻易扑灭明火，否则，易造成爆炸混合气体迅速扩散，导致空间闪爆，失去控制条件。

（二）半冷冻液化烃储罐防控理念

半冷冻液化烃储罐事故处置重点是确保冰机制冷系统处于良好的运行状态。

液化烃罐组发生火灾事故，受辐射热烘烤的半冷冻液化烃储罐，除加强固定喷淋和移动水炮强制冷却外，必须保证冰机工艺制冷系统和保温管线处于强制运转状态，消防移动力量应侧重于保护制冷冰机和进出料管线。

半冷冻液化烃储罐底部进出物料管线法兰或阀门密封发生泄漏时，主要采取泄漏部位管线支撑保护，麻袋或棉絮缠绕后喷雾水封冻止漏。如事故状态下储罐饱和蒸气压持续升高，需通过火炬系统紧急排放超压气体。

（三）全冷冻液化烃储罐防控理念

全冷冻液化烃储罐的防控理念是确保 BOG（蒸发气）系统和火炬放空系统始终处于运行状态，保证其设防的本质安全条件。液化烃一旦泄漏，要用高倍数泡沫进行覆盖，减缓气化速度，防止形成蒸气云，为后续处置创造条件。禁止对低温液相泄漏部位、罐体、管道、阀门进行直流射水。

立式圆柱形全冷冻液化烃储罐蒸发气体超压，工艺上需要 BOG 压缩机抽出储罐顶部气体，经压缩冷凝再循环打回储罐，保持储罐始终处于安全储存条件。事故状态下，储罐压力持续升高，需将超压气体通过火炬管网紧急排放泄压，同时，开启备用 BOG 系统加大蒸发气抽出冷凝循环工艺处置。

储罐进出料管线液相介质泄漏时，需高倍数泡沫对集液池、导流沟覆盖临时封冻，给关阀断料、控制火源、封堵雨排、设置警戒区、卡具堵漏等紧急处置创造条件。

如管线低温液体泄漏量少，可使用数台高倍数泡沫发生器在泄漏管线处堆积高倍数泡沫临时封堵止漏，再倒罐输转剩余物料。

如液相管线泄漏处发生火灾，可对防护堤释放高倍数泡沫控制燃烧辐射热对低温储罐影响。

储罐超压速度过快时，极易发生储罐底部整体开裂事故，低温液相介质会瞬间泄漏，边流淌边气化，极易发生冻伤事故，此时，下风向一般为气相燃烧爆炸区，上风向一般为吸热气化区，如单容罐发生此类失控灾情，应严禁人员进入防护堤内处置。全容罐应注意液相流淌方向和风向，并注意个人防冻防寒防护，使用高倍数泡沫覆盖流淌液相液体，不要轻易对已发生开裂的储罐表面打水，加速罐内液体气化易导致爆炸性气体蔓延扩大。

第三节　灭火救援措施及注意事项

● 学习目标

1. 了解液化烃储罐泄漏事故处置措施。
2. 掌握液化烃储罐火灾扑救措施。

液化烃储罐泄漏、火灾、爆炸事故处置的灭火救援行动应根据灾害类型和发展状态，针对性地灵活运用战术方法。辖区消防队在对罐区概况、地理环境熟悉的情况下，先期到达后应及时采取初步处置措施。增援力量到达现场后，应在上风向安全区集结待命，辨识评估灾情类别、相态、等级，根据作战指挥部指令，全面统筹安排灭火救援任务，科学合理确定战术方法、进攻路线、战斗编成、安全防护等工作，沿处置区上风向、侧风向依次进入阵地，采取针对性技战术措施，减轻、减缓事故造成的危害。

一、泄漏事故处置措施

对于泄漏未着火的液化烃储罐事故，可采取如下战术措施。

（一）关阀止漏

当储罐、管道发生泄漏时，应及时关闭事故罐进出气（液相）阀、旁通管阀门、截止阀、紧急切断阀阻止泄漏，断绝液化烃泄漏扩散源。关闭管道阀门时，必须在喷雾射流保护下进行。

（二）稀释抑爆

当储罐或管线发生气相泄漏形成蒸气云时，在采取控制火源的同时，应利用固定喷淋、固定水炮或移动摇摆炮、屏障水枪等喷射雾状水，对泄漏区扩散的液化烃蒸气云实施不间断稀释，使其浓度降低至爆炸下限以下，抑制其燃烧爆炸危险性。在泄漏点侧风向，宜设置移动摇摆炮、移动无线遥控水炮；在泄漏点下风向，应设置屏障水枪以扇形水幕墙稀释，设置距离应根据现场情况确定。

驱散蒸气云常用的有喷雾水枪驱散法和送风驱散法。

1. 喷雾水枪驱散法

即使用喷雾水枪由下向上驱赶蒸气云，同时还要注意用水稀释阴沟、下水道、电缆沟内滞留的蒸气云。

2. 送风驱散法

对于积聚于建筑物和地沟内的蒸气云，要采用打开门窗或地沟盖板的方法，通过自然通风吹散危险气体，也可采取机械送风的方法驱除。

（三）堵漏封口

（1）全压力罐罐根阀损坏，不能关阀止漏时，可使用各种针对性的堵漏器具和方法实施封堵泄漏口。进入现场堵漏区的处置人员必须佩戴呼吸器具，穿着纯棉防静电内衣，必要时应全身浇湿进入扩散处置区。

（2）全压力罐管道泄漏或罐体孔洞型泄漏时，应使用专用的管道内封式、外封式、捆绑式充气堵漏工具进行堵漏，或用金属螺钉加黏合剂旋拧，或利用木楔、硬质橡胶塞封堵。

（3）全压力罐法兰泄漏时，若螺栓松动引起法兰泄漏，应使用无火花工具、紧固螺栓，制止泄漏；若法兰垫圈老化导致带压泄漏，可利用专用法兰夹具，夹卡法兰，并在螺栓间钻孔高压注射密封胶堵漏。

（4）全压力罐罐体撕裂泄漏时，罐壁往往是因为脆裂或外力作用造成撕裂，泄漏呈喷射状，流速快泄漏量大，应利用专用的捆绑紧固和空心橡胶塞加压充气进行塞堵。在不能制止泄漏时，也可采取疏导的方法将其导入其他安全容器或储罐。

（5）全冷冻罐堵漏封口应在会商论证基础上，原则上由专业的工艺人员处置，消防力量应重点进行高倍数泡沫覆盖减缓易燃气体的扩散速度。

（四）注水排险

液化烃全压力罐底部泄漏，可以利用水比液化烃重的特性，通过向罐内加压注水，抬高储罐内液化烃液位，将罐内液位上浮到漏口之上，使罐底形成水垫层并从破裂口流出，隔断液化烃的泄漏，缓解险情。注入罐内水位一般不超过 2m，根据液化烃储罐的泄漏情况，可采取边倒液化烃边注水的方法。

当液化烃储罐运行压力小于 0.7MPa 时，一般利用半固定应急注水线实施（丁二烯储罐）；当液化烃储罐运行压力大于 0.7MPa 时，一般利用固定应急注水线实施（碳四罐、液化石油气、气相乙烷、丙烷罐等）。当发生停电、水泵故障等情况时，可利用消防车接半固定应急注水线向事故罐应急注水。铺设双干线水带，一供一备。

实施注水排险作业时，应采取措施确保不间断注水，同时需在控制室内设置内观察哨，时刻报告罐内液位高度，确保液位不超过 2m，在操作之前，应及时关闭储罐区雨排，防止液化烃外泄和回火发生爆炸。全压力式液化烃球形储罐利用半固定注水系统应急注水操作程序见图 6-3-1（见书后彩页）。

（五）倒罐输转

倒罐输转是指将事故罐液化烃通过输转设备和管线以液相倒入安全装置或容器内，以减少事故罐的存量及其可能的危险程度。倒罐技术依靠的是液化烃储罐的输送装卸工艺设施，常用的方法有输送管线烃泵加压法、静压高位差法和临时铺设管线导出法等。

（六）应急点燃

在其他方法不能奏效时，在确保绝对安全的前提下，可采取主动点燃泄漏口气相液化烃的方法，防止泄漏形成大面积扩散蒸气云遇火源爆炸。在人员撤离现场后，用曳光弹、信号枪、点火枪从上风方向点燃，实施控制燃烧。

二、火灾事故处置措施

液化烃储罐发生火灾，灾情瞬息突变，可能发展成极端的火灾爆炸事故。因此，应根据火场环境和条件、灾情发展趋势，及时采取措施，做到进攻与撤退兼顾，有针对性地组织灭火救援工作。

（一）强制冷却

灭火救援力量到达事故现场后，在采取措施控制扩散、避免爆炸的同时，必须组织到场力量在外围作强攻近战、强力冷却的准备，并视情实施。

通过全方位强水流冷却控制燃烧罐和邻近罐，防止储罐超压爆炸是强制冷却的重点任务。根据储罐类型和储罐布置方式，冷却方法和要求也有所不同。

1. 强制冷却方法

强制冷却要综合考虑罐体储存方式、介质、液位及储罐布置等多方面因素，不能仅考虑着火罐下风方向的冷却。

（1）利用固定喷淋、固定水炮或移动水炮、水枪对燃烧罐和邻近罐罐体进行强制冷却降温时，重点是控制储罐温度、压力不超过设计安全值，防止罐体应力变化导致罐体破裂出现喷射式泄漏，甚至罐体破裂爆炸。

（2）全压力液化烃储罐发生火灾，冷却保护重点部位是球体全面积，冷却降温顺序为：先着火罐后邻近罐、先低液位储罐后满液位储罐、先气相球体部分后液相球体部分、先上风向再侧风向后下风向。力量部署应在全面实施灾情侦察的基础上进行综合研判。

（3）若液化烃罐区同时存在全压力储罐和半冷冻储罐时，冷却降温顺序为：先全压力罐后半冷冻罐，半冷冻罐应侧重保护冰机制冷及进出工艺管线。

（4）全冷冻储罐发生火灾，冷却保护重点部位是进出料管线、蒸发器管线、蒸发器压缩机、冷冻压缩机组、冷凝器、再冷凝器，保证BOG强冷工艺正常运行。

2. 强制冷却要求

实施强制冷却时，应充分利用现场水源、设施、装备，确保不间断冷却，按以下要求实施。

（1）应优先启动储罐固定、半固定消防设施对燃烧罐和邻近罐进行冷却。

（2）应确保消防水池持续补水，保证水池供水不间断。

（3）部署阵地时，应尽量利用大功率、大流量水罐车或泡沫消防车供水，宜采用移动消防摇摆水炮、移动遥控水炮设置阵地，并考虑设置水幕墙对燃烧罐与邻近罐进行分隔，尽量减少一线处置人员。实施移动摇摆炮战术喷射水流冷却。

（4）根据储罐大小，确定冷却用水枪（炮）数量时，全压力、半冷冻着火罐一般应按整个球罐表面积进行冷却力量估算；全压力、半冷冻邻近罐一般按迎火面半个球罐表面积进行冷却力量估算。

（5）全冷冻储罐固定水炮、高位遥控炮应严格控制出水时机。当储罐、管线气相泄漏时，应使用喷雾水稀释下风向扩散区；当储罐、管线泄漏发生火灾，且火势大难于控制时，应冷却保护燃烧处及邻近设备；冷却过程中严禁使用直流水冲击外罐结霜、外泄液相介质漫流部位。

（二）放空排险

液化烃储罐发生泄漏着火，储罐受辐射热影响，储罐内饱和蒸气压力升高，易导致储罐或管道系统压力超过安全设计系数上限而发生爆炸险情。在冷却罐体的同时可采取火炬线紧急放空、放空管现场紧急泄压排险的措施。

放空排险措施主要有两种：一是工艺人员远程打开安全阀侧线泄压阀和紧急放空阀紧急放空泄压设施，使超压气体经密闭管道泄放至火炬系统焚烧放空；二是倒罐泄压，即设置应急管线，使物料安全转移至备用储罐。

（三）安全控烧

当液化烃储罐发生火灾爆炸事故，储罐输送管道、安全设施遭到破坏，现场不具备倒罐输转、堵漏封口等消除危险源条件时，可采取工艺控温、控压、控流、充氮等方法，实施现场安全可控性的稳定燃烧。

工艺措施应侧重储罐温度、压力、流量的控制，防止燃烧过速、辐射热过强、储罐超温破裂。调节手段可向储罐内注入氮气或蒸汽。在燃烧后期储罐压力低于大气压时，应及时输入惰性气体保持储罐正压，防止回火爆炸。

实施安全控烧时，移动消防力量需实时掌握工艺调整变化，在罐体、管线、阀门等燃烧处部署水枪、移动水炮冷却保护，控制火势直至燃尽熄灭。

（四）水流切封

当储罐泄漏口呈火炬状燃烧时，可组织数支喷雾、开花水枪或移动摇摆水炮，以并排或交叉方式射出密集水流，集中对准火焰根部下方及其周围实施高密度水流切封，同时由下向上逐渐抬起水射流，利用水气化吸收大量的热能，在降低燃烧温度的同时稀释泄漏液化烃的浓度，隔断火焰与空气的接触，使火焰熄灭。

（五）干粉灭火

干粉扑救液化烃火灾灭火速度快。干粉灭火剂的使用量应根据火势大小、压力高低和冷却效果好坏等因素确定，在水枪射流冷却降温罐体的配合下，干粉灭火效果更为显著。

三、注意事项

液化烃储罐事故灾情复杂、危险性高，灭火救援时应严格遵守以下注意事项。

（1）现场侦察时，应重点侦察储罐类型，辨识清楚储罐类型（全压力、全冷冻、半冷冻）及储存方式（低温压力储存、常压低温储存、常温压力储存）；应掌握事故罐容积、液位及实际储量，邻近罐容积、液位及实际储量。

（2）在现场询情、侦检查验的基础上，指挥员应与工艺人员逐一进行事故罐、邻近罐、储罐区及周边区域灾情分析，对灾情发展态势、可控程度、可能出现的后果及涉及范围，从储存工艺、介质特性、设备结构、火灾危险性、防火防爆机理进行评估研判，确定危险程度和初步处置措施。

（3）在液化烃泄漏事故中，消除火源是成功处置泄漏事故的关键环节。现场应采取坚决果断措施，消除事故现场区域内的一切火源，包括明火、电火、静电火花、撞击摩擦火花等，防止泄漏扩散的蒸气云爆炸。

（4）初期到场的消防部队应及时与政府、社会联动部门密切配合，科学划定警戒区，实行交通管制。警戒区域可依据检测仪检测结果进行划分，也可根据观察泄漏后形成的白雾状蒸气云带及附着在管壁、草地、树木等物体上冰或水珠进行判断，警戒区域范围边界的确定应至少距蒸气云边缘 200m 以外，根据风向和泄漏量变化动态调整。

（5）应利用固定喷淋、水幕、蒸汽幕，移动摇摆水炮、喷雾水枪等对气相泄漏区进行稀释驱散，延缓泄漏气体扩散速度；应利用喷洒泡沫对地面聚集的液化烃进行覆盖，减少蒸发量；应对泄漏区内雨排井等下水通道采取泡沫覆盖、草席封堵等措施，防止液化烃气体沿地下工程扩散，并安排专人对污水排放出口及周边的区域进行监控。

（6）应派出专人观察控制室 DCS 系统和现场火情，及时组织人员撤离。指挥员应善于发现并准确预判险情。

当储罐燃烧或受热烘烤而出现储罐安全阀、放空阀等发出刺耳的尖叫声，火焰颜色由红变白，储罐发生颤抖，相连的管道、阀门、储罐支撑基础相对变形等现象时，储罐随时有发生爆炸可能，应及时发出警报，立即组织现场人员紧急撤离至安全区域。

处置全冷冻储罐液相介质大量泄漏事故时，应尽快撤离生产装置区和全冷冻储罐区人员，紧急避险至厂区上风方向。防止气液相介质大面积扩散引起连锁爆炸伤及处置人员。

（7）根据现场道路、风向、地形地物等条件，应尽可能地将冷却与灭火的阵地设置在便于自我保护和安全撤离的方向及部位。

应预先确定紧急避险、紧急撤离的方向和线路，标识和联络方式，并授权各中队、各阵地指挥员遇到险情不需请示的撤退指挥权。撤退时不收器材，不开车辆，主要保证人员安全撤出。

本章小结

液化烃储罐事故现场情况复杂多变，扑救难度大，技术要求高，消防部队要在执勤战备中，不断加强液化烃储罐基础知识学习，加深对液化烃储罐事故危险性认识，全面提升安全防范意识，深入研究事故处置技战术措施，安全、科学、合理地完成灭火救援任务。

本节针对液化烃储罐火灾爆炸处置过程中常见问题和技战术措施实施要求，进行了归纳总结。

（1）液化烃储存方式分类如下：

$$液化烃储存方式\begin{cases}全压力（常温压力）\\半冷冻（低温压力）\\全冷冻（低温常压）\end{cases}$$

（2）液化烃储罐设防理念如表 6-5-1 所示。

表 6-5-1　液化烃储罐设防理念

罐型	防控理念
全压力	火灾状态下防止罐体超压,通过固定水喷雾系统、罐顶部安全阀进行泄压;罐底部设有注水系统,发生泄漏时为启动进行止漏,为后续处置创造条件。储罐超温、超压及时排放火炬系统
半冷冻	其本质安全条件为冰机进行制冷,保证物料处于低温状态,防止气化过快导致罐体超压。因此事故状态下要保证冰机系统的运行和火炬排放超压气体
全冷冻	其本质安全条件为 BOG 系统正常运行,保证储存介质处于低温状态,防止气化过快导致罐体超压。因此事故状态下要保证 BOG 系统的运行和火炬排放超压气体

（3）液化烃储罐发生泄漏时主要采取的措施如下。全压力储罐：关阀止漏、稀释驱散、堵漏封口、注水排险、倒罐输转、应急排险等。半冷冻储罐：关阀止漏、稀释驱散、堵漏封口、缠绕封冻、倒罐输转、应急排险等。全冷冻储罐：关阀止漏、稀释驱散、高倍数泡沫封冻、倒罐输转、应急排险等。

（4）液化烃储罐发生火灾时主要采取的措施如下。全压力储罐：强制冷却、放空排险、安全控烧、水流切封、干粉灭火等。半冷冻储罐：冰机强制循环、强制冷却、放空排险、高倍数泡沫覆盖控制、冷却保护燃烧部位、倒罐输转、干粉灭火等。全冷冻储罐：BOG系统强制循环、高倍数泡沫覆盖控制、放空排险、冷却保护燃烧部位、倒罐输转、干粉灭火等。

（5）现场处置时要尤其做好防爆工作，现场应采取坚决果断措施，消除事故现场区域内的一切火源，包括明火、电火、静电火花、撞击摩擦火花等。进入现场操作时要着全棉防静电内衣，做好个人安全防护。现场通讯一律采用隔爆型对讲机。

思考题

1.液化烃的定义及特性是什么？

2.储存液化烃的方式有哪些？各种储存方式的本质安全条件是什么？

3.请简述紧急注水系统的工作原理及流程。

4.液化烃罐区的灾害事故有哪些？从处置的角度讲，有哪些特点？

5.请简述液化烃储罐火灾爆炸事故的处置对策。

6.处置液化烃火灾爆炸事故时，有哪些注意事项？

第七章

石油库、化工液体储罐区火灾扑救

石油库、化工液体储罐区一般由固定顶、外浮顶、内浮顶、液化烃等储罐类型构成。从储存介质看，储存有原油、成品油及其他易燃可燃、有毒的液体危险化学品，容量大，介质杂。从运行工艺上看，各个罐组上下游关联紧密，易引发连锁反应。

本章在学习了固定顶、外浮顶、内浮顶及液化烃储罐的类型、结构、火灾特点及相应处置方法的基础之上，重点学习由不同类型储罐组成的罐区在发生火灾时的处置方法。本章内容是对第三章至第六章知识的综合运用，综合理解，在战略层面实现"由点到面"的学习和理解；在战术层面上做到对具体技战术措施的菜单式"选择性"学习。

第一节　石油库、化工液体储罐区

● **学习目标**

1. 熟悉石油库、化工液体储罐区相关基础知识。
2. 熟悉化工企业储罐区相关基础知识。

石油库是指收发、储存原油、成品油及其他易燃和可燃液体化学品的独立设施。化工液体储罐区一般位于石化仓储企业（也称化工液体仓储企业）内，除储存上述油品外，还储存有毒、有腐蚀的危险化学品。

从使用性质上看，石油库可分为企业附属石油库和单独的油品储存企业。前者作为石化企业的一部分，为其生产或运行服务；后者作为单独的企业，储存油品进行期货交易或为下游企业提供原料。

从储存的介质上看，专门储存原油的称为石油储备库；企业附属石油库则一般储存原油、成品油及其他易燃和可燃液体化学品；石化仓储企业除储存易燃和可燃液体化学品外，还可能储存有毒、有腐蚀（如浓硫酸、浓盐酸）等危险化学品。石油库一般指企业附属石油库、石油储备库。

一、石油库

（一）企业附属石油库

企业附属石油库是指设置在非石油化工企业界区内并为企业生产或运行服务的石油库，

是化工原料、中间产品及成品的集散地，是大型化工企业的重要组成部分，也是石化安全生产的关键环节之一。其主要储存大量的原油、各种型号的成品油（汽油、煤油、柴油、润滑油等）、半成品油（待调制及加工油）、液化烃，还储存大量的有机化工原料和基本合成有机原料，如三烯（乙烯、丙烯、丁烯）、三苯（苯、甲苯、二甲苯）、氢气、氧气、氨、丙酮、乙醇、环氧乙烷、环氧丙烷等。图 7-1-1 为某石化企业装置区与储罐区平面图。

图 7-1-1 某石化企业装置区与储罐区平面图

企业附属石油库一般分为原料区、中间罐区及成品罐区。各个罐区通过管廊管线与相应的生产装置相连，根据各个企业生产工艺的不同，原料罐区一般储存原油、渣油、重油、石脑油等工艺流程的上游原料；成品罐区一般储存汽油、煤油、柴油等合格产品；中间罐区储存装置在运行过程中产生的各类中间产品。此外，装置生产中产生的液化烃则由液化烃罐区进行储存。

（二）石油储备库

石油储备库是指国家石油储备库和企业石油库的统称。国家石油储备库是指国家投资建设的长期储存原油的大型油库，企业石油库是指企业自主经营的储存原油的大型油库。某石油储备库如图 7-1-2 所示。

图 7-1-2 某石油储备库

石油储备库储存物料为原油，罐形只有外浮顶一种，灾情相对其他类型的罐区简单，处置方法、程序及注意事项可参照第四章。

二、化工液体储罐区

化工液体储罐区除储存有各类易燃的油品外，还储存有毒、有腐蚀性的各类危险化学品。化工液体位于石化仓储企业内，石化仓储企业是指专门针对石化原料及产品的装卸、接收、储存、中转、分输、分装、运输的企业，是连接石化产品供应方和需求方的纽带。石化产品的运输方式包括水路运输、铁路运输、公路运输、航空运输和管道运输。由于水路运输成本低、运载能力强，水路运输适合国际贸易及国内沿海地区的远距离运输，而经水路运输后石化产品需在码头实现货物的中转或仓储，因此，化工液体仓储企业多位于港口优越的海边或是江边，靠近油品终端市场或是石化炼厂。图 7-1-3 为石化物流行业上下游关系。

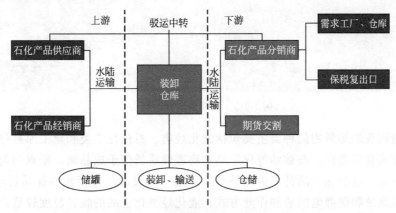

图 7-1-3　石化物流行业上下游关系

石化仓储主要是依托石化仓储设备，对下游提供石油化工产品的装卸、存储、输转、发送服务。其主要石化储运设备为储罐，主要由装卸码头、输送管廊、储罐区、软管交换站、灌装区等区域组成。图 7-1-4 为某石化仓储企业。

图 7-1-4　某石化仓储企业

（一）装卸码头

装卸码头的装卸设施由装卸设备和装卸管道两部分组成。装卸设备负责将码头装卸管道与船舶接管口连接，主要包括装卸臂、装卸软管、输转泵等，装卸臂用于液化烃的输转，装卸软管用于其他化工液体的输转，装卸管道连接储罐区和船舶。图 7-1-5 为设有装卸臂的码头。

图 7-1-5　设有装卸臂的码头

石化仓储码头装卸货物的种类主要包括液化烃类、石油化工类和化工原料等，各类化工品装卸作业方式有所差别，石脑油等化工品的物理性质类似于成品油，凝点和闪点较低、易挥发、易积静电，这类化工品的承运船型和装卸量一般较大，对货物的保质要求相对较高，一般要求采取高效和防静电的装卸作业方式；液化烃类化工品的临界温度较低，通常需要加压或冷冻运输，一般要求采取防静电、保冷和密闭的装卸作业方式；石油化工和化工原料的种类繁多，通常会涉及烷烃类、烯烃类、芳烃类、醇类、酯类、有无机酸类和酚类等，易燃、易爆、有毒、高纯度、闪点较低、易挥发，储运的危险性较高，有些货种还具有聚合性和腐蚀，一般要求采取高质保和密闭等装卸作业方式。

石化仓储码头装卸化工品的种类繁多、需求量不同，各种形式的运输船船型大小不一，结构不尽相同。用于国内运输的石油化工和化工原料类运输船多为 ≤10000 DWT（载重吨位 Dead Weight Tonnage 的缩写）的小型船舶，50000 DWT 左右的化工品船舶大多在国际航线上运营。液化烃类运输船可分为压力式、压力-冷却式和全冷却式等类型，压力式液化烃运输船多为舱容 ≤2000m³ 的小型船；压力-冷却液化烃运输船的舱容一般为 2000～10000m³；全冷却式液化烃运输多为舱容大于 10000m³ 的大中型船舶，如 LNG 运输船。

油轮机舱和泵舱设有 CO_2 固定灭火系统、冷却水等固定消防设施。油品码头岸防系统设有固定分隔水幕、消防水炮和泡沫炮、干粉灭火系统等固定消防设施。设置水幕的目的是为了防止热辐射使消防员难以灭火作业，保护消防设备、装卸设备，并有增加空气湿度、稀释可燃气体的作用。消防炮设置在塔架上，高位遥控炮塔可实现远程操作，图 7-1-6 为某油品码头高位遥控炮塔。

（二）物料切换和分配

物料切换和分配有阀门切换站和软管交换站（也称物料转换坑）两种形式。

图 7-1-6　某油品码头高位遥控炮塔（消防水炮、泡沫炮）

1. 阀门切换站

阀门切换站是实现物料在不同管道之间的切换和分配的场所，在设计中往往利用到管道分配器。管道分配器有一分二、一分三、一分四甚至一分五等不同类型的分配器。利用一次、二次甚至多次分配，将一根管道中的物料进行切换和分配，输送到不同的储罐或码头泊位等场所进行装、卸作业。以一分二类型管道分配器为例，经过三次分配后，即一分二、二分四、四分八，一根主管道利用管道分配器可连接到不同的八根支管道，将物料输送到八个不同的场所进行装卸作业。

2. 软管交换站（物料转换坑）

软管交换站也能实现物料在不同管道之间进行切换和分配，利用清管阀或收发球筒和金属软管，还要配置相应的切断阀门、金属软管、起吊用的葫芦或行车，同时为了装卸作业，还设有钢筋混凝土结构的遮雨棚，如图 7-1-7 所示。

图 7-1-7　某石化仓储企业软管交换站

阀门切换站的显著特点是密闭操作，物料无泄漏，而且操作简便易行，作业时间短，劳动强度小，一个操作工就可完成物料切换工作，特别适合于易燃、易爆和有毒介质的切换操作。缺点是投资、占地面积相对较大。软管交换站（物料转换坑）优点是物料在不同管道间的切换比较灵活。缺点是物料容易出现跑、冒、滴、漏现象，作业劳动强度大，时间长，一个操作工很难完成切换工作，而且由于经常需拆卸金属软管，存在火灾和爆炸等安全隐患。目前，海港区、航运区大多化工液体库仓储企业采用软管交换站方式进行物料切换和分配。

（三）装卸工艺流程

（1）装卸船流程：库区储罐→库区装船泵→工艺管→装卸软管或装卸臂→船舱；船舱→船泵→装卸臂或装卸软管→工艺管道→库区储罐。

（2）泄空流程：在码头平台端部设置清管设施，利用氮气推动清管器将化工管道和连通管道的残液泄空；装卸臂内的残液主要由泄空泵输入后方管道或利用氮气将臂内残液吹至船舱；装卸软管泄空时采用氮气吹扫方式，将装卸软管内残液吹至船舱。

（3）相邻罐区装卸船流程：相邻库区储罐→相邻库区装船泵→分配站中阀门组的切换或转换坑的软管交换→工艺管线→装卸臂→船舱；船舱→船泵→装卸臂→工艺管线→分配站中阀门组的切换或转换坑的软管交换→相邻库区储罐。

第二节　石油库及化工液体储罐区火灾形式

● 学习目标

1. 熟悉石油库及化工液体储罐区生产储存特点。

2. 掌握石化仓储及石化生产企业储罐区火灾形式。

3. 掌握石化仓储及石化生产企业储罐区火灾特点。

石油库及化工液体储罐区罐型多样、品种繁多，火灾情况复杂，本节通过介绍其生产储存、火灾形式及特点，为下一节的学习奠定基础。

一、石油库及化工液体储罐区生产储存特点

石化仓储企业及企业附属石油库在经营模式上有很大的区别，石化仓储企业是作为一个单独的企业来运行管理的，而企业附属石油库只是企业的一部分。从经营管理模式、物料的种类、流动性上看，石化仓储企业的火灾危险性要高。但从火灾形式及特点、灭火救援的理念和技战术措施上看，两者具有共同性。

由于石油储备库情况相对简单，化工液体储罐区位于石化仓储企业内，下面分别对企业附属石油库及化工液体储罐区生产储存特点总结如下。

（一）企业附属石油库生产储存特点

企业附属石油库是根据企业自身生产流程和物料平衡进行设计的，分为原料罐区、中间罐区和成品罐区。相比化工液体储罐区，具有以下特点。

1. 储存量大

一般总储量达百万吨以上，中间罐区的储量也达万吨以上。单个储罐容量增大，外浮顶原油储罐单罐容积最大可达 $150000m^3$。

2. 原料罐区、成品罐区储存物料相对固定

原料罐区一般储存原油，成品罐区根据企业生产链，一般储存汽油、煤油、柴油、润滑油、对二甲苯等。

3. 中间罐区火灾危险性较大

中间罐区主要接收、储存各装置间的中间产品、装置产生不合格油品、轻污油、重污油以及实现相关中间原料的输转，满足装置开工、正常生产时的供料要求。一般有液化烃、石脑油、煤油及相应馏分、渣油、蜡油等，流动性较大，品种较多，火灾危险性也随之增大。

（二）化工液体储罐区生产储存特点

近年来，随着我国经济的快速发展，石油化工产业链不断向下游精细化工产业延伸，下游的石化企业对液体化工品的需求量越来越大，品种要求也越来越多。石化仓储企业，也称液体石化产品公用仓储库区，是国家或企业通过自建或代建向社会客户提供液体石化产品仓储服务的场所，库区的主要功能是为客户储存、保管、装卸、配送液体货物等服务。其主要特点如下。

1. 油品与化工品并存

一个石化仓储企业不仅只是单一的油品库区或单一的化工品库区，而且是油品和化工品并存的综合型库区。油品是指如原油、渣油、重油、凝析油、石脑油、汽油、煤油、柴油等石油炼制的相关原料和产品，化工品是指如液化烃、苯、甲苯、苯乙烯、乙酸、醇、酯、醚、酮、酚、酸、碱类等相关化学品。

2. 储罐类型多样

储罐类型按设计压力分类有常压储罐或压力储罐；按设计温度分类有常温储罐、保温储罐或低温储罐；按结构形式分类有固定顶储罐、外浮顶储罐、内浮顶储罐及球型储罐等。一个库区存在同时建设以上全部或部分储罐类型的情形。单罐容积一般不大，单罐最大容积通常在 20000m^3 以下。

3. 经营管理模式多样

一个库区也不只是完全由业主自主经营，也有可能部分由业主自主经营、部分储罐租赁或全部储罐租赁给社会客户，经营管理模式多样（企业库区、保税库区等）。

4. 储存物料随市场需求而变化

随着市场经营需求的不断变化，单个储罐、不同罐区可以分类储存性质、危险类别、温度、压力等条件相近或相似的不同液体介质，并具备倒罐、输转、分装等功能。

需要指出的是，在项目设计阶段，业主一般要求石化仓储库区功能具备储存介质品种多样化（油品和化工品），即要求储罐的储存条件要尽可能适用于不同的储存品种、不同的储存温度或不同的储存压力等。这就导致整个库区介质物料品种较多，同时存在多种易燃、易爆、有毒、有腐蚀性的物料，火灾危险性较高，火场情况复杂。另外，在企业运行过程中，随着市场需求的不断变化和企业自身经营管理的多样化，存在不同性质物料混存于同一罐区的情况，进一步增加了火灾处置难度。

二、石油库及化工液体储罐区火灾形式

石化仓储企业及石化生产企业储罐区火灾事故有单个储罐事故、罐组内多个储罐同时发生事故、管线阀门及转换坑泄漏燃烧爆炸、流淌火、池火及有毒物质泄漏。事故形式为泄漏、燃烧、爆炸中毒。

（一）常见事故形式

常见事故形式为：泄漏→火灾（罐火、池火、管廊火、流淌火）→爆炸（储罐物理、化学爆炸，可燃液体蒸气扩散空间闪爆、管廊可燃气体管线破裂爆炸灾害）→处置过程衍生毒害介质气、液相泄漏扩散。

（二）常见火灾形式

从火灾形式看，常按以下规律发展：罐火→罐火-池火→罐火-池火-管廊火→罐火-池火-

管廊火-地面流淌火→罐火-池火-管廊火-地面流淌火-水面流淌火。具体表现如下。

1. 管线阀门及软管交换站泄漏燃烧爆炸

罐组、储罐进出物料管线阀门、转换坑软管等部位发生泄漏，遇火源发生燃烧爆炸。此类事故易随地势形成流淌火，易引发罐体着火。

2. 储罐及罐组燃烧爆炸

单个储罐爆炸燃烧事故类型如表7-2-1所示。

表7-2-1　单个储罐爆炸燃烧事故类型

罐型 \ 灾情	初　期	发　展	扩　大
固定顶	呼吸阀、量油孔火灾	半敞开式燃烧	全敞开式燃烧
外浮顶	密封圈火灾	卡盘半液面燃烧	沉船全液面燃烧
内浮顶	呼吸阀、量油孔、通风口火灾	浮盘结构被破坏，呈半敞开式燃烧	罐盖撕裂、浮盘沉船或结构被完全破坏，全液面燃烧
液化烃	管道、阀门、法兰、罐体泄漏	喷射火、火球、流淌火	蒸气云闪燃爆炸

受事故罐燃烧热辐射影响，罐组内多个储罐可能同时爆炸燃烧。

3. 流淌火、池火

储罐检修人孔巴金密封损坏形成地面流淌火、油池火。该类型火灾呈流体状蔓延，扩散速度较快，形成地面流淌火、油池火。控制不当易发生大面积火灾，导致火势扩大，造成邻近罐发生燃烧或爆炸。

三、石油库及化工液体储罐区火灾特点

石油库及化工液体储罐区发生事故，若对单一点的事故处置不当（如单个罐、管线阀门发生事故），极易引发罐区火灾，其特点如下。

1. 多种介质并存，火场情况复杂

罐区内储存有各类液态危险化学品，储存容量较大，且理化性质各异：各类油品易燃易爆，重质油品易发生沸溢喷溅，轻质油品燃烧热辐射强烈；液化烃一旦发生泄漏极易气化发生空间闪爆；各类有毒、有害、有腐蚀危化品对周围及现场处置人员危害极大；有的危化品燃烧受热后释放出剧毒物质，如硫化氢、光气等易造成人员大面积伤亡。以上几种特性的危化品并存于同一罐区，火灾危险性不同，着重防范的风险点侧重不同，情况较为复杂。

2. 储罐类型多样，火灾形式各异

罐区内固定顶、外浮顶、内浮顶（易熔盘、单盘、双盘）、液化烃（全压力、半冷冻、全冷冻）、制冷罐、保温储罐并存，每种类型储罐的本质安全条件和火灾形式特点各异。储罐事故的灾害类型、处置方法、手段、措施、装备、防范风险点有所不同，对处置技术和处置能力要求较高。

3. 罐组相互关联，易引发连锁反应

石化仓储企业罐组之间、石化生产企业罐组与装置通过管道相互关联，一旦发生事故，易引发上下游罐组、装置发生连锁反应。受热辐射、流淌火等因素影响，单个罐组内、相邻罐组间储罐易发生爆炸燃烧，不同形式的火灾可能同时出现，要综合考虑邻近罐组乃至整个罐区的火灾防范风险点。

第三节　火灾措施及注意事项

● 学习目标

掌握石油库、化工液体储罐区火灾扑救战术理念、处置措施及注意事项。

石油库、化工液体储罐区火灾随着灾情的不断扩大，应急响应力量从操作岗位、班组、车间、企业专职消防队、辖区各中队、支队、总队、跨区域增援不断升级，处置过程时刻贯彻"科学处置、专业处置、安全处置、环保处置"理念。

一、战术理念

罐区发生火灾，灾情由单个储罐向其他储罐、罐组升级，要摒弃"冷却相邻罐"的惯性思维，深刻理解各种罐型的本质安全条件与防控理念。例如，外浮顶储罐要立足初期，将火灾控制在密封圈初期火灾；易熔盘内浮顶储罐保证氮气的供给效果要远远强于射水冷却；全压力液化烃储罐则要确保压力能得到有效释放等。通过对火场情况的侦察研判，抓住火场核心，准确对最可能发生的最大险情进行研判，按以下理念进行处置。

（一）集中使用力量，合理部署兵力

当火场情况比较简单，储罐火势不大时，首批到场力量，应抓住灭火的有利战机，集中现有力量实施灭火进攻，一举扑灭火灾。例如，储罐起火时间不长，油品处于稳定燃烧，邻近储罐受高温辐射影响不大时，应把优势兵力投入灭火。

当火场情况比较复杂，储罐火势比较大，邻近储罐受高温辐射影响较大时，首批到场力量无法满足灭火的实际需要，这时就不能盲目地组织进攻，应积极冷却防御，防止火灾扩大，根据现场情况准确研判火场最大、最不利的危险罐组、罐区，从而能做到有针对性地调派增援力量，为增援力量到场后实施灭火创造有利条件。以下要点供现场研判参考使用。

（1）易引发火灾储罐：固定顶＞内浮顶＞外浮顶。

（2）扑救难易程度：易熔盘、浅盘内浮顶＞固定顶＞敞口隔舱、单盘、双盘内浮顶＞外浮顶。

（3）内浮顶储罐按起火部位扑救难易程度：固定泡沫产生器损坏＞罐体横移、罐底裂缝＞人孔密封裂开（罐火、池火）＞罐盖撕裂＞呼吸阀紊流火＞通风口紊流火＞进出管线阀门流淌火。

（4）内浮顶储罐按浮盘结构扑救难易程度：易熔盘＞浅盘＞敞口隔舱式＞单盘式＞双盘式内浮顶。

（5）内浮顶储罐按储存介质扑救难易程度：醚酯醇酮酚＞石脑油＞拔头油＞凝析油＞汽油、煤油、组分油＞抽余油＞芳烃重整液＞汽煤柴成品油。

（6）石油库：特级库＞一、二、三级库。

（7）储罐区：混合罐区＞液化烃罐区＞中间罐区＞成品储罐区＞原储罐区。

（8）液化烃：全冷冻＞半冷冻＞全压力。

（9）低温储罐：单容＞双容＞全容。

大型火场多个储罐同时燃烧，周围有地面流淌火，邻近储罐及其管道、建筑物等受到火势严重威胁时，应将整个火场划分为不同作战区域，实施分区控火和灭火。

（二）先控制后消灭，分步有序实施

在"先控制，后消灭"的战术原则指导下，依据石油库、化工液体储罐区等大型火场实际情况，按照先外围、后中间，先上风、后下风，先地面、后储罐的要领实施灭火战斗。

1. 先外围，后中间

针对情况比较复杂的火场，储罐火灾引燃周围的建筑物或其他构筑物，应首先消灭储罐外围的火灾，然后从外围向中间逐步推进，包围储罐，最后消灭储罐火焰。灭火战斗的实践表明，只有控制住外围火灾，消灭外围火灾，才能有效地控制住火势的蔓延扩大，才能创造消灭储罐火灾的有利条件。在灭火力量比较强，能够满足火场需要时，应分区展开战斗。

2. 先上风，后下风

火场上出现储罐群同时发生燃烧，形成大面积火灾时，灭火行动应首先从上风方向开始扑救，并逐步向下风方向推进，最后将火灾扑灭。一方面，在上风方向可以避开浓烟，减少火焰对人的烘烤，视线清，有利于观察火情，接近火源，便于充分发挥各种灭火剂的效能；另一方面，可大大缩短灭火战斗的时间，降低储罐复燃的几率。

3. 先地面，后储罐

火场上由于储罐的爆炸、沸溢、喷溅或罐壁的变形塌陷，使大量燃烧着的油品从罐内流出，造成大面积的流淌火，并与着火储罐连为一体形成地面与罐上的立体式燃烧。在此情况下，只有先扑灭地面上的流淌火，才能有条件接近着火储罐，组织实施对储罐火的灭火。此外，地面火对邻近储罐和建筑会构成严重的威胁，需要先期加以消除。

需指出的是，现场情况复杂，千变万化，上述顺序不是一成不变的，要根据实际综合研判，牢牢把握火场风险点，灵活进行处置。

（三）冷却降温，预防爆炸

储罐发生火灾后，为防止着火罐的爆炸、变形倒塌和油品的沸溢喷溅，防止其高温辐射引燃邻近储罐、管道及建筑物，必须采取相应有效的冷却降温措施。冷却降温的方法，主要有直流水冷却、泡沫覆盖冷却、启动水喷淋装置冷却等方法。

冷却储罐时，应注意以下几个问题。

（1）要有足够的冷却水枪水炮和水量，并保持供水不间断。

（2）冷却水不宜进入罐内，冷却要均匀，不能出现空白点。

（3）冷却水流应呈抛物线喷射在罐壁上部，防止直流冲击，使水浪费。

（4）冷却进程中，采取措施，安全有效地排除防火堤内的积水。

（5）储罐火灾歼灭后，仍应继续冷却，直至储罐的温度降到常温，才能停止冷却。

（6）外浮顶着火罐罐壁冷却重点是储罐液位处罐体圆周，即浮盘与油品紧贴面的罐体液位高度，保护浮盘导向柱防止高温损坏；外浮顶邻近罐罐壁冷却重点是对应着火罐的迎火面罐体半径液位处；内浮顶着火罐、邻近罐罐壁冷却重点是储罐液位以上罐体全表面，防止储罐内上部空间油气骤增发生闪爆；下风向、半液位邻近罐应优先部署冷却力量。

（四）消除残火，防止复燃

储罐火灾扑灭后，不仅应在罐内液面上保持相应厚度的泡沫覆盖层，继续冷却降温，预防油品复燃外，而且还要彻底清除隐藏在各个角落里的残火、暗火，不留火险隐患。同时，指派专人监护火灾现场。

二、处置措施

发生事故后，事故单位应立即启动相应的应急预案，采取工艺措施进行处置。前期到场的企业专职消防队应查明：事故部位、天气风向、事故区冷却、泡沫、氮气、雨排、防护措施落实情况，人员伤亡、失踪等基本情况。

当灾情进一步扩大，公安消防部队、联动单位到达现场后，应成立总指挥部和作战指挥部。公安消防部队应着重做好以下工作。

(一) 侦察研判

需特别注意大型罐区储存介质、储罐类型、储存方式、储罐位号、本质安全条件的核对。有可能存在项目设计与实际储存不相符的情况，如水溶性介质与非水溶性介质混存；需保温储罐仓储的，在固定顶储罐储存；需制冷储罐保冷仓储的，放在非制冷储罐储存；需氮封惰化保护储罐仓储的，在非惰化保护储罐储存等。不可盲目根据罐组储罐上的标注辨识研判，必须根据 DCS 控制中心储罐位号、介质、温度、压力、液位等数据与现场实际储存介质、储罐类型、储存方式核对确认，应做好以下工作。

（1）到场后，公安消防部队应调集查找相关资料，初步掌握灾情，应包括基本信息、DCS 控制中心相关信息及其他资料，具体如表 7-3-1 所示。

表 7-3-1　初期调取资料一览表

项目名称	具体内容
基本信息	企业简介 码头、库区平面图 码头、库区流程图 码头、库区消防水设施图 关键设备或重点储罐结构图
DCS 控制系统信息	调取库区储罐在线监控图表(位号、介质、液位、温度、压力) 调取库区储罐在线总视频监控，事发前，事发时，处置时 事故罐区、事故罐组、事故罐视频在线实时监控 事故罐区、事故罐组、事故罐分屏视频在线实时监控 事故罐区、事故罐组、事故罐在线技术参数分屏实时监控(温度、压力、液位、流速变化并及时截频进行证据保全)
其他资料	无人机燃烧区外围全景视频或图片 升降式高架灯放置视频探头监控资料 企业或相关部门(环境检测、危化企业、防化部队)检测数据

（2）战斗展开前，应进一步核实企业工艺处置措施与企业专职消防队处置情况，排查企业内部情况及保障能力，综合研判灾情继续发展可能导致的后果，前期工艺、消防处置情况及存在的问题，力量部署及个人防护等情况。具体核实内容如表 7-3-2 所示。

表 7-3-2　具体核实内容一览表

项目	具体内容
企业内部情况	码头与库区隶属关系 码头-库区事发时工况(码头→库区卸料；库区→码头装船；码头→汽车装车站装车；库区罐与罐之间倒罐输转；个别储罐检修动火) 企业罐组与海关保税罐组关系 企业罐组与第三方罐组关系(银行抵押) 提供工况、事故区基本情况是否属实 各罐组是否按设计分组储存、是否存在不同理化性质介质混存的情况

项　目	具　体　内　容
工艺情况	事故罐与邻近罐关系 事故罐组与管道互通(硬管/软管交换) 事故罐组工艺及安保措施完好和持续能力(制冷/保温/氮封)
保障能力	固定消防设施、药剂储存基本情况、泡沫施放是否正确 固定/半固定消防系统完好完整、功能性能能否实现(泡沫产生器、半固定接口)、药剂互溶(3%、6%) 泡沫品种规格:蛋白、氟蛋白、水成膜、抗醇水成膜、水剂灭火剂 消防水管网压力、管径、延续时间

(二) 标注辨识

准备总平面图进行相关标注，根据 DCS 不同时间段在线表：事故前、事故时、当前段，研判发展趋势。着重标注以下信息：位号、介质、罐型、压力；液位报警罐、压力报警罐、温度报警罐。将超压、超温、超液位储罐按位号标注到总平面图合成，查找最大、最难、最不利、最危险事故罐和罐组。

(三) 方案制定

根据侦察研判，从石油库或化工液体储备库的安全设计底线、火灾防控底线，储罐的本质安全条件等方面做出初期到场力量、陆续到场力量的处置方案、行动方案、防护方案、注意事项。方案制定时要注意战术措施、处置效能是否互相抵消。

(四) 工艺控制

工艺措施有：紧急停工、紧急停输、转移船车、紧急排液、关阀断料、注氮惰化保护(储罐或管线)、倒罐输转、隔堤分隔、封堵雨排、停止加热、强制制冷、管线排空、紧急放空等措施。

(五) 消防处置

消防处置包括启动固定、半固定灭火系统和实施相关技战术两个方面。

发生事故时，应及时启动固定灭火系统。固定系统失效时，灭火救援力量要及时利用半固定系统注入泡沫、氮气等以达到灭火、惰化保护的战术目的。常见的固定、半固定灭火系统有：

固定顶、外浮顶、内浮顶、液化烃储罐的消防喷淋（水喷雾）、消防水炮等；

固定顶、外浮顶、内浮顶储罐的固定、半固定泡沫灭火系统等；

低温罐集液池高倍数泡沫系统；

码头岸防系统消防水炮、泡沫炮、干粉炮、消防水幕、消防喷淋等。

结合本书内容，将消防主要处置措施及适用灾情进行了归纳总结，如表 7-3-3 所示。

表 7-3-3　消防主要技战术措施一览表

处置措施	适　用　灾　情
高喷车灭火	固定顶储罐呼吸阀、量油孔火灾;内浮顶储罐呼吸阀、量油口、通风口(通风帽)火灾
登罐灭火	外浮顶储罐密封圈初期火灾
泡沫钩管推进;泡沫管枪合围	固定顶储罐、内浮顶储罐罐体检修人孔法兰巴金密封损坏导致的地面流淌火、池火;外浮顶储罐管线破坏的地面流淌火、池火

续表

处置措施	适　用　灾　情
利用半固定泡沫灭火系统注入泡沫	固定顶储罐、外浮顶储罐、内浮顶储罐固定泡沫系统失效不能启动
注氮惰化保护、抑制窒息	固定顶储罐、易熔盘内浮顶储罐氮封系统损坏。量油孔、进油管道、通风孔紧急注氮
注水止漏	全压力液化烃储罐发生底部泄漏,固定注水系统失效或未设置固定注水系统,利用半固定注水系统注水止漏

三、注意事项

事故处置过程中,在做好个人安全防护的同时,重点做好防火、防爆、防毒、防灼伤、防冻伤的"五防"工作,应提前做好紧急避险、紧急撤离准备。

(1) 要全面掌握灾情信息,着重核实罐区内储存介质情况。由于企业管理不规范等因素制约,罐区有可能存在储存介质与标识不相符的情况,给现场的灭火作战埋下较大安全隐患。当灾情特征与企业提供信息不相符时,要利用 DCS 系统等手段反复核实。

(2) 要全面了解企业本质安全条件。有的企业可能存在本质安全条件不足的情况,如该制冷的储罐不制冷,该保温的储罐不保温,该设置火炬放空系统的不设置,现场处置时,要在全面侦查和核实的基础上,制定有针对性的措施,并注重对突发情况的监控。

(3) 部署力量时,要摒弃"冷却相邻罐"的惯性思维,应根据储罐本质安全条件、灾害类型、储罐液位、储存介质、储罐类型、可控程度等进行综合研判,找准火场最大、最难、最不利风险点,科学部署处置力量。

(4) 罐区火灾情况复杂,单个储罐发生火灾,至少要考虑罐组内其他储罐的冷却和灭火。要根据不同罐型、储存方式、储存介质、本质安全条件等制定相应的战术措施。

(5) 处置时要特别注意关闭事故罐区、事故厂区雨排,注意厂区事故污染水池容量,严防危险化学品入海、江、河、地下水,对水体和下游带来严重污染,防止发生环境污染次生灾害事故。长时间作战易使事故水池溢满,现场应考虑循环消防用水或是在空阔地带开新的水池等应急措施来储存废水。

本章小结

本章介绍了石化仓储企业及化工生产企业罐区的相关基础知识,分析了罐区的特点及火灾危险性,是对第三章至第六章知识的综合理解和应用,总结归纳如下。

(1) 石油库包括企业附属石油库和石油储备库,储存有各类易燃的油品外,还储存有毒、有腐蚀性的各类危险化学品。

(2) 石油库及化工液体储罐区常见事故形式包括泄漏、燃烧、爆炸中毒等;常见火灾形式包括管线阀门及软管交换站泄漏燃烧爆炸、储罐及罐组燃烧爆炸、流淌火、池火等。

(3) 石油库及化工液体储罐区火灾特点:本质条件各异,多种介质并存,火场情况复杂;储罐类型多样,火灾形式各异;罐组相互关联,易引发连锁反应。

(4) 石油库、化工液体仓储储罐区火灾处置要遵守的战术理念是:集中使用力量,合理部署兵力；先控制后消灭，分布有序实施；冷却降温，预防爆炸；消除残火，防止复燃。

（5）石油库、化工液体仓储罐区火灾处置的措施包括：侦察研判、标注辨识、方案制定、工艺控制、消防处置。

（6）事故处置过程中，在做好个人安全防护的同时，重点做好防火、防爆、防毒、防灼伤、防冻伤的"五防"工作，并提前做好紧急避险、紧急撤离准备。

思考题

1.石油库包括哪几种类型？

2.化工液体库仓储企业由哪几部分构成？

3.化工液体库仓储企业及化工企业罐区的各自特点是什么？

4.化工液体库仓储企业及化工企业罐区的火灾特点和形式是什么？

5.简述石油库、化工液体仓储罐区火灾处置程序与对策。

第八章

液化天然气接收站事故灭火救援

液化天然气的英文缩写为 LNG（Liquefied Natural Gas），液化天然气接收站也简称为 LNG 接收站。随着能源危机的到来，天然气作为清洁能源越来越受到青睐，在能源供应中的比例迅速增加，正以每年约 12％ 的高速增长，成为全球增长最迅猛的能源行业之一，全球生产贸易日趋活跃，正成为世界油气工业新热点，是石油之后下一个全球争夺的热门能源商品。

近年来，随着我国石油资源的进一步枯竭，加之世界能源的持续紧缺，我国也相应对能源战略进行调整：一是大力兴建国储库，尽可能多的储备原油，把原油的储备周期拉长；二是提出充分利用天然气的战略，以保障能源的百年持续可利用，持续可发展。目前，我国内陆天然气的主要产地在新疆、青海、陕西、内蒙古、四川等地，已建成投产的 LNG 接收站都分布在沿海地带，如江苏南通、河北唐山、辽宁大连、福建莆田湄州湾、广西、上海、广东等。利用 16 万吨、20 万吨的海轮从世界液化天然气主要输出国（如南非）通过海上运输，到达 LNG 接收站。随着沿海 LNG 接收站、内陆和海上 LNG 生产装置进一步加速建设建成，LNG 在我国能源结构中的比例不断增加、应用日趋广泛，LNG 接收站的灭火救援工作将是消防部队研究的新课题和难点。

本章系统介绍了 LNG 接收站的主要设备、工艺流程、固定消防设施等内容，通过学习其事故形式和防控理念，掌握相应的灭火救援措施及注意事项。

第一节　液化天然气接收站

学习目标

1. 掌握液化天然气的理化性质。
2. 了解液化天然气的产业链、接收站功能区划分和接收站主要设备。
3. 掌握液化天然气接收站的简要工艺流程和固定消防设施。

一、液化天然气理化性质

天然气是产生于油气田的一种无色无味的可燃气体。其主要组分是甲烷（CH_4），大约占 80％～99％，其次还含有乙烷、丙烷、总丁烷、总戊烷、二氧化碳、一氧化碳、硫化氢、硫和水分等。在常温下，不能通过加压将其液化，而是经过预处理，脱除重烃、硫化物、二氧化碳和水等杂质后，深冷到－162℃，实现液化。天然气的物理性质见表 8-1-1。

表 8-1-1　天然气的物理性质

气体相对密度	沸点(常压下)/℃	液体密度/(g/L) (沸点下)	颜色
0.60～0.70	－162	430～460	无色透明

气态的 LNG 比空气轻，液体密度取决于 LNG 的组分，从不同气田开采的 LNG 组分也不相同。

（一）LNG 的性质

（1）温度低。在大气压力下，LNG 沸点在－162℃左右。

（2）液态的密度远远大于气态密度。1 体积液化天然气的密度大约是 1 体积气态天然气的 625 倍，即 1 体积 LNG 大致转化为约 625 体积的气体。

（3）易燃易爆。其爆炸极限范围为 5%～15%（体积），大气压条件下，纯甲烷的平均自燃温度为 650℃，以甲烷为主要成分的天然气自燃温度也在 650℃左右，其自燃点随着组分的变化而变化。表面温度高于 650℃的物体都可以点燃天然气与空气的混合物，衣服上产生的静电能量足以导致天然气起火。

（4）低温窒息。液化天然气温度较低，人体接触后会造成冻伤。LNG 在常温条件下迅速气化，蒸气无毒，吸入人体会引起缺氧窒息，当吸入天然气的体积分数达到 50% 以上，会对人体产生永久性伤害。

（5）泄漏特性。LNG 泄漏到地面，起初迅速蒸发，当热量平衡后便降到某一固定的蒸发速度。当 LNG 泄漏到水中会产生强烈的对流传热，在一定的面积内蒸发速度保持不变，随着 LNG 流动泄漏面积逐渐增大，直到气体蒸发量等于漏出液体所能产生的气体量为止。泄漏的 LNG 以喷射形式进入大气，同时进行膨胀和蒸发，与空气进行剧烈的混合，可能发生沸腾液体扩展为蒸气爆炸（BLEVE）。

（6）蒸发特性。LNG 作为沸腾液体储存在绝热储罐中，外界任何传入的热量都会引起一定量液体蒸发成气体，这就是蒸发气（BOG）。由于压力、温度变化引起的 LNG 蒸发产生的蒸发气处理是液化天然气储存运输中经常遇到的问题。

（7）快速相态转变（RPT）。两种温差极大的液体接触，若热液体温度比冷液体温度沸点温度高 1.1 倍，则冷液体温度上升极快，表层温度超过自发成核温度（液体中出现气泡），此过程冷液体能在极短时间内通过复杂的链式反应机理以爆炸速度产生大量蒸气，可能发生 BLEVE，这就是 LNG 或液氮与水接触时出现的 RPT 现象的原因。

（二）LNG 的储存特性

（1）分层。LNG 是多组分混合物，因温度和组分的变化引起密度变化，液体密度的差异使储罐内的 LNG 发生分层。另一方面，新充注的 LNG 与原有的 LNG 自动分层。

（2）翻滚。若 LNG 已经分层，密度较小的 LNG 位于上层，密度较大的 LNG 位于下层，则上下层会形成独立的对流运动。在底部漏热的影响下，底部吸热并通过与上层之间的液-液界面传给上部，上部液体温度升高较慢，而下层液体的温度升高较快，导致上下层密度差减小。一定条件下，下层强烈的热对流循环促使分层界面被打破，上下层发生掺混，密度趋于相等，原处于过饱和状态的下层 LNG 大量蒸发，储罐内将出现翻滚现象。

二、液化天然气产业链概述

液化天然气是从生产、储存到运输的一条产业链。根据上游开采模式的不同，目前共有陆地岸上生产和海洋钻探平台生产两种模式。

（一）陆地岸上生产

在气源或气田附近建立 LNG 生产装置，天然气经净化、脱硫、除杂质、深冷液化等工艺，以液化天然气形式装载到 LNG 低温罐车，输送到气化站 LNG 储罐卸载，LNG 经气化器气化后再以天然气形式通过管道输送到居民生活区提供燃料。其流程图如图 8-1-1 所示。

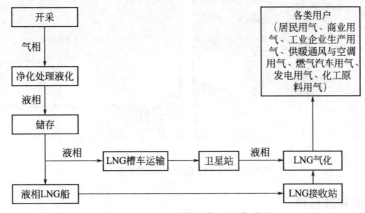

图 8-1-1　LNG 陆地岸上生产流程

（二）海洋钻探平台生产

钻探完以后直接开采天然气液化到海下储罐进行储存，LNG 船进行运输。LNG 船到达接收站后，接收站进行配热，一部分液化一部气化，气化后利用管道进行输送，液化后的 LNG 则利用槽车进行运输。

（三）LNG 接收站在产业链中的环节

液化天然气接收站是 LNG 产业链中的重要环节。LNG 接收站既是远洋运输液化天然气的终端，又是陆上天然气供应的气源，处于液化天然气产业链中的关键部位。LNG 接收站实际上是天然气的液态运输与气态管道输送的交接点，在接收、储存 LNG 的同时，应具有适应区域供气系统要求的液化天然气气化供气能力。此外，接收站应为区域稳定供气提供一定的调峰能力，还为国家天然气战略储备提供保障，保证天然气储备周期为 17～110 天不等。

三、液化天然气接收站功能区域的划分

典型的 LNG 接收站主要包括：码头单元、储存单元（储罐）、蒸发气处理单元、气化输送单元、槽车灌装单元、火炬单元、辅助区等，各单元既相对独立，又紧密联系。LNG 接收站功能区划分如图 8-1-2 所示，某 LNG 接收站俯视全景见图 8-1-3（见书后彩页）。

四、液化天然气接收站主要设备

LNG 接收站主要设备有：LNG 船和卸料臂、LNG 输出泵、气化器、BOG 压缩机及蒸发气再冷凝器。

(a) BOG压缩机厂房

(b) 槽车灌装区

(c) 气化区

(d) 储存区

图 8-1-2　LNG 接收站功能区划分

（一）LNG 船和卸料臂

LNG 船是运输-162℃液化天然气的专用船舶。卸料臂是安装在码头上的用于卸料的铰接管道系统，它们是通过储罐内部潜液泵提供动力将船上的 LNG 安全输送到储罐内的运输系统，如图 8-1-4 所示。

图 8-1-4　LNG 码头卸料臂

（二）LNG 输出泵

LNG 输出泵包括低压输出泵和高压输出泵两种。

1. 低压输出泵

LNG 低压输出泵是将 LNG 从储罐内抽出并送到下游的装置。LNG 低压输送泵为潜液泵，安装在储罐底部的泵井中，具有耐低温、耐高压、防腐蚀的特点。每座 LNG 储罐中均设有 3～4 个泵井。它们以恒定的转速运行，以防止速度变化太快引起罐内发生翻滚和分层。再冷凝器进料管道口的流量调节阀、再冷凝器旁路上的压力控制阀以及消费的需求决定了低压泵的工艺流程流量。为了使各低压泵工作在相同流量并且能够紧急切断，低压泵的出口管道安装了自动切断阀门。为了防止管内出现分层翻滚等危险现象，低压泵的出口管上也安装了流量调节阀来保证 LNG 的安全泵出。

2. 高压输出泵

高压输出泵是 LNG 的加压设备，将 LNG 升压达到工艺要求的流量和压力后输送到气化器。高压输出泵采用的是立式离心泵，安装在专用的泵罐内。高压输出泵按照安全工艺规范的规定以恒定转速运行来保证罐内液体稳定。流量调节阀用来控制高压泵的流量。高压输出泵通过专有的管道，将产生的多余 BOG 输送到再冷凝器。在高压输出泵出口管上同样设有最小流量调节阀，以保护泵的安全运行。

（三）气化器

工程中一般选用两种类型气化器，开架式海水气化器（ORV）和浸没燃烧式气化器（SCV）。ORV 使用海水作为气化 LNG 的热媒，SCV 则以燃烧天然气气化 LNG 作为热媒。

1. 开架式气化器（ORV）

开架式气化器简称 ORV，是一种采用海水、河水和工艺热废水为热源来加热 LNG 并使之气化的环境加热式气化器，如图 8-1-5 所示。

图 8-1-5　某 LNG 接收站开架式气化器（ORV）

2. 浸没燃烧式气化器（SCV）

浸没燃烧式气化器简称 SCV，是一种使用燃料气加热 LNG 并使之气化的整体加热式气化器。在燃烧室内部通入燃料气，点燃燃料气使之燃烧通过喷嘴加热介质水，使水的温度控制在 15～50℃之间，LNG 通过浸在水中的盘管，与水热接触使得 LNG 升温气化。浸没燃烧式气化器操作相对灵活，能够应对紧急情况和负载高峰等事件。

（四）BOG 压缩机

由于低温液化天然气储罐受外界环境热量的入侵，LNG 罐内液下泵运行时部分机械能转化为热能，这都会使罐内 LNG 气化产生闪蒸气，简称 BOG（Boil Off Gas）。

BOG 压缩机是用来维持罐内压力、防止罐内液体翻滚以及气体液面间出现摩擦的关键设备。由 LNG 自蒸发及管道内部摩擦产生的循环 BOG 蒸发气，通过 BOG 蒸发气管网进入到调温器降温后，经过 BOG 压缩机的入口阀，在 BOG 压缩机中压缩到特定的压力后通过出口的压力阀输送到下游的再冷凝器，经过再冷凝器的作用后重新生成 LNG，一部分通过管网回到 LNG 储罐中，一部分经高压泵输送到计量站外输，多余部分至火炬焚烧进行处理。BOG 压缩机见图 8-1-6。

(a) 高压BOG压缩机

(b) 低压BOG压缩机

图 8-1-6　BOG 压缩机

(五) 蒸发气再冷凝器

再冷凝器一般设置在高压输出泵前，通过液态LNG 与 BOG 的热交换使得 BOG 重新生成液态LNG，同时也起到了高压输出泵的缓冲罐功能，防止从储罐输送过冷的 LNG。从 LNG 储罐输出的BOG 一部分根据冷凝蒸发气所需量进入再冷凝器，剩余部分通过再冷凝器旁路直接送至高压输出泵。BOG 再冷凝器见图 8-1-7。

图 8-1-7　BOG 再冷凝器

五、液化天然气接收站主要工艺流程

LNG 接收站的工艺方案分为直接输出式和再冷凝式两种，两种工艺方案的主要区别在于对储罐蒸发气 (BOG) 的处理方式不同。直接输出式是利用压缩机将 LNG 储罐的蒸发气压缩增压至低压用户所需压力后与低压气化器出来的气体混合外输；再冷凝式是将储罐内的蒸发气经压缩机增压后，进入再冷凝器，与由 LNG 储罐泵出的 LNG 进行冷量交换，使蒸发气在再冷凝器中液化，再经高压泵增压后进入高压气化器进行气化外输。再冷凝工艺可以利用 LNG 的冷量，减少蒸发气体压缩功的消耗，从而节省能量，比直接输出工艺更加先进、合理。

LNG 专用船抵达接收站专用码头后，通过液相卸船臂和卸船管线，借助船上卸料泵将LNG 送进接收站的储罐内。在卸船期间，由于热量的传入和物理位移，储罐内将会产生蒸发气。这些蒸发气一部分经气相返回臂和返回管线返回 LNG 船的料舱，以平衡料舱内压力并作为 LNG 外输动力；另一部分通过 BOG 压缩机升压进入再冷凝器冷凝后，与外输的LNG 一起经高压输出泵送入气化器。利用气化器使 LNG 气化成气态天然气，经调压、计量后送进输气管网。LNG 接收站工艺流程如图 8-1-8 所示。

接收站的工艺系统主要包括 LNG 卸船、低温液体输送、LNG 储存、BOG 处理、LNG气化/外输、火炬放空系统。

(一) LNG 卸船流程

LNG 运输船在引航船的引领下驶入港口，在海上驳轮的辅助下靠泊到 LNG 码头。卸船臂与 LNG 船连接。LNG 通过卸船总管进入 LNG 储罐，为防止卸船时船舱内因液位下降形成负压，罐内的蒸发气体经过气相返回管线和气相返回臂返回到船舱，以维持船舱压力平衡。

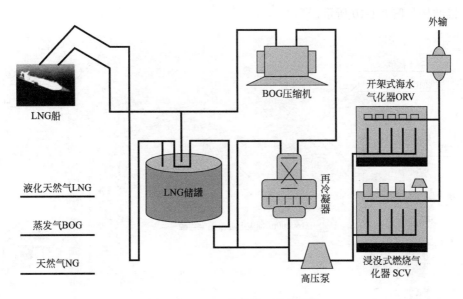

图 8-1-8　LNG 接收站工艺流程图

（二）LNG 储存系统

从船舶卸下来的 LNG 输送至 LNG 储罐储存，一般容积 160000m³。LNG 储罐属于低温储罐，有单容式、双容式、全容式，LNG 接收站采用全容式。其外层用钢壳，内层用含镍 9% 的钢板，内外层之间有环空间，充填珍珠岩绝热层并内充 N_2。罐底基础有承受载荷的绝热层，为防止冻坏基础，在基础下面有加热装置来保持一定的温度。此外 LNG 储罐还有薄膜式、地下式等形式。地下式投资较大，建设周期较长，但抗震性能较好，在日本应用广泛。全容式 LNG 储罐外形如图 8-1-9 所示。

图 8-1-9　全容式 LNG 储罐外形

1—登罐走梯；2—罐顶操作平台；3—进出物料管线

LNG 储存工艺系统由低温储罐、进出口管线、阀门及控制仪表等设备组成。LNG 潜液泵安装在储罐底部，LNG 通过泵井从罐顶排出。为有效控制 LNG 泄漏，所有与罐体连接的管道，包括进料和出料的管线都从罐顶连接。在正常操作条件下，LNG 储罐的压力是通过 BOG 压缩机压缩回收储罐内产生的蒸发气来控制的。在非卸船期间，LNG 储罐的操作压力应维持在低压状态，以便在压力控制系统发生故障时，为储罐操作留有安全的缓冲余量。

LNG 储罐结构如图 8-1-10 所示。

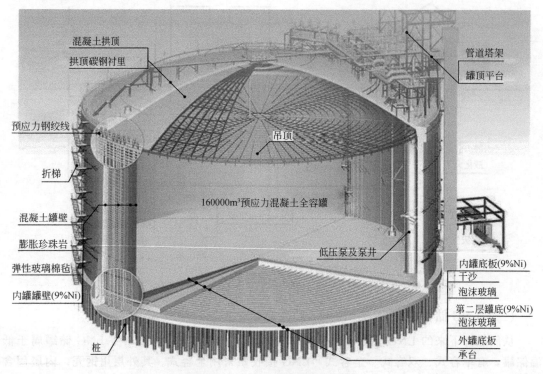

图 8-1-10　LNG 储罐结构示意图

　　为了避免进入储罐的 LNG 发生闪蒸，在卸船操作期间，应升高储罐内压力。操作的高压设定点应考虑大气压可能出现的最低值。罐顶设有气体泄漏探测报警系统、干粉灭火系统、液位、温度、密度连续检测仪器、安全阀等附件，如图 8-1-11 所示。

图 8-1-11　LNG 储罐罐顶平台紧急泄压排放系统

1—干粉灭火系统；2—防负压单向阀；3—罐顶紧急泄压口；4—超压放空单向阀

（三）BOG 处理工艺流程

　　由于 LNG 从周围环境中吸收热量，储罐内不断产生蒸发气，为保持储罐压力，应不断除去，通过 BOG 压缩机将蒸发气不断地从储罐内吸除。

LNG 储罐产生的蒸发气通过蒸发气总管进入 BOG 压缩机进行升压，经压缩机加压后的蒸发气进入再冷凝器与从储罐送出的 LNG 混合后，冷凝成液态 LNG 进入高压泵入口管线经加压气化后外输或返回 LNG 储罐内。如果蒸发气流量高于压缩机或再冷凝器的处理能力，储罐和蒸发气总管的压力将升高，当压力超过压力控制阀的设定值时，过量的蒸发气将排至火炬燃烧。

接收站在无卸船，正常输出状态下，压缩机仅一台工作，足以处理产生的蒸发气；卸船时，蒸发气量是不卸船时的数倍，需要多台压缩机同时工作。

（四）LNG 气化/外输工艺流程

LNG 气化/外输工艺系统包括 LNG 高压外输泵、开架式气化器、浸没燃烧式气化器和计量系统。从再冷凝器中出来的 LNG 经高压外输泵增压后进入气化系统气化，计量后外输至用户。

（五）火炬放空系统

在正常操作工况下，没有蒸发气排放至火炬燃烧，火炬用于处理蒸发气总管超压排放的低压气体。当 LNG 储罐内气相空间超压，BOG 压缩机不能控制且压力超过泄放阀设定值时，罐内多余蒸发气将通过泄放阀进入火炬中燃烧掉。当发生诸如翻滚现象等事故时，大量气体不能及时烧掉，则必须采取放空措施排泄。在火炬的上游低点位置设有火炬分液罐、火炬分液罐加热器，其目的是使排放到分液罐的蒸发气所携带的液体充分分离和气化。为防止空气进入火炬系统，在火炬总管尾端连续通以低流量燃料气或氮气，以维持火炬系统微正压。火炬放空系统分为火炬岛高架火炬和地面封闭式火炬两种形式，见图 8-1-12。

火炬岛高架火炬　　　　　　　　　　　　　　地面封闭式火炬

图 8-1-12　LNG 接收站火炬系统

六、固定消防设施

液化天然气接收站消防设施主要包括消防水系统、高倍数泡沫灭火系统、干粉灭火系统、固定式气体灭火系统、水喷雾系统、水幕系统、灭火器等。LNG 接收站的消防设施要根据不同的灾情、情况、阶段进行使用，其设计原则一是尽量切断气源，控制泄漏；二是对储罐及邻近储罐的设备进行冷却保护，避免设备超压造成更大的灾害；三是将泄漏的 LNG 引至安全地带减低或减缓气化速度，避免灾情扩大。

(一) 固定消防水幕/喷淋/固定水炮系统

1. 水幕分隔系统

装卸码头设有固定水幕分隔保护系统，其主要作用是在 LNG 船卸载过程中如发生泄漏、火灾事故，分隔保护码头及装卸设备，及时将 LNG 事故船拖离码头，如图 8-1-13 所示。

图 8-1-13　装卸码头岸防系统固定分隔水幕

2. 固定喷淋保护系统

(1) 码头登船梯固定喷淋系统。人员需要到船上连接泄漏臂，两次锁扣后，第三次进行密封扣。此时开始加压，如果船发生泄漏会引起人员窒息，此时打开喷淋以保护人员逃生。

(2) 码头通道、输送管廊固定喷淋系统。码头通道固定喷淋系统用于保护人员逃生；输送管廊固定喷淋系统用于保护输送管廊，要根据不同的情况启动。液相管路发生泄漏时，禁止启动固定喷淋系统，否则会加速 LNG 的气化，只有当码头或气相管道发生泄漏火灾时方可开启该系统进行稀释冷却。

(3) 气化器、BOG 压缩机及气相输送管道区固定喷淋系统。气化区、BOG 压缩区、计量站、输送区的 LNG 是气相状态，发生泄漏、火灾事故应及时启动。

(4) LNG 储罐区固定喷淋系统。LNG 储罐登罐梯固定喷淋保护系统用于保护操作人员及时逃生；LNG 储罐罐顶固定喷淋保护系统用于保护储罐的进出料系统、管线。

固定水喷淋系统见图 8-1-14、图 8-1-15 (见书后彩页)。

(a) 码头卸料旋转梯固定水喷淋

(b) 码头通道固定水喷淋

图 8-1-14　固定水喷淋系统 (A)

3. 固定消防水炮

高位炮塔固定遥控消防水炮设置在 LNG 装卸码头的两侧，对 LNG 船体装卸过程异常事故进行保护。地面固定消防水炮设置在气化区、BOG 压缩厂房、输送管道等功能区，便于在泄漏事故稀释分隔和火灾事故设备冷却保护。LNG 接收站固定水炮设置如图 8-1-16 所示。

(a) 装卸码头高位炮塔固定遥控消防水炮　　　(b) 气化区、BOG压缩厂房及输送管线固定式水炮

图 8-1-16　LNG 接收站固定水炮设置

（二）固定干粉灭火系统

装卸码头、LNG 储罐顶部设有固定干粉灭火系统。

装卸码头在 LNG 卸船过程中发生气/液相火灾事故，使用固定干粉炮或干粉枪灭火。

LNG 储罐顶部发生气/液相火灾事故，利用固定干粉灭火系统进行灭火，发生持续超压，除打开火炬管线紧急排放焚烧外，还需打开 LNG 储罐顶部设置紧急放空系统泄压。如泄压流速过快或遇雷电天气，放空管口处易引发燃烧，需远程或手动打开罐顶干粉灭火系统处置放空管口火灾。

LNG 接收站固定干粉灭火系统配置见表 8-1-2。固定干粉灭火系统见图 8-1-17。

表 8-1-2　LNG 接收站固定干粉灭火系统配置表

保护区域	安装位置	配　置
码头操作平台	卸料臂平台两侧	共 2 套，每套包含：干粉罐 1 套（2000kg 干粉）；氮气钢瓶 1 组；远程控制干粉炮 1 台；干粉枪及软管卷盘 2 套
LNG 储罐	LNG 罐顶紧急放空平台	每个储罐 1 套，每套含：干粉罐 2 套（1000kg 干粉），一开一备；氮气钢瓶 1 组；喷头及管网

（三）高倍数泡沫系统

高倍数泡沫系统用于降低 LNG 泄漏物的蒸发速率、减轻泄漏物被点燃而发生火灾时热辐射的影响。高倍数泡沫发生器宜安装在集液池的常年上风向，围绕被保护面进行布置，便于有效释放高倍数泡沫。

LNG 储罐进出管道发生泄漏事故，需紧急关闭事故段上下游阀门，减少或控制泄漏量，已泄漏液体经导流沟引致集液池。为防止集液池泄漏液体快速蒸发形成蒸气云，需启动集液

(a) 码头卸料区固定干粉灭火系统　　　　　(b) 罐顶紧急放空固定干粉灭火系统

图 8-1-17　固定干粉灭火系统

1—干粉炮；2—氮气瓶组；3—干粉枪；4—干粉罐

池固定高倍数泡沫系统，对集液池进行高倍数泡沫覆盖封冻，控制 LNG 蒸发扩散速度，为事故的后续处置创造条件。高倍数泡沫灭火系统见图 8-1-18（见书后彩页）。

　　LNG 接收站的固定消防设施还设有火灾报警系统、连锁控制系统等。表 8-1-3 给出了 LNG 接收站主要功能单元固定消防设施的基本情况。

表 8-1-3　LNG 接收站主要功能单元固定消防设施一览表

功能区	消防设施	设置位置	作　　用
码头区	水幕分隔系统	码头泊位	事故状态下分隔 LNG 船和装卸码头
	固定喷淋保护系统	码头区卸料转梯	保护人员逃生
		码头输送管廊	管廊外延喷淋保护人员逃生
		码头气液收集分离罐	气相泄漏稀释
	高倍数泡沫系统	集液池	控制 LNG 蒸发速率及火灾热辐射的影响
	固定干粉灭火系统	码头卸料区卸料臂平台两侧	码头 LNG 着火时启动灭火
	固定高位水炮	LNG 装卸码头两侧	冷却保护 LNG 船
LNG 储罐	固定喷淋保护系统	储罐登罐梯	发生泄漏时保护登罐人员逃生
		储罐罐顶	发生泄漏时保护登罐人员逃生
		储罐进出料管线	发生火灾时保护进出料管线
	固定干粉灭火系统	储罐罐顶	处置紧急放空管出口火灾
	高倍数泡沫系统	集液池	控制 LNG 蒸发速率及火灾热辐射的影响
气化区 BOG 压缩厂房	固定喷淋保护系统	气化区及输送管线	气相泄漏稀释，火灾事故冷却保护设备
		BOG 压缩机厂房喷淋灭火系统	气相泄漏稀释，火灾事故冷却保护设备
	固定水炮	气化区、BOG 压缩厂房输送管线	气相泄漏稀释，火灾事故冷却保护设备
	高倍数泡沫系统	集液池	控制 LNG 蒸发速率及火灾热辐射的影响
汽车装车区	固定喷淋保护系统	装车站台	气相泄漏稀释，火灾事故冷却保护设备
	高倍数泡沫系统	集液池	控制 LNG 蒸发速率及火灾热辐射的影响

第二节　液化天然气接收站事故形式及防控理念

● 学习目标

1. 掌握 LNG 接收站可能发生的事故类型。

2. 掌握 LNG 接收站的防控理念。

液化天然气接收站事故形式及防控理念是由 LNG 的特殊理化性质决定的。LNG 接收站的事故主要包括泄漏和火灾爆炸两种，防控理念则主要立足于工艺措施进行控制。

一、泄漏事故

管道、阀门长期处于低温、高压状态下运行，工艺运行中对 BOG 处理稍有不慎，都可能导致超压发生泄漏，LNG 泄漏后立即气化，有可能形成蒸气云，导致更大规模的火灾及爆炸。

（一）泄漏部位

LNG 接收站可能发生泄漏的部位如下。

（1）阀门管道处的泄漏，包括 LNG 船上储罐管道及阀门发生泄漏、LNG 储罐罐顶管道及阀门发生的泄漏、接收站及码头上 LNG 或天然气输送管线发生的泄漏及其他管道阀门处发生的泄漏。

（2）LNG 卸船作业过程中发生的泄漏。

（3）低压/高压泵和高压外输设备发生的泄漏。

（二）泄漏的危害性

LNG 泄漏可能对人体产生局部冻伤（如低温冻伤、霜冻伤）、一般冻伤（如体温过低，肺部冻伤）及窒息等危害。一旦发生泄漏，急剧气化成蒸气与空气形成爆炸性混合物，若遇点火源，可能引发火灾及爆炸。若大量泄漏形成蒸气云，则有可能导致更大规模的火灾及爆炸。具体危害性可分为泄漏到地面和泄漏到水中两种情况。

1. 泄漏至地面

液化天然气泄漏后形成的冷气体在初期比周围空气密度大，易形成云层或层流。泄漏的液化天然气的气化量取决于地面、大气的热量供给。刚泄漏时气化率很高，一段时间以后趋近于常数，这时泄漏的液化天然气就会在地面上形成液流，若无围护设施，就会沿地面扩散，易导致人员冻伤、窒息，遇到点火源可能引发火灾、爆炸。

2. 泄漏至海水

LNG 接收站大都建在海边，当大量 LNG 泄漏流进海水中时，LNG 与水相接触，两者温差较大，有极高的热传递速率，LNG 会发生快速相变（RPT），引发激烈沸腾、巨大的响声并喷出水雾，严重时会导致 LNG 蒸气爆炸（BLEVE）。

二、火灾爆炸事故

当 LNG 泄漏气化形成蒸气云扩散到有限空间与空气形成爆炸混合物后，遇火源可能发生爆炸。蒸气云也可能在开放空间内与周围大气混合，一旦遇到点火源则发生大面积的爆炸（无约束蒸气云爆炸 UVCE），产生冲击波，对周围的人员和设施造成损伤或破坏。液化天然气在卸船、储存、输送及气化过程中产生的火灾爆炸事故主要包括：

（1）LNG 大量泄漏到地面或水面上形成液池后，被点燃产生的池火火灾；

（2）LNG 输送设施、管线内 LNG 泄漏时被点燃产生的喷射火灾；

（3）LNG 泄漏后形成的 LNG 蒸气云被点燃产生的闪火；

（4）障碍/密闭空间内（如外输装置区）LNG 蒸气云被点燃产生的蒸气云爆炸事故；

（5）输气管线工艺操作压力最高达 8.0 MPa 且变化较大，因此存在由于过压、疲劳等引起的与压力容器有关的事故。输气管道末端为城市调压站，相比 LNG 接收站属于人员密集区域，一旦发生火灾爆炸事故，后果往往较为严重。因此，火灾爆炸事故危险是 LNG 接收站及相关工程最为突出的危险因素。主要危险源及事故分析见表 8-2-1。

表 8-2-1　主要危险源及事故分析

单元名称	主要泄漏源/危险源	事故类型
码头卸料设施	LNG 卸料臂、气相返回臂及相关管道、集液罐、集液池	喷射火、池火、闪火、蒸气云爆炸
LNG 罐区	LNG 储罐及相关管道、集液池	喷射火、池火、闪火、蒸气云爆炸
工艺处理设施	BOG 压缩机、再冷凝器、外输高压泵、开架式气化器（ORV）及相关管道、集液池	喷射火、池火、闪火、蒸气云爆炸
计量外输设施	流量计、发球筒及相关管道	喷射火、闪火
汽车装车设施	鹤管及相关管道、集液池	喷射火、池火、闪火、蒸气云爆炸

三、防控理念

LNG 常压下沸点 −162℃，这意味着其常温条件下将快速气化，且与常用灭火剂——水接触后会发生剧烈的热传递。LNG 以液态储存，常温常压条件下将不可避免有向着气相转化的趋势，因此，LNG 接收站的工艺核心点是对 LNG 气液两相变化的处理，通过 BOG 处理、火炬放空等措施，防止 LNG 气化过多、过快导致超压发生泄漏或爆炸，保持 LNG 储罐、各种液相、气相管路的压力平衡。

基于上述原因，LNG 接收站的防控理念是要保证其 BOG 工艺的运行，火炬放空能力始终处于气化天然气的产生量之上。因此，灭火救援中要优先保护制冷的工艺设备设施不受泄漏、火灾事故影响，为后续处置创造条件。此外，由于此类事故具有警戒范围广、易爆、低温等特点，灭火救援要实行"小兵团作战"，切实做好警戒、防爆、防冻等方面工作。

第三节　灭火救援措施及注意事项

● 学习目标

1. 掌握 LNG 接收站不同阶段的事故处置方法。

2. 掌握处置 LNG 接收站事故时的注意事项。

LNG 接收站一旦发生事故，波及范围广、冻伤窒息、爆炸等特点突出，在处置时以"小兵团作战"为原则，首先做好初期管控工作：接警后应核实地点、部位、泄漏/燃烧物状态、扩散/燃烧范围、危险程度等要素。行进途中应不间断保持与指挥中心、事故单位通讯联系，掌握灾情动态信息，并根据事故单位地理位置、气象条件及初步掌握情况作出行进路线调整，确定集结点、安全停靠距离（1000m 以上）。到场后，上风向或侧风向行进至集结区，派出侦检组通过询问企业人员、到中控室查看 DCS 系统、现场查验等方法进行初期研判，切忌情况不明，参战力量过于靠近事故区。

一、气液相泄漏处置措施

（一）小范围气/液相泄漏

容器、管线、阀门等设备小范围气相泄漏，上风向或侧风向进入现场，与工艺人员确认后，组织实施扩散区喷雾水稀释驱赶。根据泄漏情况不同，及时启动相应固定消防设施。发泡效果调试合格后，实施液态流淌区高倍数泡沫覆盖。待灾情稳定后，组织人员对泄漏区实施堵漏。

（二）大范围气/液相泄漏

初期到场队伍应拉大事故区与集结点的安全防护距离，如条件不具备不能进入现场行动。主要任务是根据灾情发展态势配合政府组织警戒范围和紧急疏散。

1. 码头容器、LNG 储罐、气化器、输气管线发生较大气相泄漏

以泄压、关阀、放空等工艺措施为主，设置警戒区控制火源；直至达到本质安全操作条件应急处置终止。处置队伍到场使用移动式摇摆水炮稀释扩散气体，严禁直流水冲击扩散气体，严禁对低温储罐、容器、管线等设备喷水。

2. 控制阀门、输送管线、装车站台发生液相泄漏

工艺采取关闭上、下游控制阀门等断料措施，处置队伍使用固定或移动高倍数泡沫覆盖集液池或流淌低温液体，控制 LNG 蒸发扩散范围和速度，为控制火源、设置警戒区、安全疏散、启动相应的应急预案创造条件。严禁对低温设备、结霜部位喷水。

二、火灾处置措施

（一）初期火灾

1. 储罐、容器、气化器、输送管线、装车站台等部位发生气相初期火灾

工艺应采取关阀、放空措施，切断气源措施后可使用干粉灭火器或喷雾水灭火；无法实施气源切断措施，应冷却保护毗邻设备控制灾情，待进一步评估论证后采取相应措施。

2. 控制阀门、输送管线、装车站台发生低温液体泄漏火灾

立即关闭上、下游控制阀门，使用固定或移动高倍数泡沫覆盖集液池或流淌低温液体，控制 LNG 流淌火扩散范围，为控制火势、采取工艺措施创造条件。燃烧范围较大、火势猛烈时，可对毗邻设备实施冷却保护，冷却水应避免流入 LNG 低温流淌区加速低温液体气化。

（二）较大火灾或发生地震、海啸等自然灾害

由于地震、海啸等较大自然灾害导致管线、储罐出现裂缝、开裂，引发 LNG 大面积低温泄漏事故时，立即评估研判事故发展态势，启动相应的应急预案，根据灾情发展趋势和控制能力，相关单位和部门（当地政府、海事、航空、交通、公安、部队、气象、通讯等）预警联动，进一步采取相关疏散、警戒措施，避免重大人员伤亡和财产损失。以接收站为中心，陆地半径按处置区 1km、监控区 3km、警戒区 5km、安全区 10km、海洋区按 10n mile 范围进行划分，不同区域采取不同的防护等级与处置措施，及时疏散警戒区内人员，严控各

种危险源。

三、注意事项

(1) 要特别做好防冻、防爆等工作，处理 LNG 泄漏事故，必须佩戴防护镜、皮质手套、空气呼吸器、防冻服等防护装具；现场情况不明时，参战力量要在上风向安全距离进行集结，待查明情况后再进行处置。正确的个人防护如图 8-3-1 所示（见书后彩页），最右侧为正确的个人防护方法。

(2) 处置过程中严禁踩踏装置区内阀门、低温管线。

(3) 正常操作条件下，低温管线距离 LNG 储罐最近的阀门一般为常开阀门，第二阀门为经常性操作阀门。处置过程中严禁随意关闭管线阀门，特别是两低温阀门中间段管线未设置安全放空阀的，严禁同时关闭两组阀门。

(4) 紧急情况下如采取关阀断料、倒流输转、紧急放空等应急措施，需在工艺人员指导下进行。

(5) 处置 LNG 大面积泄漏、着火事故，严禁使用直流水驱赶泄漏云团或灭火，严禁敲击或喷淋冷冻部位。

(6) 火灾扑救尽可能使用高倍数泡沫灭火剂。释放高倍数泡沫处置 LNG 液相泄漏事故过程中，应设专人观察高倍数泡沫原液剩余量，避免水流与 LNG 低温液体接触快速气化，发生意外事故。

(7) LNG 接收站不同固定消防设施的设防目的和保护区域不同，要根据灾情类型和发生部位视情启动。

本章小结

液化天然气作为一种清洁、高效环保的新能源，未来将有很大的使用空间。LNG 接收站作为 LNG 产业链中的重要环节，储量较大，火灾风险高。本章对 LNG 接收站的工艺进行了简介，分析了 LNG 接收站的火灾风险性，针对不同灾情提出了处置对策，总结如下。

(1) 液化天然气的理化性质：液化天然气在 −162℃ 进行储存，常温下迅速气化体积扩大 625 倍。天然气易燃易爆，其爆炸极限范围为 5%～15%；液化天然气温度较低，人体接触后会造成冻伤。LNG 在常温条件下迅速气化，蒸气无毒，吸入人体会引起缺氧窒息；LNG 在一定条件下可能发生快速相态转变（RPT），如沸腾液体扩展为蒸气爆炸（BLEVE）。

(2) 液化天然气接收站是 LNG 产业链中的重要环节。LNG 接收站既是远洋运输液化天然气的终端，又是陆上天然气供应的气源，处于液化天然气产业链中的关键部位。

(3) LNG 接收站主要设备有：LNG 船和卸料臂、LNG 储罐、LNG 输出泵、气化器、BOG 压缩机及蒸发气再冷凝器。

(4) LNG 接收站的工艺系统主要包括：LNG 卸船、低温液体输送、LNG 储存、BOG 处理、LNG 气化/外输、火炬放空系统。

(5) 液化天然气接收站消防设施主要包括：消防水系统、高倍数泡沫灭火系统、干粉灭火系统、固定式气体灭火系统、水喷雾系统、水幕系统、灭火器等。

(6) LNG 接收站事故主要包括泄漏和火灾爆炸两种，其防控理念为主要立足于工艺措施进行控制。

（7）事故处置措施要根据事故类型采取相应的处置措施：

LNG接收站的物料相对单一，其本质安全是对BOG（蒸发气）的工艺控制处理，保持各个管道、设备及储罐的压力平衡。因此，当LNG接收站发生事故时，要着重保护BOG压缩机与再冷凝器，防止出现超压使事态进一步扩大。

事故处置时特别要注意：

LNG接收站不同固定消防设施的设防目的和保护区域不同，要根据灾情类型和发生部位视情启动；处置LNG事故时，要特别做好防冻、防爆等工作；现场情况不明时，参战力量要在安全距离进行集结，待查明情况后再进行处置；根据事故等级和可控程度，分别确定陆地、海洋、航空等警戒区、疏散区、处置区及工作区范围，预警联动相关单位和部门。

思考题

1. LNG是什么？其主要的理化性质是什么？有什么生产模式？

2. 按拦蓄方式，LNG的储罐类型有哪些？如何从外观进行辨识？

3. 简述LNG接收站的工艺流程。

4. 当发生液相泄漏时，应不应该启动固定喷淋水系统，为什么？

5. 处置LNG接收站事故时，有哪些注意事项？

6. 请简述LNG接收站高倍数泡沫系统的作用。

7. 如何从火炬情况，对LNG接收站险情进行初期判断？

第九章

道路运输罐车交通事故灭火救援

近年来，随着石油化工产业的迅猛发展，化工原料和产品运输需求旺盛。道路运输以其机动灵活、方便经济的特点，在危险化学品运输中占有极其重要的地位，特别是危化品从生产、储存向消费领域转移时，以车辆道路交通运输为主。据有关部门的统计数据显示，我国通过车辆道路交通运输的危险化学品在 2 亿吨左右，相关运输车辆超过 12 万辆，规模庞大。

道路运输过程中，由于运输车辆处于移动状态，受热、振动、追尾、碰撞、摩擦、坠落等不安全因素以及道路交通事故容易导致车辆盛装容器和相关辅助设施发生断裂、击穿、破裂、损坏，引发运输危险化学品的泄漏、燃烧、爆炸险情。本章在介绍相关知识的基础上，较为系统地阐述了 LPG、LNG、CNG 罐车的结构、针对每种罐车可能出现的灾情和事故特点，归纳总结了相应的火火救援措施。

第一节　道路运输罐车

● 学习目标

1. 了解道路运输罐车的基本分类。
2. 熟悉我国危险化学品道路运输的相关管理和规定。

道路运输罐车类型繁杂、数量巨大，约占货车总数的 18％，其运输介质种类众多，属性复杂。了解罐车的基本分类、运输管理等基础知识，有助于处置人员对道路运输罐车全面、深入地了解，为科学处置提供重要支撑。

一、道路运输罐车分类

罐车是指车体呈罐形的运输车辆。按运输方式，罐车可以分为铁路运输罐车和道路运输罐车两大类。道路运输罐车主要用于装运各种液体、液化气体和粉末状固体，包括汽油、原油、各种黏油、植物油、酒精、各种酸碱类液体、液氨、石油液化气、液化天然气、压缩天然气、水泥、氧化铅粉等。按运输的危险化学品介质理化性质，道路运输罐车可分为储罐车、液罐车、气罐车、粉罐车等。按拖挂方式，可分为拖挂式和半挂式。

（一）按运输介质分

1. 储罐车

一般用于装运汽油、煤油、柴油等成品油，不可以装运其他的任何介质。常见的汽油、柴油加油车和运油车均属于储罐车的范畴。运输汽油的储罐车如图9-1-1所示。

图9-1-1　运输汽油的储罐车

2. 液罐车

根据装载、运输液体理化性质不同，液罐车分为三类。

一是主要用于装载、运输第三类易燃危险化学品液体的罐车。常见的运输介质有酒精、乙二醇等醇类、苯类等易燃化工。这类罐车不允许设车载加油机，也不能装载任何柴油、汽油。

二是主要用于装载、运输第八类腐蚀危险化学品液体的罐车。常见的运输介质有硫酸、盐酸、氢氧化钠、油漆原液、甲醛等强酸强碱性液体。这类罐车的罐体通常进行防腐处理，并配有专用的化工泵。运输盐酸的液罐车如图9-1-2所示。

三是主要用于装载、运输一般化工液体的罐车。常见的运输介质有润滑油、食用油、石蜡、洗井液、供井液等普货液体。此类罐车装载运输介质不属于危险品，危险性较小。

图9-1-2　运输盐酸的液罐车

3. 气罐车

根据装载、运输气体状态不同，气罐车分为两类。

一是主要用于装载、运输第二类液化气体危险化学品的罐车。常见的运输介质有甲烷、丙烷、液化石油气（LPG）、液化天然气（LNG）液体等。这类罐车也不能装载任何柴油、汽油。罐体一般为不锈钢材质，分为常温罐车和低温罐车两种。

二是主要用于装载、运输第二类压缩气体危险化学品的罐车。常见的运输介质有压缩天然气（CNG）等。这类罐车罐体一般具备耐高压功能。

4. 粉罐车

粉罐车全称粉粒物料运输车。主要用于装载、运输粉煤灰、水泥、石灰粉、颗粒碱等直径不大于 0.1mm 粉粒干燥物料的散装运输。此类罐车一般危险性较小。

从罐车的压力设计来看，储罐车、液罐车和粉罐车都属于常压罐车，气罐车则属于压力容器。从装运介质看，粉罐车危险性小，储罐车装运汽油、柴油较为常见；液罐车装运液态危险化学品，气罐车装运压缩气体、高压液化气体及冷冻液化气体，危险性较大。

（二）按拖挂方式分

罐车的拖挂方式有固定式及半挂式两种。固定式是指与罐体走行装置或者框架采用永久性连接组成的运输车。半挂式是指罐体通过牵引销与半挂车头相连接的罐车。发生事故时，当考虑要起吊事故车辆时，要根据罐车的拖挂方式选择相应的方法。此外，固定式和半挂式LPG 罐车的紧急切断阀安装形式、操作方式也有所不同。图 9-1-3 为固定式和半挂式货车的实物图。

图 9-1-3　固定式和半挂式货车实物图

二、危险化学品道路运输管理

我国对危险化学品道路运输有着严格的管理规定，《安全生产法》、《道路交通安全法》、《道路运输条例》、《危险化学品安全管理条例》、《道路危险货物运输管理规定》等法律法规对危险化学品货物的运输有具体的规定和要求。消防部队掌握相关管理规定，在事故处置过程中，保持与职能部门联动协同，可快速、有效获取事故罐车装运介质、理化性质、生产使用企业、装运数量、运输路线等重要信息。

（一）主管部门和职责

我国对危险化学品道路运输负有安全监督管理责任的部门主要有安全生产监督管理、交通运输、公安机关、工业和信息化、工商行政管理、质量监督检验检疫等部门。

上述部门主要负责：组织确定、公布、调整危险化学品目录，组织建立危险化学品安全管理信息系统；开展危险化学品运输车辆的登记、道路交通安全管理，划定危险化学品运输车辆限制通行区域；负责核发危险化学品道路运输企业及其从业人员、运输车辆装备、包装物、容器的生产、经营、使用、从业资格许可，核发危险化学品生产、储存、经营、运输企业营业执照；负责危险化学品生产、使用、经营、运输过程的监督管理以及违法行为的查处。

（二）运输人员规定和要求

法律法规对从事危险化学品运输人员有严格的从业要求，应通过专门的培训，并经过交通运输主管部门的考核方可持证上岗，对所承运的危险化学品理化性质、装运量、危害特性、基本处置方法要求有一定的了解和掌握。

在危险化学品运输过程中，除驾驶员外还配备押运人员，确保危险货物处于押运人员监管之下。驾驶人员或者押运人员在运输过程中，随车携带从业资格证、道路运输证、道路运输危险货物安全卡等，证件上可查明允许运输的危险货物类别、项别或者品名等信息。危险货物托运人托运危险化学品的，还应当提交与托运的危险化学品完全一致的安全技术说明书和安全标签。在处置过程中，要尽可能第一时间询问运输员、押运员等第一责任人，筛选正确有效信息，为后期的处置提供支撑。

（三）运输车辆规定和要求

从事危险化学品道路运输的专用车辆应符合国家标准要求的安全技术条件，并在相关职能部门有详细备案，备案信息包括：车辆类型、技术等级、总质量、核定载质量、车轴数以及车辆外廓尺寸；通讯工具和卫星定位装置配备情况；罐式专用车辆的罐体容积；罐式专用车辆罐体载货后的总质量与车辆核定载质量相匹配情况；运输剧毒化学品、爆炸品、易制爆危险化学品的专用车辆核定载质量；压力容器检验期限等有关情况。

专用车辆按照国家法律、法规的规定，根据车辆用途、载客载货数量、使用年限等不同情况，定期进行安全技术检验。载货汽车10年以内每年进行1次安全技术检验，超过10年的，每6个月检验1次。

专用车辆按照国家标准《道路运输危险货物车辆标志》的要求悬挂标志，对装运介质名称、数量、危害特性、处置措施等有明显标识。

处置运输罐车事故时，要根据上述知识了解罐体使用年限、危化品标识等情况，根据上述知识对罐体进行初步研判。需要特别指出的是，尽管我国从法律、制度、监管上都对危化品运输罐车实行严格的监管监控，但在实际操作过程中，运输罐车不按设计、不按要求，超负荷运载、不按标识装运等情况时有发生，在实际处置过程中，既要第一时间通过观察、询问掌握第一手信息，更要进一步核实、研判，切忌情况不明时盲目采取行动。

第二节　LPG、LNG、CNG罐车基础知识

🔵 **学习目标**

1. 熟悉LPG、LNG、CNG理化性质。
2. 掌握LPG、LNG、CNG罐车结构及安全附件。
3. 掌握LPG、LNG、CNG罐车的辨识方法。

随着新能源的不断开发与利用，运输LPG（液化石油气）、LNG（液化天然气）、CNG（压缩天然气）的罐车数量激增。LNG罐车属于低温低压移动容器、LPG罐车属于常温中高压移动容器、CNG罐车属于常温中高压移动容器。相比于其他罐车，这三类罐车火灾危险性较大、结构复杂，一旦发生事故，极易发生泄漏、火灾爆炸事故，给人民群众生命财产、道路交通安全带来严重的威胁与损失，对消防部队专业化处置要求较高，是消防部队必须面对的新问题、新挑战。因此，消防部队有必要全面加强对LPG、LNG、CNG道路罐车储运介质性质、结构特征、安全附件知识的掌握，提高事故应对能力。

一、理化性质

LPG、LNG、CNG属液化气体和压缩气体。是指经过液化、压缩或加压溶解的气体，当受热、撞击或强烈震动时，容器内压力会急剧增大，致使容器破裂爆炸，或导致气瓶阀门

松动泄漏，酿成火灾爆炸事故。

（一）液化石油气理化性质

液化石油气（Liquefied Petroleum Gas，简称 LPG），是一种透明、低毒、有特殊臭味的无色气体或黄棕色油状液体；闪点 -74℃；沸点 -42～0.5℃；引燃温度 426～537℃；爆炸极限 1.5%～9.65%；不溶于水，气化时体积扩大 250～350 倍。液化石油气气态密度较大，约为空气的 1.5～2 倍。

液化石油气有低毒，中毒症状主要表现为头晕、头痛、呼吸急促、兴奋、嗜睡、恶心、呕吐、脉缓等，严重时会出现昏迷甚至窒息死亡。直接接触液化石油气会造成冻伤，对人体有麻醉作用和刺激作用。

液化石油气的主要成分是 C_3、C_4，主要包括丙烷、正丁烷、异丁烷、丙烯、1-丁烯、异丁烯、顺 2-丁烯、反 2-丁烯 8 种。液化石油气汽车罐车的介质充装比通常为 60% 丁烷、30% 丙烷和 10% 的烯烃、炔烃类碳三、碳四，不同厂家的产品，或同一厂家不同批次的产品，各种烷烃、烯烃的含量会在此基础上有所差异。

需要特别注意的是，装载丁二烯的运输车辆不能轻易采取倒罐法处置。丁二烯在常温下能与氧气反应，在金属铁离子的催化作用下，生成过氧化物聚合物，这是一种极不稳定的物质，它在外界的撞击力、摩擦、冲击、热刺激等作用下容易发生爆炸。装载有丁二烯的 LPG 罐车一般会在罐体上进行特别标识。

（二）压缩天然气理化性质

压缩天然气（Compressed Natural Gas，简称 CNG）指压缩到压力大于或等于 10MPa 且不大于 25MPa 的气态天然气，是天然气加压并以气态储存在容器中，它与管道天然气的组分相同，主要成分为甲烷（CH_4）。CNG 可作为车辆燃料使用。是一种无色无味的气体，在低温高压下可变成液体，临界温度为 -82.11℃，临界压力为 4.64MPa；爆炸下限 5%，爆炸上限 15%，CNG 不溶于水，比空气轻，气态密度常态下约为空气的 0.5548 倍。

压缩天然气无色、无味、无毒且无腐蚀性，其主要危险性在于易燃易爆的特性，此外，CNG 还具有沸腾与翻滚、麻醉、窒息、高压气体切割等危险。

LNG 相关的理化性质在第八章已有详细论述。

二、LPG、LNG、CNG 罐车结构

LPG、LNG、CNG 罐车因储存介质不同，其结构和安全附件有一定差异。在事故处置过程中，了解三类储罐具体差异细节，熟悉结构及安全附件设计特点，才能确保事故处置过程的安全、科学、高效。

（一）LPG 道路运输罐车结构及安全附件

按照功能来划分，LPG 罐车主要包括底盘、罐体、装卸系统与安全附件四个部分，如图 9-2-1 所示。

1. LPG 罐车外部结构

LPG 罐车是用于道路运输液化石油气的特种车辆，从外部来看主要由罐体、安全阀、检修人孔、液位计、阀门箱及前支座等构成。罐体的设计压力为 1.8～2.2MPa，设计温度为 50℃，目前国内主要使用的液化石油气汽车罐车分为半拖挂式和固定式两种，半拖挂式罐车见图 9-2-2。

图 9-2-1　LPG 罐车结构组成

图 9-2-2　LPG 半拖挂式罐车

1—罐体；2—安全阀；3—液位计；4—阀门箱；5—前支座

2. LPG 罐车内部结构及装卸系统

为保证装卸液化石油气时液相和气相的平衡，罐体内设有液相管线和气相管线，液相管线处于罐体下方，气相管线处于罐体上方。为防止在运输过程中物料对罐壁的冲击和减少车辆转弯产生的离心力，罐体内部安装有防波板进行分隔。罐体后部安装有滑管式液位计。

LPG 罐车内部结构如图 9-2-3 所示。

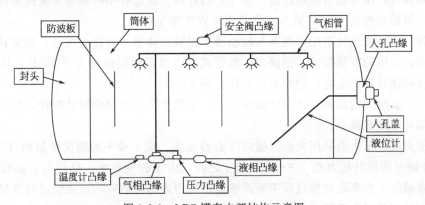

图 9-2-3　LPG 罐车内部结构示意图

装卸系统位于罐体两侧的操作箱内，分为液相进料管线及接口和气相排气管线及接口，液相管线分别设有液相管路控制阀、液相管路紧急切断阀、液相管路泄压阀；气相管线分别设有气相管路控制阀、气相管路紧急切断阀、气相管路泄压阀。在 LPG 装卸过程中管道内都带压操作，LPG 装卸完成后，打开液相管路泄压阀和气相管路泄压阀排空连接管压力，便于拆卸充装连接管。LPG 罐车阀门箱及设备如图 9-2-4 所示（见书后彩页）。

3. 安全附件

安全附件主要有紧急切断阀、消除静电装置、安全泄放装置、液位计、压力表、温度计等，在事故处置过程中各自具有重要作用。

（1）紧急切断阀　紧急切断阀是 LPG 罐车运输设备中重要的安全附件，液相紧急切断阀和气相紧急切断阀安装在罐车底部，分别设置在液相管路和气相管路上，其主要作用是出现意外时，实施液/气相管路紧急切断，阻止液相或气相的泄漏，防止事故发生。紧急切断阀常用的有液压式、机械牵引式两种。LPG 罐车液压式紧急切断阀见图 9-2-5（见书后彩页）。

紧急切断阀安装在罐底部气相、液相进出料阀门之前，固定式罐车一般采用机械牵引式紧急切断阀，机械牵引式紧急切断阀控制拉杆在阀箱和车辆尾部两处设置，用钢丝绳连接，事故状态手动推拉阀门箱或车辆尾部拉杆，即可打开或关闭紧急切断阀。半拖挂式罐车一般采用液压式紧急切断阀，液压式紧急切断阀由紧急切断阀手摇液压泵、液压控制阀、液压管路组成。罐车装卸 LPG 时，连续摇摆手动摇臂给液压泵加压，液压管路传递压力到液压控制阀，将紧急切断阀开启装卸车作业。事故状态时，将手摇液压泵液压转换开关或设在车尾部的液压管路泄压阀开启，液压管路泄压紧急切断阀即关闭。液压控制开关和易熔塞一般安装在车体尾或车体下部，在液压加压泵失效时，也可通过破拆易熔塞使紧急切断阀关闭。易熔塞如图 9-2-6 所示。

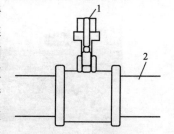

图 9-2-6　易熔塞示意图
1—易熔塞；2—液压油管路

（2）消除静电装置　在装卸作业时，高速运动的石油液化气由于摩擦作用或是汽车在运行过程中，会产生数千伏甚至上万伏的静电电压，如不及时消除，有可能引起火灾或爆炸。消除静电装置是罐车在装运过程中，在罐体、管路、阀门和车辆底盘间设置的导电良好的静电接地装置，该装置严禁用铁链代替。

（3）安全泄放装置　安全泄放装置主要指安全阀与爆破片组合的安全泄放装置。此装置的安全阀与爆破片串联组合并与罐体气相相通，设置在罐体上方。安全阀有凸起式和下凹式两种。在罐体内超压时会自动跳起进行泄压，因此在处置过程中严禁对安全阀进行射水，防止安全阀冻结影响泄压。LPG 罐车安全泄放装置见图 9-2-7。

（4）液位计　液位计是用来观察与控制罐车充装液体量（容积或重量）的装置，一般设于罐车尾部，常用的有螺旋式、浮筒式、滑管式。当罐车倾翻角度大于 30°时，液位计会失灵，即无法根据其判断液位。滑管式液位计见图 9-2-8。

使用时，旋松固定螺帽，逆时针旋转把手，待把手指针自动顺时针旋转，排放口出气相时的指针刻度即罐车液位。

（5）压力表　压力表是用来监测罐内压力的装置。位于罐车的侧操作箱内（图 9-2-4 所示），LPG 罐车的设计压力在 1.6～2.2MPa 之间，由于碰撞翻滚、热辐射、超温等原因可能导致罐体超压，在事故处置过程中要严格监控压力表的度数对相应灾情进行评估，观察压力表过程必须打开紧急切断阀，否则容易导致误判。

图 9-2-7 LPG 罐车安全泄放装置

1—上凸式安全阀；2—滑管式液位计；3—车尾机械式紧急切断阀操作拉杆；

4—检修人孔；5—车体静电接地线带；6—下凹式安全阀

(a) 半拖挂式槽车

(b) 固定式槽车

图 9-2-8 滑管式液位计

(6) 温度计 温度计是用来监测罐内介质温度的装置，位于罐车的侧操作箱内（图 9-2-4 所示）。在事故处置过程中，温度控制有时比压力更加严格，因为液化石油气的体积膨胀系数是同温度水的 10～16 倍，当温度升高到罐体设计安全系数值时，安全阀会频繁跳起，严重者甚至会造成管线、罐体破裂或物理爆炸。观察温度计过程必须打开紧急切断阀，否则容易导致误判。

（二）LNG 道路运输罐车结构及安全附件

1. LNG 罐车罐体及外观结构

（1）罐体 LNG 罐车的罐体通过 U 形副梁固定在汽车底盘上，罐体夹层内为真空粉末绝热卧式夹套容器，罐体为双层结构，由内胆和外壳套合而成。属三类压力容器，设计温度 −196℃。此类罐体材质为低压双层低温钢，所以事故处置过程中的泄压极为重要。LNG 罐车内部结构如图 9-2-9 所示。

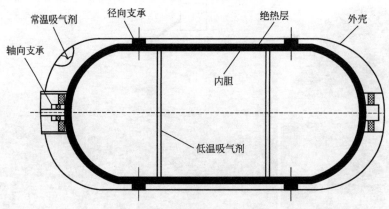

图 9-2-9　LNG 罐车内部结构

（2）外观结构　LNG 罐车由底盘、燃料箱、增压蒸发系统、安全帽、紧急泄压口、操作箱等组成。发动机行车燃料箱分为柴油燃料箱和 LNG 燃料箱两种。安全帽及爆破板是用于泄压的装置。管路控制系统集中布置在尾部后操作箱内。有的 LNG 罐车自带增压蒸发器，一般置于车的后胎前侧，其作用是低温 LNG 液体经蒸发气化后返回罐体内将液相的 LNG 导出。LNG 罐车外观结构见图 9-2-10。

图 9-2-10　LNG 罐车外观结构（未带增压蒸发器）
1—罐体；2—安全帽；3—操作舱；4—LNG 行车燃料箱

2. LNG 罐车管路控制系统

LNG 罐车的管路操作系统集中设置在罐体后部的操作箱内，操作箱内管路阀门较多，主要由充装泄液系统、增压减压系统、安全系统、仪表检测系统、抽真空及测量系统、紧急控制系统等组成。具体操作箱安全附件布置见图 9-2-11（见书后彩页）。

（1）充装泄液系统

① 充装：LNG 罐车充装是低温泵提供动力，根据新充装的 LNG 密度与罐内残留 LNG 的密度选择顶部进料或底部进料（罐体内底部液相管道为 U 形管，保持罐内低温环境与压力平衡），在充装过程中气化产生的气体由气相管道排出。充装时，LNG 由液相接口、底部进液阀、紧急切断阀实施底部充液；也可经顶部进液阀、止回阀从顶部充液，根据 LNG 的

密度来选择顶部进料或底部进出料，防止 LNG 出现自翻滚、分层的现象。

② 泄液：LNG 罐车泄液是利用液态 LNG 易气化的原理，经过增压减压系统产生气体返回罐内产生压差，将物料倒出。泄液系统包括液体泄放和气体泄放。液体泄放由紧急切断阀、底部进液阀、液相接口进行泄液（顶部进液管道安装有止回阀，只能从位置较低的底部管道出料）；气体泄放经紧急切断阀、气体排放阀，最终进入气体回收装置。

（2）增压减压系统　增压过程是 LNG 液体经由紧急切断阀、增压器液相阀、增压器液相接口、外接增压器（或自带增压蒸发系统）、气相接口、气体排放阀、紧急切断阀等附件返回罐车，这个过程是低温 LNG 液体经过增压蒸发系统加热后变成气体回到槽车以达到增加压力的目的，为 LNG 液体的倒料提供动力。增压蒸发系统分为两种：一是在装卸时利用外接设备增压气化；二是 LNG 罐车自带增压蒸发系统。LNG 罐车自带增压器盘管见图 9-2-12。当罐体压力过高需要减压时，可通过气相超压排放阀，排放气体压力。

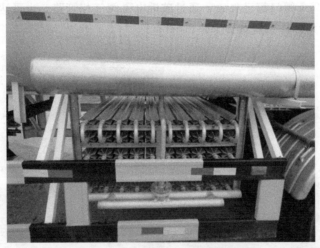

图 9-2-12　LNG 罐车自带增压器盘管

（3）安全系统　安全系统由罐体安全系统、管路安全系统、外壳安全系统组成。

罐体安全系统由组合安全系统阀、安全阀、阻火器、气相超压排放阀等附件构成。该系统与气相管路相连，其作用是在罐体超压时进行释放。正常情况下，安全阀自动起跳进行泄压，全启式安全阀防止一个失效时，另一个能动作，安全系统阀可自由切换控制任一安全阀。阻火器在气体排放时，可防止超压排放过程中气相排放管回火。如罐体内压力持续上升，打开气相超压排放阀进行直排泄压。

罐体外壳设置有安全帽，正常状态下，安全帽由真空吸住，当罐体内胆泄漏引发真空夹层压力升高时，安全帽能自动打开进行泄压。需要特别注意的是，安全帽打开时说明内胆已经发生泄漏，真空保温层遭到破坏，耐低温能力大大下降，极易导致 LNG 在短时间内大量气化泄漏引发蒸气爆炸，处置时要特别注意。

（4）仪表监测系统　仪表监测系统由压力监测和液位监测两部分组成。

压力监测分为后端压力监测和前端压力监测。后端压力监测由压力表、液位计气相阀等附件组成；前端压力监测由压力表阀、压力表等附件组成。罐体压力数值可由压力表直接读出。

液位监测由液位计气相阀、液位计平衡阀、液位计液相阀、液位计等附件组成。液位数值可由液位计直接读出，还可通过液位对照表铭牌换算罐体储存介质容积等。

（5）抽真空及测量系统 抽真空及测量系统由抽真空装置、真空隔离装置、测真空装置等附件组成。

LNG长期使用或罐体出现破坏时，外壳和内胆间的真空度会逐渐散失，使真空层失去隔热保温作用。使用抽真空及测量系统，可通过检测或抽取气体，使夹层处于真空状态。真空夹层是LNG罐车本质安全的根本保障，抽真空及测量系统附件不可轻易破坏、使用，应有专业技术人员实施操作。

（6）紧急控制系统 紧急控制系统是指设在操作箱内由三通电磁阀控制的3个紧急切断阀，在罐体的两侧设有总开关。

紧急切断阀具有气动和手动开、闭的操作功能，且装有易熔塞装置，遇火灾达到一定温度后，易熔塞会融化从而自动关闭紧急切断阀。正常使用过程中，紧急切断阀为常闭阀，只有在充装、泄液时采用气动手动方式打开，遇紧急状况可用电磁阀、罐体两侧的总开关关闭紧急切断。如上述两个阀门都已失效，通过破拆电磁阀气相管路，也可达到关闭紧急切断的目的。LNG罐车紧急控制系统如图9-2-13所示。

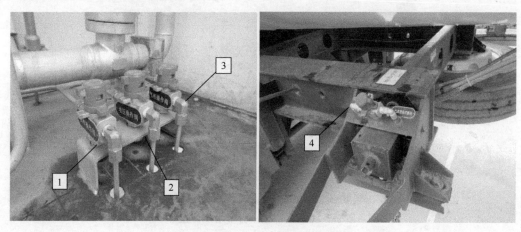

图 9-2-13 LNG罐车紧急控制系统
1—液相紧急电磁切断阀；2—增压管路紧急电磁切断阀；3—气相紧急电磁切断阀；4—气路紧急切断阀（总切断阀）

LNG罐车操作箱内安全附件较多，管路相对复杂，一旦操作错误，会导致灾情规模加大，处置过程中，应有专业技术人员指导。

（三）CNG道路运输罐车结构及安全附件

CNG道路运输罐车分为高压式和中压式两种，这是根据压力容器耐压等级来分，高压式运行压力为20～27.5MPa，中压式运行压力为4～6.4MPa，两者的外形结构也有所差异。

1. CNG高压气体运输车

常见CNG长管拖车有框架式和捆绑式两种，其中框架式长管拖车在我国数量最多，应用最为广泛。两者的区别主要在于对钢瓶的固定方式不同，框架式用框架确保罐车在行驶过程中保持气瓶稳定，捆绑式则主要用捆绑的方式进行固定。CNG高压气体运输车压力一般为20MPa，分别有18、19、23.22、23.8立方水容积，分别可装气4000m³、4500m³、5600m³、6000m³以上。CNG罐车主要由半挂车、框架、大容积无缝钢瓶、前端安全舱、后端操作箱5大部分组成。CNG长管拖车结构见图9-2-14。

(a) 框架式CNG高压气体运输车
1—框架；2—大容积无缝钢瓶；3—后端操作箱

(b) 捆绑式CNG高压气体运输车
1—发动机LNG燃料箱；2—大容积无缝钢瓶；
3—捆绑带；4—后端操作箱

图 9-2-14　CNG 长管拖车结构

（1）燃料系统　高压 CNG 长管拖车的车用燃料分为两种：一种使用柴油作为燃料，另一种使用自带 CNG 作为燃料，自带 CNG 燃料罐也属高压气体储罐，通常包括天然气气瓶、减压调压器、各类阀门和管件、混合器（或者天然气喷射装置）、各类电控装置等，具有泄漏、燃烧、爆炸危险性。

（2）大容积无缝钢瓶　大容积无缝钢瓶为储运设备，是主要承压部件，钢瓶两端分别有1 个出口，连接前端安全舱和后端操作箱。高压 CNG 气瓶是压缩天然气汽车的主要设备之一，气瓶的设置和生产都有严格的标准控制，按材质可以分为四类：第一类气瓶是全金属气瓶，材料是钢或铝；第二类气瓶采用金属内衬，外面用纤维环状缠绕；第三类气瓶采用薄金属内衬，外面用纤维完全缠绕；第四类气瓶完全是由非金属材料制成，如玻璃纤维和碳纤维。

（3）前端安全舱　前端安全舱位于钢瓶组前端，半挂车和车头间部位。前端安全舱依据钢瓶数量对应设置有超压放空管、超压爆破板，当罐车处于超压状态时，可从放空管紧急排放或使压缩气体从爆破板处冲出爆破放散；有的 CNG 罐车前端安全舱设有行车 CNG 燃料罐注气孔，可为行车燃料罐实施充气。CNG 长管拖车前端安全舱见图 9-2-15。

图 9-2-15　CNG 长管拖车前端安全舱
1—超压放空管；2—行车 CNG 燃料罐注气孔；3—超压爆破板

（4）后端操作箱　后端操作箱位于钢瓶组后端（即车尾）。后端操作箱依据钢瓶数量对应设置有超压放空管、超压爆破板、单瓶截止阀、紧急切断阀、超越停车制动连锁、导静电装置、温度计、压力表等附件，并有管道连接，CNG 长管拖车尾部操作箱见图 9-2-16。

① 当罐车处于超压状态时，可从放空管紧急排放或使压缩气体从爆破板处冲出爆破放散。

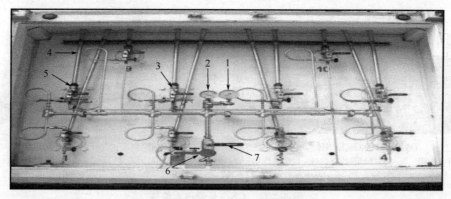

图 9-2-16 CNG 长管拖车尾部操作箱

1—压力表；2—温度计；3—单瓶截止阀；4—超压放空管；5—超压爆破片；6—CNG 充气口；7—紧急切断阀

② 单瓶截止阀主要作用是实现对单个钢瓶的针对性控制，截断事故钢瓶和其余钢瓶的联通；

③ 紧急切断阀设置在充气管道上，紧急状态下，可切断对钢瓶装卸气过程。

④ CNG 装卸气过程中，当后端操作箱处于开启状态时，如不慎造成罐车启动运行，会造成装卸软管等连接部位断裂，造成高压 CNG 气体泄漏。设置超越停车制动连锁与罐车制动系统连锁，可确保操作箱开启状态时，罐车处于制动状态无法行驶，只有关闭舱门后，制动状态解除，罐车方可正常行驶。

⑤ CNG 罐车尾部设置有静电导出装置，可随时导出罐车运行和装卸时产生的静电荷。

⑥ 后端操作箱设置有温度计和压力表，可及时读取相关数据。

需要特别指出的是，在对 CNG 罐车的处置过程中，禁止在长管的前端和后端、燃料箱的封头处长时间站立，防止爆破板突然爆裂造成人员伤亡。

2. CNG 中压气体运输车

目前，市场上 CNG 中压运输车有两种规格，4MPa 压力中压运输车，水容积 56m³，可装气 2200m³；6.4MPa 压力中压运输车，水容积 56m³，可装气 4000m³，配合牵引车头即可向用户配送天然气。用户端设置简单的接气减压撬即可向用户管网供气，适合常规低压燃气使用。操作系统有双阀门箱和双液控式两种。需要指出的是，CNG 中压气体运输车外形与 LPG 罐车相似，都属于单层全压力储罐，LPG 罐车装载介质是液化石油气，主要组分是丙烷和丁烷的混合物；CNG 中压罐车装载介质是压缩天然气，其主要组分是甲烷。两种罐车处置时要注意罐车的辨识和处置方法的确认，LPG 罐车按液化气体处置，CNG 中压罐车按压缩天然气处置。CNG 中压气体运输车见图 9-2-17。

三、LPG、LNG、CNG 罐车辨识

(一) 三类罐车的辨识

在道路运输过程中，LPG、LNG、CNG 罐车在外观形状、储存介质、储罐结构、储存方式等均有差异，对处置技战术措施要求也各有不同，处置过程中，应优先准确辨识，防止误判、错判。LPG、LNG、CNG 罐车基本情况对比如表 9-2-1 所示。

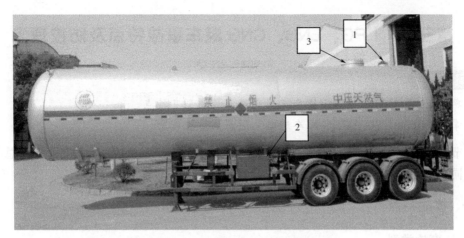

图 9-2-17 CNG 中压气体运输车
1—内置式安全阀；2—阀门箱；3—人孔

表 9-2-1 LPG、LNG、CNG 罐车基本情况对比

罐车 \\ 情况对比	罐装介质	设计压力 /MPa	运行压力 /MPa	外形	结构	操作箱位置
LPG 罐车	液化石油气（丙烷、丁烷混合烃类）	1.6～2.2	0.8	单罐	单层钢罐	罐体中部
LNG 罐车	液化天然气（主要组分为甲烷）	0.8（低压容器）	0.3	单罐	双层真空罐	罐体后部
CNG 高压罐车	压缩天然气（主要组分为甲烷）	20～27.5（高压容器）	10～20	管束组合	无缝钢罐组	罐体后部
CNG 中压罐车	压缩天然气（主要组分为甲烷）	（无标准）	4～6.4	单罐	单层钢罐	罐体中部

（二）LPG、LNG、高压 CNG、中压 CNG 罐车对比

LPG、LNG 罐车物料以液态形式进行储存运输，LPG 罐体属于单层常温压力容器，装载介质为液化石油气，LNG 罐体属于双层低压低温储罐，装载介质为液化天然气。但两种物料在常温下都极易气化。发生事故时，车辆往往有侧翻、翻滚等情况，气液相管路很可能出现"对调"，在利用管路实施泄压、倒料、引流等技战术措施时要综合研判，实际情况实际处理。由于事故使得罐车安全附件失效、钢强度下降等，现场要尤其做好泄压排爆工作，谨防爆炸事故发生。

高压 CNG 与中压 CNG 气体运输罐车，两者均为压缩气态形式储存运输，区别在于一是运行压力不同，高压 CNG 罐车运行压力有 10MPa 和 20MPa 两种，由多个高压集束气瓶组成。中压 CNG 罐车运行压力有 4MPa 和 6.4MPa 两种。二是运输距离不同，高压 CNG 运输距离长，中压 CNG 适用于中短距离运输。需要特别注意的是，中压 CNG 罐车由一个整体罐体组成，外形与液化石油气罐车类似，内罐设上部气相管和下部气相管，下部气相管主要为排渣设计，两种车型的处置方法也不相同。

第三节　LPG、LNG、CNG 罐车事故特点及防控理念

● 学习目标

1.熟悉 LPG、LNG、CNG 罐车道路交通事故类型及特点。

2.掌握 LPG、LNG、CNG 罐车道路交通事故防控理念。

本节在三类罐车结构知识的基础上，对常见的事故类型及事故特点进行了归纳总结，阐述了不同类型罐车的防控理念。

一、事故特点

（一）事故类型

LPG、LNG、CNG 道路运输罐车事故按事故发生形式分为未泄漏、泄漏、着火爆炸三类事故。

1. 未泄漏事故

指罐车受损未泄漏和倾翻受损未泄漏两种事故类型。由于罐体受到损伤，其耐压性能降低，任何偶然因素都可能造成罐体超过设计压力，造成大规模的瞬间泄漏。车体倾翻未泄漏事故见图 9-3-1。

图 9-3-1　车体倾翻未泄漏事故

2. 泄漏事故

指罐车因撞击、擦碰等原因受损泄漏和倾翻、坠落等原因受损泄漏两种事故类型。由于事故罐体发生泄漏，根据泄漏相态不同，与空气形成爆炸蒸气云或蒸气-液滴气云。泄漏事故见图 9-3-2。

3. 泄漏燃烧爆炸事故

指罐车受损、倾翻导致泄漏燃烧、爆炸的事故。常见情况包括：一是由于轮胎起火引发操作箱阀门失效发生泄漏，物料在热辐射的影响下发生燃烧；二是罐体由于受热易发生热失效，沸腾液体迅速蒸发扩散发生蒸气云爆炸，产生火球。发生爆炸时，由于泄漏物动量并未完全损失，因此风力对爆炸影响较小，爆炸的破坏范围主要与载液量有关，通过冲击波和火球对周边人员、建筑造成伤害与破坏。泄漏燃烧爆炸事故见图 9-3-3。

(a) 安全阀受损气相泄漏，罐体结霜 　　　　　(b) 车体倾翻受损，气液相泄漏

图 9-3-2　泄漏事故

图 9-3-3　泄漏燃烧爆炸事故

（二）事故特点

三类罐车作为石化行业的下游运输环节，其事故具有以下特点。

1. 具有高发性

这三类罐车的基数庞大，且随着新能源 LNG 的发展，其数量还在增加，导致此类事故具有高发性。随着我国公路网建设的日趋完善，此类事故的处置是每一个基层消防中队都要面临的问题。

2. 兼具交通事故和危化品事故的特点

三类罐车道路交通事故既是一种特殊的交通事故，也是一种特殊的危化品事故，兼具两者的特点。即具有警戒难、供水难、现场易燃易爆等特点。

3. 情况复杂

三类罐车的道路交通事故，有可能是擦碰、追尾、侧翻、翻滚、轮胎起火等复杂原因造成的罐车泄漏、着火和爆炸，同时，涉及低温、低压和中压、高压三种移动压力容器事故处置，且每一种罐车结构、阀门管路又有所不同，要根据现场的情况进行综合研判，对事故处置的技战术和实践经验要求较高。

二、防控理念

三类罐车属于移动压力容器，常温下物料泄漏后迅速气化，遇点火源易发生爆炸燃烧，若处置不当，突破罐车安全设计底线会导致灾情扩大，造成不可预知的后果。三类罐车事故的防控理念为：尽量保证罐体的压力设计底线，防止因超压造成罐体破坏突然发生大规模泄漏引发物理或化学爆炸。

道路交通事故情况复杂，现场无定式无特别规律可循，在处置时要特别注意做好以下三方面的工作。

一是高度重视警戒工作。道路交通事故车辆来往通行，地势复杂，物料泄漏量、泄漏范围难以估算，做好警戒工作能有效杜绝点火源，有利于处置的顺利进行。

二是防止爆炸。三类罐车发生事故时，罐体有可能遭到破坏，一旦泄漏将迅速气化，运输介质将随风向在低洼处聚集，处置要采取正确措施抑制爆炸。

三是采取正确的技战术措施。要根据现场情况，综合研判采取堵漏、倒罐、放空、引流控烧等正确技战术措施，切忌盲目行动。

第四节　LPG、LNG、CNG 罐车事故灭火救援措施及注意事项

● 学习目标

1. 掌握 LPG 罐车道路交通事故灭火救援措施。
2. 掌握 LNG 罐车道路交通事故灭火救援措施。
3. 掌握 CNG 罐车道路交通事故灭火救援措施。

针对三类罐车的特点，重点阐述了 9 种 LPG 罐车事故的灭火救援措施、7 种 LNG 罐车事故灭火救援措施和 2 种 CNG 罐车的灭火救援措施。

一、LPG 罐车事故灭火救援措施

LPG 罐车发生事故，在完成好灾情侦察、现场警戒、安全防护、人员搜救等工作外，应紧紧结合 LPG 罐车事故类型和特点，根据现场情况进行综合研判，灵活机动采取冷却降温、稀释抑爆、放空排险、关阀断料、堵漏封口、倒罐输转、引流控烧、吊装转运、安全监护等技战术措施，彻底消除险情。

（一）冷却降温

冷却降温指当 LPG 罐车罐体受损、泄漏或着火时，利用雾状水对罐体冷却降温，以达到降低罐体内压、防止罐体破裂目的的一种处置措施。冷却降温应注意以下两点。

（1）应均匀冷却罐体，不留空白，防止罐内温升与压力变化导致气相部分膨胀，液相部分出现冷缩，罐体受力不均出现裂缝。

（2）对于满液位倾翻状态的罐车，不能对安全阀部位射水，防止液态石油气泄漏过程气化吸热，喷射水流冻结安全阀引起罐内压力剧升。

（二）稀释抑爆

稀释抑爆指当 LPG 罐车发生泄漏时，利用喷雾水枪、水幕水枪出雾状水、移动摇摆炮喷雾水对泄漏的液化石油气进行不间断稀释，降低现场可燃气体浓度，以达到抑制爆炸的目的。

稀释抑爆注意事项：

（1）由于直流水与罐壁碰撞时会产生静电，因此，在稀释抑爆时，禁止喷射直流水；

（2）当液化石油气从管口、喷嘴或破损处高速喷出时易产生静电，因此，在稀释抑爆的过程中，应及时将罐体尾部及阀门箱内的接地线接入大地。

（三）放空排险

当液化石油气罐车罐体泄漏无法处理必须实施放空排险时，应在冷却罐体的同时，使用喷雾水稀释泄漏的液化石油气，等待罐内液体自然泄完。放空排险现场警戒区划分见图 9-4-1。

放控排险注意事项：采取放空排险措施前，应根据地理环境、风向确定危险区范围。划定警戒区后应严格管控火源，气相排放时要控制好排放流速，下风向应设水幕水枪稀释。待排放完毕，经检测具备安全条件后，方可起吊转运。

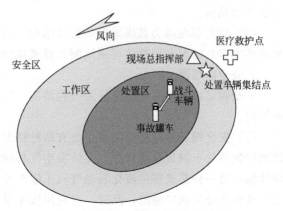

图 9-4-1　放空排险现场警戒区划分

（四）关阀断料

关阀断料是指当液化石油气罐车发生撞击、碰擦、倾翻等意外事故，导致阀门箱内充气液相阀门或管路破裂泄漏时，通过关闭紧急切断阀制止泄漏的应急措施。若液压式紧急切断阀无法正常关闭，处置人员需在水枪组的掩护下，携带无火花工具，通过破拆管路或构件的方法应急泄压达到关闭紧急切断阀的目的。可选择的破拆部位有两处：一是液压油管路；二是油管路上的易熔塞。

（五）堵漏封口

堵漏封口是指有针对性地使用各种堵漏器具和方法实施封堵漏口，是制止泄漏的常见措施。

根据罐车罐体构件构成及功能不同，事故状态下易发生泄漏的部位主要有：罐车本体、安全阀、气（液）相装卸阀门、其他安全附件等。

1. 罐车本体堵漏

罐车本体的泄漏主要发生在两个部位，即筒体和封头。LPG 罐车堵漏作业见图 9-4-2。

(a) 罐体堵漏

(b) 封头堵漏

图 9-4-2　LPG 罐车堵漏作业

（1）筒体部位易出现小孔或裂缝，可利用堵漏枪工具进行堵漏；若漏口压力较小，可利用木楔堵漏；若漏口压力较大且不规则，可利用外封式堵漏袋或者强磁堵漏工具进行堵漏；

若泄漏发生在罐体下半部，堵漏不易实施，可通过注水抬高罐内液化石油气液位，使罐底形成水垫层并从破裂口流出，再进行堵漏作业；若泄漏口压力过大，也可采取边倒液边注水的方法配合堵漏。

（2）封头部位因为其半球形的特殊结构，现有的很多堵漏工具都难以与之契合，在实际处置中大多数情况利用软体强磁堵漏工具或堵漏枪进行堵漏。

2. 安全阀堵漏

安全阀堵漏主要有安全阀异常开启堵漏、安全阀法兰密封堵漏、安全阀整体断裂堵漏三种情况。

（1）安全阀异常开启的堵漏主要有两种情况：一种是安全阀内置弹簧疲劳或发生折断，使阀瓣始终处于被顶起的状态，导致发生气相泄漏，此时，可通过调整安全阀机械结构来消除泄漏；另一种是满液位液化石油气汽车罐车发生倾覆，罐内气压升高顶开安全阀泄压，满液位液相部分从阀口溢出，此时，可利用泡沫对流出的液相部分进行覆盖，但不能向安全阀喷水。

（2）安全阀法兰密封处的堵漏主要有两种情况：一是当泄漏压力较低时，可以通过缠绕金属丝或捆扎钢带进行注胶堵漏；二是若泄漏压力较大，可以根据安全阀座法兰同罐体连接法兰的间隙大小选择合适的法兰夹具，通过对夹具位置形成的密闭空腔注胶来实现堵漏。

（3）安全阀整体断裂的堵漏：罐车安全阀略微突起于罐体顶部，液化石油气罐车通过桥涵、限高架时，安全阀很容易因机械碰撞而发生整体断裂。堵漏方法主要有三种：一是利用外封式堵漏袋和棉被进行捆绑堵漏；二是利用强磁堵漏工具进行罩盖堵漏；三是现场制作堵漏夹具进行堵漏。

3. 气（液）相装卸阀门的堵漏

若阀门连接法兰处发生泄漏，处置人员可以通过缠绕金属丝或捆扎钢带进行注胶堵漏；若阀门内填料发生泄漏，处置人员可以开孔注胶进行堵漏；若阀门法兰连接处的球体发生泄漏，可根据漏口形状的不同采取木楔或堵漏枪进行堵漏。

4. 其他安全附件堵漏

（1）液位计堵漏时，多采用嵌入式木楔堵漏。

（2）温度计堵漏时，由于其连接法兰过小，宜用缠绕金属丝或捆绑胶带注胶法进行堵漏。

（3）压力表的堵漏。当压力表或其外部连接管路被撞断时，只要针型阀没有遭到破坏，处置人员就可通过关闭针型阀来制止泄漏。若针型阀连同压力表一齐被撞断，可拆下断裂接管，利用法兰盲板堵漏。

（六）倒罐输转

倒罐输转通过自然压差或利用输转设备将液化石油气液态组分通过管线从事故罐体中倒入安全罐内的操作过程。现场倒罐输转见图9-4-3。

倒罐输转适用于两种情况：一是罐车罐体受损未泄漏或泄漏被封堵，由于载重大不宜直接起吊，需通过倒罐导出一部分液体；二是罐车罐体泄漏无法完全封堵或发生小量泄漏不能止漏，可通过倒罐输转的方法控制泄漏量以配合其他处置措施的实施。

倒罐输转注意事项：

（1）倒罐方案必须经过专家咨询组的反复论证，在安全的操作环境下组织实施；

（2）实施过程中要有专家在场，以应对突然出现的技术性难题；

(a) 自然压差倒罐

(b) 烃泵法倒罐

图 9-4-3　现场倒罐输转

（3）倒罐过程中，要在罐体周围及下风方向布置喷雾水枪及移动摇摆炮喷雾射流，以应对突发情况；

（4）使用压缩气体加压法倒罐时，若罐车发生倾翻，罐内气相管被液相液化石油气淹没，要将事故罐气相阀门与转移空罐液相阀相连、液相阀与转移空罐气相阀相连来进行倒罐；

（5）使用烃泵加压法倒罐和压缩机加压法倒罐时，要使用防爆设备；

（6）使用压缩气体加压法和压缩机加压法倒罐时，需确定事故罐的漏口已完全被封堵，不会因为罐内压力的升高而再次破裂泄漏；

（7）根据罐车事故所处状态，决定事故罐车与空罐车的气、液相连接管口。

（七）引流控烧

引流控烧是通过主动点燃、控制燃烧的方式消除现场危险因素的一种处置措施，见图 9-4-4。

图 9-4-4　现场引流控制燃烧

引流控烧主要适用于当液化石油气罐车发生泄漏，经初步处置泄漏量已经减小，或者液化石油气事故罐车未发生泄漏，又不具备介质倒罐、吊装转运条件的情况，可以通过阀门接出引流管至安全区域排放点燃，以消耗事故罐内液化石油气组分，达到排险的目的。

引流控烧注意事项：如现场气体扩散已达到一定范围，点燃很可能造成爆燃或爆炸，产生巨大冲击波，危及救援力量及周围群众安全，造成难以预料后果的，不能采取引流控烧措施。

（八）吊装转运

吊装转运是将液化石油气事故罐车或罐体起吊后，利用平板车拖运或牵引车牵引将事故罐车安全转移的一种处置措施。现场吊装转运见图 9-4-5。

图 9-4-5　现场吊装转运

吊装转运主要适用：一是罐车虽受损或倾翻，罐体处于安全受控状态，但车辆不具备行驶条件，需吊装转运消除危险源；二是罐车罐体或阀门管线泄漏，经采取冷却降温、稀释抑爆、关阀断料、堵漏封口、引流控烧等措施排险后，需要转移至安全区域进一步处置。

吊装转运注意事项如下。

（1）在捆绑罐体时，需先用黄油浸湿吊索和吊钩，防止吊索扭曲及摩擦产生火花。

（2）若事故罐内液相液化石油气较多，不宜使用单钢丝绳起吊，以防止事故罐在起吊过程中出现晃动或掉落。起吊前，要检查罐体内压力有无异常，如发现压力异常，应先行处置，保证压力正常后才能吊装。

（3）起吊作业吊车选择可通过起重机厂商提供汽车吊机额定性能表查询，估算出吊车的需求数量及额定起重量。例如，要吊起一台总重量（罐车及其载液量）为 50t 的事故罐车，至少需要调集两辆 50t 的吊车。若罐体温度已降至常温，压力降至 0.3～0.4MPa 之间，或罐体内液面降至 1/4，可按罐车及其载液重量正常状态选择起重吊车，否则要在此重量的基础上增加一倍来选择吊车和吊索。

（4）半挂式罐车的罐体通过转盘与牵引车的后轴支点相连接。若车头损毁严重，或车头损毁较轻，但动力系统损坏，可分开吊装车头和罐体，通过就近调集半挂车车头来完成对此类事故罐的转运；若车头并未损毁，尚可以行驶，可通过整车起复的吊装方式让事故罐车自行开到安全区，由消防和交警部门负责沿路监护。

（5）固定式罐车的储液罐永久性牢固地固定在载重汽车底盘大梁上，不易将车头与罐体分离，因此只能采取整车起吊的方式。若罐车未损毁，尚可以行驶，可由其自行行驶至安全区；若罐车动力系统损毁，轮胎及刹车系统完好，可由牵引拖车牵引至安全区；若罐车整体损毁严重，不能被牵引，可将整个罐车固定于大吨位平板拖车上运往安全区。

（九）安全监护

安全监护是对需要转移的事故罐车实施的行进过程监护。安全监护主要适用于事故罐车经初步处置后，仍不能完全排除险情，而现场又不具备进一步处置条件的情况，可通过监护的方式将罐车转移到安全区域进行二次处置。安全监护见图 9-4-6。

安全监护注意事项：

安全监护主要由消防和交警部门协同实施。护送过程中，交警部门派一辆警车作为先导车开道，在事故罐车后方消防部门出一辆重型水罐车监护，若发现罐体发生泄漏，应立即停车，在液化石油气应急救援专家的指导下对事故罐车出现的紧急情况进行应急处置。

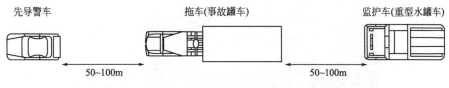

图 9-4-6　安全监护示意图

二、LNG 罐车事故灭火救援措施

LNG 罐车储存低温液化天然气。发生道路交通事故后，容易在泄漏口附近形成大面积蒸气云，遇火源或静电火花极易发生燃烧爆炸事故，危险性极高。LNG 罐体损坏形式也各有不同，因此，处置过程中，应认真实施侦察检测工作，根据罐车泄漏形式和特征，灵活机动采取科学合理的处置措施。

（一）罐体无泄漏、无霜冻时处置措施

当 LNG 罐车发生交通事故，但罐体无泄漏、无霜冻时，罐体发生碰撞、侧翻容易造成储罐真空层破损，容易导致罐内 LNG 液体分层加速，产生自翻滚、自沸腾现象（见图 9-4-7）。此类情况下，需反复检查确认内外罐真空状态及管线是否完好。如真空完好，应重点进行排压操作（确保压力表指针≤1%）；应实时观察并不间断排压，减少罐内天然气分层、涡旋、沸腾压力；车体完好且条件成熟时应按转移危险源处置，条件不成熟时按倒罐输转或放空排险处置；处置期间要保证罐体不失真空，禁止向罐体、管线、安全阀部位射水。

图 9-4-7　罐体无泄漏、无霜冻

（二）罐体无泄漏、有霜冻时处置措施

当 LNG 罐车发生交通事故，罐体、阀门、法兰、管线无泄漏，罐体有霜冻时，说明内罐出现渗漏，绝热层受到破坏，罐车已经逐渐失去真空（罐体外罐完好，内罐有沙眼，真空度逐渐下降），见图 9-4-8。

此类状况下，应根据罐体的状态，实时从气相管路排放液化天然气，以减轻罐内压力，具备放空条件时应果断实施放空，不具备放空条件可采取引流点燃处置方法；应实时加大气相紧急放空操作频次，减少罐内天然气分层、涡旋、沸腾压力，尽快做倒罐输转或转移危险源准备；如罐体外壳保险器已打开并明显出现蒸气云（真空夹套压力达到 0.02～0.07MPa），说明内罐漏点逐步扩大，真空层遭到破坏，罐体底部液相泄漏介质随时间积累，外罐高强度钢强度逐渐下降，有可能出现罐体破裂灾情，前沿处置人员应做好紧急避险准备。

图 9-4-8　罐体无泄漏、有霜冻

罐体结霜处置过程中不论出现任何状况，严禁向罐体结霜面打水。安全帽、管线、阀门如出现局部液化天然气泄漏，可在扩散气体云团下风向 5~15m 处部署水幕水枪、移动摇摆水炮稀释驱赶。严禁直流水直接冲击扩散云团，防止蒸气云爆炸。

（三）罐车垂直倾翻未泄漏时处置措施

满液位罐车发生坠落、倾翻事故，如罐体长时间处于 90°或倒 180°状态，罐车安全附件失去作用，罐内液化天然气分层、涡旋、沸腾，罐内压力无法导出，受气温影响，罐体压力会急剧上升，如果压力超过储罐设计安全系数，外罐材质的承压能力会在介质的冷冻效应下减弱，严重者会造成罐体变形解体。此种情况下，需在专业技术人员的指导下进行排压处置，泄压消除储罐压力风险（内罐或外罐）。如出现槽罐垂直倾翻，可采取进料线反向管路排压，将罐体压力经进（出）料管路引流泄压或倒罐（液相管路），作业前，应在排流点周围提前部署两层以上水雾稀释保护圈，防止危险范围扩大和回火引爆。

紧急情况下，可采取液相出口连接消防水带引至下风向就地直接排放，消除危险源，液相下风向排放 LNG 见图 9-4-9。如以降低罐车压力为目的，应以罐车气相出口排放为主；如以加快排放速度为目的，应以罐车液相出口排放为主。处置时应着防冻服，防止人员冻伤。

图 9-4-9　液相下风向排放 LNG

（四）罐车安全阀泄漏时处置措施

如罐车撞击、倾翻，罐体完好，仅出现安全阀泄漏，可复位安全阀消除泄漏；如安全阀出现液相冻结，可采取直流水融化解冻或木槌轻敲复位消除泄漏。处置作业时应注意避开安全阀-爆破片双联保险装置，防止爆破片瞬间爆破泄压造成物体打击伤害。

（五）罐车管线阀门泄漏时处置措施

如罐车撞击、倾翻，罐体完好，出现管线阀门泄漏（见图 9-4-10），应实时进行罐体排压操作，减少罐内天然气分层、涡旋、沸腾压力，及时采取木楔封堵、缠绕滴水封冻等方法临时堵漏，尽可能采取倒罐输转等进一步消除危险源措施。若无法实现倒罐输转或起吊作业，可采取在罐车气（液）相出口延长管路下风向就地直排或安全控烧的方法，消除危险源。

图 9-4-10　LNG 罐车放空管泄漏

（六）罐车泄漏，灾情异常时处置措施

如罐体压力表读数快速升高，说明罐体的内罐破损严重，内外罐之间的真空绝热层受到破坏，罐车内胆与外界直接发生热交换，出现安全阀频繁开启状态，应采取泄压处置法，慎重应对。

若封堵措施无法实现，应进一步加大安全警戒区和火源控制区距离，提高防护等级，一线处置人员着防化服、防静电内衣，应使用本质安全型无线通信和符合相应防爆等级的摄录像工具设备。在泄漏点下风向冷蒸气雾与爆炸性混合物区之间（泄漏云团下风向 10～20m 处）部署移动水炮、水幕发生器，呈扇形递进喷雾水稀释控制扩散范围，必要时采取紧急疏散措施扩大警戒范围。

（七）罐车火灾事故处置措施

如 LNG 罐车已发生起火事故，应在上风向部署移动摇摆水炮冷却保护燃烧罐体，严防内外罐体超压破裂，引起储罐解体发生物理爆炸。处置过程中应严格遵守气体火灾扑救原则，在关阀、封堵等切断气源措施未完全到位前，一般不宜直接扑灭燃烧火焰，可采取控制燃烧战术稳妥处置。处置后期应逐步降低冷却强度，保持罐内 LNG 持续蒸发，直至燃尽，防止回火闪爆。LNG 操作箱管线阀门泄漏起火见图 9-4-11。

LNG 罐车火灾处置重点是强制冷却、控制燃烧，防止罐体升温过快导致事故扩大。罐体破裂燃烧，以控制燃尽处置为妥；管线阀门泄漏火灾，着火部位火焰及辐射热如对其他关联管线、阀门没影响，可积极扑灭并采取堵漏措施；如已造成邻近管线、阀门钢材质强度下降，多处部位受损无法采取封堵措施时，应控制燃尽为佳；现场出水处置时，重点在于保护着火的地方。

图 9-4-11　LNG 操作箱管线阀门泄漏起火

三、CNG 罐车事故灭火救援措施

高压 CNG 气体运输车储存高压天然气，发生道路交通事故后，容易产生泄漏口，造成压缩气体强烈喷出、凝霜，并燃烧爆炸，常见的 CNG 罐车道路交通事故有车体分离、阀门老化泄漏、轮胎着火及罐体高压气体泄漏、集束管组燃烧等。其中以 CNG 罐体高压气体泄漏和集束管组燃烧两种类型最为危险。

（一）罐体高压气体泄漏

高压气体泄漏是指 CNG 长管拖车发生追尾、撞击、碰擦、坠落等道路交通事故，后操作箱内管道、阀门等易破损部位遭到破坏，高压气体从泄漏口瞬间喷出并迅速扩散到高压气瓶组吸热结霜。高压 CNG 运输车常见事故类型如图 9-4-12 所示。

(a) 交通事故车体分离

(b) 阀门老化泄漏

(c) 行驶途中前轮着火

(d) 行驶途中后轮着火

图 9-4-12　高压 CNG 运输车常见事故类型

当 CNG 罐车发生泄漏时，应采取如下具体措施：

（1）应及时封闭道路，以事故罐车为中心划定 500～1000m 警戒区，消除警戒区内火源；

（2）划定 100～150m 为处置区，选择上风向车辆集结；

（3）在事故罐车两侧部署长干线移动摇摆水炮对集束管组表面强制冷却降温，周边可部署水幕水带、水幕水枪稀释扩散气体；

（4）在保证安全的前提下，关闭其他未受损的集束管截止阀；

（5）如 CNG 长管拖车发动机使用该车集束管组燃料，应及时关闭连接阀门。原则上不堵漏、不输转、不倒罐，监控将事故集束管介质泄放完为止。

（二）集束管组燃烧

高压 CNG 道路运输罐车行车部分刹车淋水系统缺水，重型车辆长时间行驶或连续下坡行驶状态下，容易导致车辆轮胎起火，进而引发罐体着火。罐体着火一般发生在后操作箱各集束管阀门及管道连接处，呈带压火炬式燃烧，火焰长、辐射热强。CNG 罐车后轮起火引起气瓶组爆破片泄压起火见图 9-4-13。

图 9-4-13　CNG 罐车后轮起火引起气瓶组爆破片泄压起火

处置时，应选择上风向车辆站位，事故车两侧部署长干线移动摇摆水炮对集束管组表面强制冷却降温，力量部署到位后，人员应及时撤离到安全区。控制燃烧的关键是保障水源持续供给，编程时应组织 2 台大流量车各出 2 支移动摇摆水炮干线，其他车辆转运供水，控制集束管组不爆炸、不扩展即达到战术目的。

高压集束管燃烧后期，火焰逐渐缩短、辐射逐渐降低，应避免直流射流直接冲击集束管口，防止集束管回火闪爆，同时处置人员禁止站于封头正对面，防止爆炸冲击。明火熄灭后，检查确认集束管组是否带压，如仅为个别集束管燃烧，其他集束管需继续冷却至常温，后续按事故车转移处置。

中压 CNG 运输车发生追尾、刮碰、翻滚、坠落等事故，在冷却罐体的同时，应及时排出罐体压力，并根据罐体受损情况决定就地放空排险或安全控烧排险措施。

需要指出的是，LPG 的 9 种技战术措施理念有的也适用于 LNG 罐车、CNG 罐车，但不同罐车采取具体措施时有所不同。

处置 LNG 罐车事故时选择冷却稀释等射水战术时，要特别注意使用时机，放空、关阀、堵漏、倒罐等要根据 LNG 罐车的特点来进行，吊装和安全监护与 LPG 一致。

处置 CNG 罐车事故时采取冷却稀释、吊装和安全监护与处置 LPG 事故时相近。但高压 CNG 运输车和中压 CNG 运输车事故原则上不进行堵漏，因为气压过高，风险较大。

四、注意事项

处置三类罐车事故，应严格落实事故处置程序，着重做好以下工作。

(一) 正确辨识罐车类型

LPG、LNG、CNG 罐车储存介质理化性质、储存方式、罐体结构各不相同，发生事故时，灾害特性有一定差异，对处置措施也有不同要求，因此，有必要通过外观、结构差异，迅速辨识罐车类型，掌握罐车特点，制定针对性处置措施。

(1) 应通过储罐外形迅速辨识储罐类型。LPG、LNG 罐车为卧式单罐，封头为圆顶形；CNG 罐车分为集束管式高压罐车和中压整体罐车两种，高压 CNG 罐车也称鱼雷管式，封头为平面，罐体由多根长管组成，外形上与 LPG、LNG 相比有较大差异；中压 CNG 罐车外形类似 LPG 车型，处置过程中应特别注意。

(2) 可通过操作箱位置辨识罐车类型。一般情况下，LPG 罐车和中压 CNG 气体运输车操作箱均位于罐体中部两侧位置，LNG 和 CNG 罐车操作箱位于罐体尾部。

(3) 可通过操作箱结构辨识罐车类型。一般情况下，LPG 罐车和中压 CNG 气体运输车操作箱内安全附件相对较少；LNG 罐车装运介质为低温液体，对装卸液体条件要求较高，相关安全附件较多、较复杂；CNG 罐车主要防止集束罐超压事故，安全附件以爆破片、放空管、紧急切断等附件为主，类型较为单一。

(二) 快速确认装运介质

快速确认装运介质，掌握介质理化性质是事故现场制定科学合理处置措施的重要前提条件。近年来，由于过度追求经济利益，运输介质与罐车类型不符，违法违规运输现象时有发生，应引起高度重视。

(1) 可通过标识迅速确认装运介质。根据国家危险化学品货物运输管理相关规定，道路运输罐车上一般都绘制有明显标识，标注装运介质、数量、危害、处置措施等信息，处置过程中，应优先通过查找危险化学品标识确认装运介质。

(2) 当因发生交通事故挤压、遮挡时，危险化学品标识或标识不清楚时，可通过驾驶员、押运员等询问详情。

(3) 一般情况下，危险化学品罐车均随车携带《道路运输证》、《道路运输危险货物安全卡》等资质证书，可通过现场查找证书确认装运介质基本信息。

(4) 当上述措施均无法有效实施时，可通过相关职能部门查询事故车辆生产企业、托运单位、运输路线、运输介质等信息。

(5) 应尤其注意装有丁二烯类物质的 LPG 罐车。

(三) 侦察检测工作要始终贯穿全程

LPG、LNG、CNG 罐车道路交通事故危险性大，任何小的交通碰撞、侧翻、倾覆等都有可能造成储存介质的大规模泄漏、燃烧、爆炸。同时，储存介质本身存在的分层、翻滚、沸腾等现象都有可能发展成恶性事故，因此，事故处置过程中，应自始至终采取贯穿全程的侦察检测工作，并根据侦检结果，实时调整处置方案。

（1）处置过程中应选派经验丰富的人员或厂方技术人员担任安全员，全程观察罐车安全状况。

（2）重点监控罐体变形、泄漏量、火焰颜色、声音等变化情况；LNG 罐车发生交通事故时，应重点观察罐体上结霜、凝冻等现象，进而判断罐体完好情况。

（3）应始终通过压力表、温度计、液位计等安全附件监控罐体内压力变化，当读数发生急剧变化时及时报告指挥部。需要指出的是，事故状态下车辆由于倾覆、碰撞等原因，上述安全附件读数可能失效，要根据现场情况灵活处置。

（4）可通过仪器侦检方法加强侦察检测工作。当消防部队携带侦检器材不足时，可积极联动环保、安监、厂方等部门、单位共同实施仪器侦检。现阶段，仪器侦检尚有定性、定量困难等诸多不利因素，因此，处置工作不宜过于迷信、依赖仪器侦检结果。

（四）应高度重视现场警戒

LPG、LNG、CNG 极为易燃易爆，且爆炸波及范围广，处置现场应高度重视现场警戒工作，结合事故发生地道路、周边环境及储存介质特性，严格落实各项警戒措施。

（1）处置力量到场后，应在事发地 300～500m 处集结，派出侦检人员到现场核对灾情信息（具体部位、灾情状态、涉及范围、可控程度），向相关部门预警通报灾情信息，严禁靠前处置。

（2）实施现场警戒时，应严格封闭公路上下行线区域，警戒线以事故车为中心设置双向（上下行线）1000m 距离警戒线，山区弯路需加大直线安全距离，同时也应兼顾考虑低洼处、峡谷、盘山路对警戒距离的影响。

（3）设立指挥部应设置在事故区域上风方向，应科学划定抢险区、工作区、安全区范围，控制抢险区、工作区火源。

（4）警戒区域内应严禁一切火源。当事故区域周围有居民生活区时，应及时派出处置人员仔细巡查，消除居民用火，采取断电措施；人员进入警戒区域或处置险情过程中，应采取防火花、防静电、防爆等措施。

五、严格落实安全防护措施

LPG、LNG、CNG 罐车事故对人员造成的伤害类型多样，处置过程中应严格落实安全防护措施。

（1）进入警戒区人员应严格按等级进行防护，结合介质理化性质，针对性采取防静电、防热辐射、防冻伤、防麻醉、防高浓度窒息等个人安全措施。

（2）应设置安全员，对进出警戒区人员及其防护状态进行全面检查记录。

（3）现场应提前统一紧急撤离信号和信号发布方式，发现不可控的险情时，及时撤离处置人员；指挥部应赋予一线指挥员发布紧急撤离的权限，确保一线人员遇到紧急情况时，可不经上级指示直接撤离。

（4）处置高、中压 CNG 罐车泄漏事故时，严禁处置人员身体正面面对泄漏口处置，防止高压气体造成切割伤害；当检测 CNG 罐车泄漏口时，严禁用手直接去感受泄漏部位和泄漏气体流量，防止高压气体造成切割伤害；严禁人员站在罐体封头正面和行车燃料箱侧面处置。

（5）处置 LNG 罐车泄漏事故时，对处置设备、器材防爆等级要求极高，消防部队现有常见的防爆对讲机等设备防爆等级并不能满足处置要求，应引起重视。

六、科学合理实施处置措施

LPG、LNG、CNG 罐车储存介质为常温、中高压，低温、低压，中压、高压状态，对处置技术要求高，处置过程应充分结合侦察检测结果，科学合理实施技战术措施。

（1）堵漏封口只是临时性处置措施，应综合考虑现场情况，实施倒罐输转、引流控烧、吊装转运、安全监护转移等措施，彻底消除险情。

（2）CNG 罐车发生泄漏、燃烧时，因罐车储存高压气体，压力不可控，原则上不堵漏、不输转、不倒罐，一般采取现场监控保护条件下，将事故罐车集束管储存介质泄放完毕为止。CNG 罐车多使用 CNG 燃料罐，当发生火灾时，为防止燃料罐和运输钢瓶相互影响，应及时采取措施分离车头和拖车。

（3）实施冷却保护时，应注意射流保护部位。LPG 罐车、CNG 罐车可使用射流对罐车整体实施冷却降温，但 LPG 罐车应避开安全阀部位，防止安全阀冻结引发储罐压力上升；LNG 罐车储存低温介质，发生泄漏时严禁对整个罐体表面出水冷却，防止罐体吸热导致压力上升；LNG 罐车罐体为双层结构，但不能承压，泄压是处置的关键，因其内罐为低温微正压罐体，要采取定时排压措施保证罐体压力维持至 0.2MPa 以下。

（4）实施倒罐输转或吊装转运时，应在起吊前使罐体保持静止状态 15min 以上，确保液位计、压力表等读数稳定、处于安全范围方可实施；当 LPG 储罐储存丁烯类介质时，因介质对含氧量控制要求高，不可按常规方法实施倒罐输转。

（5）实施吊装转运时，应预先估算罐车总重量，调集起吊吨位合适的吊车实施，一般情况下，采用 2 台吊车同时起吊，不宜采用单台吊车起吊；起吊过程中，罐体捆绑应采取双绳捆绑，确保罐体稳定；吊装过程中应注意防火花、防静电、防坠落保护措施。

（6）实施引流控烧、放空排险措施时，应保证现场安全条件，确保实施过程始终处于可控状态。

（7）指挥部应纳入罐车生产或运营厂家技术人员，应对事故现场反复勘验、集体会商、综合研判，形成决策方案和行动方案，并在技术人员指导下实施。

本章小结

LPG、LNG、CNG 罐车储存第 2 类危险化学品，有别于一般道路运输储罐，储存介质经过低温、压缩处理，且介质本身具有易燃易爆危险特性，一旦发生事故，如处置人员未能依据储罐和储存介质特性实施正确的处置措施，容易造成灾情规模扩大，甚至造成群死群伤恶性事故，并导致重大财产损失和交通中断，对周边社会、经济影响巨大。

本节针对 LPG、LNG、CNG 罐车道路交通事故处置过程中常见问题和技战术措施实施要求，进行了归纳总结。

（1）道路运输罐车按运输方式分为铁路运输罐车和道路运输罐车两大类；按运输的危险化学品介质理化性质，分为储罐车、液罐车、气罐车、粉罐车等；按拖挂方式，可分为拖挂式和半挂式。

（2）危险化学品货物运输的相关法律法规有：《安全生产法》、《道路交通安全法》、《道路运输条例》、《危险化学品安全管理条例》、《道路危险货物运输管理规定》等。

（3）LPG、LNG、CNG 道路运输罐车事故按事故发生形式分为未泄漏、泄漏、着火爆炸三类事故。

（4）LPG、LNG、CNG 道路运输罐车事故具有高发性、兼具交通事故和危化品事故、情况复杂的特点。

（5）三类罐车事故的防控理念为：尽量保证罐体的压力设计、压力底线，防止因超压造成罐体破坏突然发生大规模泄漏引发物理或化学爆炸。

（6）LPG 槽罐车事故可采取的技战术措施为：冷却降温、稀释抑爆、放空排险、关阀断料、堵漏封口、倒罐输转、引流控烧、吊装转运、安全监护等。

LNG 罐车事故包括 7 种类型：罐体无泄漏、无霜冻；罐体无泄漏、有霜冻；罐车垂直倾翻未泄漏；罐车安全阀泄漏；罐车管线阀门泄漏；罐车泄漏、灾情异常；罐车火灾事故。处置过程中，应认真实施侦察检测工作，根据罐车泄漏形式和特征，灵活机动采取科学合理的处置措施。

CNG 罐车事故有：车体分离、阀门老化泄漏、轮胎着火及罐体高压气体泄漏、集束管组燃烧，其中以 CNG 罐体高压气体的泄漏和集束管组燃烧两种类型最为危险。应根据事故形式采取科学合理的处置措施。

（7）处置三类罐车事故，应严格落实事故处置程序，着重做好：正确辨识罐车类型；快速确认装运介质；侦察检测工作要始终贯穿全程；应高度重视现场警戒；严格落实安全防护措施；科学合理实施处置措施。

思考题

1.道路运输罐车有哪几种分类？压力容器有哪几种分类？

2.LPG 与 CNG 的性质是什么？

3.如何从外观对 LPG、LNG、CNG 罐车进行辨识？

4.LPG 罐车的进出物料管线是怎样布置的？紧急切断阀有哪两种类型，怎样操作？

5.处置 LPG 罐车事故的 9 种技战术有哪些？

6.LNG 罐车的进出管线是怎样布置的？当罐车超压时，怎样进行卸压？

7.简述 LNG 罐车的 7 种灾情事故和处置方法。

8.简述 CNG 罐车的 2 种灾情处置方法。

9.简述 LPG、LNG、CNG 罐车事故处置注意事项。

附录一

基本换算与计算

一、流量

流量是指单位时间内所输送流体的体积或质量。用 Q 表示，单位为 m^3/s、m^3/h 或 L/s，体积流量与质量流量的关系为：

$$G = \rho Q$$

式中　G——质量流量；

　　　ρ——输送流体的密度；

　　　Q——体积流量。

二、常见单位换算

1 磅（lb）=0.453592 公斤（kg）

1 英寸（in）=25.4 毫米（mm）

1 英里（miles）=1.60934 公里（km）

1 加仑（UK gal）=4.54609 升（L）

1 巴（bar）=100kN/m² =0.1 兆帕（10^6Pa）≈1.0197 大气压（kgf/cm²）

1 大气压（kgf/cm²）≈0.1 兆帕（10^6Pa）

1 米水柱（mH_2O）≈0.1 大气压（kgf/cm²）

三、基本计算

1. 消防车出枪（炮）的数量

$$n = Q/q_1$$

式中　n——出枪炮数量，支；

　　　Q——消防泵额定流量，L/s；

　　　q_1——消防枪炮的流量，L/s。

2. 使用车载水时，喷射时间的计算

$$t = Q/(nq_1)$$

式中　t——消防枪、炮的喷射时间，s；

　　　Q——水罐车载水量，L；

n——消防车出枪炮数量，支；

q_1——消防枪、炮的流量，L/s。

3. 泡沫灭火计算

$$Q_泡 = Aqt = Q_混 \beta$$

$$Q_液 = Q_混 \alpha$$

$$Q_水 = Q_混 (1-\alpha)$$

式中　$Q_泡$——泡沫量，L；

　　　$Q_混$——泡沫混合液，L；

　　　$Q_液$——泡沫原液量，L；

　　　$Q_水$——水用量，L；

　　　α——泡沫比例（一般有 3％，6％）；

　　　β——发泡倍数（一般取 6.25 左右）；

　　　A——燃烧面积，m^2；

　　　t——泡沫供给时间，s；

　　　q——泡沫供给强度，L/（s·m^2）。

例：$400m^2$ 的原油池发生火灾，用 6％型蛋白泡沫灭火剂灭火，供泡沫强度 0.8（L/s·m^2），供给时间 30min，计算供泡沫量、供泡沫液量、配制泡沫混合液用水量和混合液量。

答：$Q_泡 = Aqt = 400 \times 0.8 \times 30 \times 60 = 576000$（L）

$$Q_液 = \frac{\alpha}{\beta} Aqt = \frac{6\%}{6.25} \times 400 \times 0.8 \times 30 \times 60 = 5529.6 \text{（L）}$$

$$Q_水 = \frac{1-\alpha}{\beta} Aqt = \frac{1-6\%}{6.25} \times 400 \times 0.8 \times 30 \times 60 = 86630.4 \text{（L）}$$

$$Q_混 = \frac{1}{\beta} Aqt = \frac{1}{6.25} \times 400 \times 0.8 \times 30 \times 60 = 92160 \text{（L）}$$

四、给水管网的流量计算

给水管网的流量与管道的直径和当量流速有关，其值可确定为

$$Q = 785 D^2 V$$

式中　Q——给水管道流量，L/s；

　　　D——管道的直径，m；

　　　V——管道内水的当量流速，m/s。

1. 环状管网的流量

$$Q_h = 1177.5 D^2$$

式中　Q_h——环状给水管道流量，L/s；

　　　D——管道的直径，m。

2. 枝状管网的流量

$$Q_z = 785 D^2$$

式中　Q_z——环状给水管道流量，L/s；

　　　D——管道的直径，m。

室外消火栓的使用数量可确定为：

$$n = \frac{Q_管}{Q_栓}$$

式中　n——使用消火栓的数量，个；

　　　$Q_管$——管道供水流量，L/s；

　　　$Q_栓$——平均每个消火栓使用的流量，L/s。

炼化企业常用物质理化性质及火灾危险性

名称	化学式	危规号	外观性状	相对密度	熔点 /℃	沸点 /℃	闪点 /℃	自燃点 /℃	爆炸极限 /%	临界温度 /℃	临界压力 /MPa	毒理性质	火灾危险性	灭火剂
氢	H₂	21001; 21002	无色、无味气体	0.07 (空气)			<-50	400	4.0~75	-240	1.3	在很高浓度时，由于正常氧分压降低可造成窒息	易燃，与空气混合形成爆炸范围宽，爆炸极限范围宽，遇明火、高热易引起燃烧爆炸，与氟、氯发生剧烈化学反应	雾状水、干粉、二氧化碳
硫化氢	H₂S	21006	无色、有臭鸡蛋味气体	1.19 (空气)	-85.5	-60.4	<-50	260	4.0~46	100.4	9.01	MAC 10mg/m³ LC₅₀ 444mg/m³ 强烈的神经毒物	易燃，与空气混合形成爆炸范围宽，爆炸极限范围宽，遇明火、高热易引起燃烧爆炸	雾状水、干粉、抗溶性泡沫
一氧化碳	CO	21005	无色、无臭气体	0.97 (空气)	-199.1	-191.4	<-50	605	12.0~74.2	-140.2	3.5	LC₅₀ 1807mg/m³ 中等毒类	易燃，与空气混合能形成爆炸性混合物，遇明火、高热能引起燃烧爆炸	雾状水、抗溶性泡沫、二氧化碳
氨	NH₃	23003	无色有刺激性恶臭的气体	0.6 (空气)	-77.7	-33.5	—	651	15.7~27.4	132.5	11.4	LD₅₀ 350mg/kg LC₅₀ 2000mg/m³ 中等毒类	易燃，与空气混合能形成爆炸性混合物，遇明火、高热能引起燃烧爆炸，与氟、氯能发生剧烈化学反应	雾状水、泡沫、抗溶性泡沫、二氧化碳

续表

名称	化学式	危规号	外观性状	相对密度	熔点/℃	沸点/℃	闪点/℃	自燃点/℃	爆炸极限/%	临界温度/℃	临界压力/MPa	毒理性质	火灾危险性	灭火剂
甲烷	CH_4	21007	无色无臭无味	0.55(空气)	182.5	-161.5	-188	537	5.0~16	-82.6	4.59	空气中浓度过高,能使人窒息	易燃,与空气混合能形成爆炸性混合物,遇热能引起燃烧爆炸,高热,与氟、氯能发生剧烈化学反应	雾状水,干粉,抗溶性泡沫,二氧化碳
乙烷	C_2H_6	21009	无色无臭气体	1.04(空气)	-183.3	-88.6	<-50	472	3.0~16.0	32.2	4.87	高浓度时,有单纯窒息作用	易燃,与空气混合能形成爆炸性混合物,遇热能引起燃烧爆炸,高热,与氟、氯能发生剧烈化学反应	雾状水,干粉,泡沫,二氧化碳
丙烷	C_3H_8	21011	无色气体,纯品无臭	1.56(空气)	-187.6	-42.1	-104	450	2.1~9.5	96.8	4.25	—	易燃,与空气混合能形成爆炸性混合物,遇热能引起燃烧爆炸,比空气重,能在较低处积聚,扩散到相当远的地方,遇明火引着回燃	雾状水,抗溶性泡沫,干粉,二氧化碳
乙烯	C_2H_4	21016	无色气体,略具烃类特有臭味	0.98(空气)	-169.4	-103.9	-136	425	2.7~36	9.2	5.04	具有较强麻醉作用,低毒类	易燃,与空气混合能形成爆炸性混合物,遇热能引起燃烧爆炸,高热,与氟、氯能发生剧烈化学反应	雾状水,泡沫,干粉,二氧化碳
丙烯	C_3H_6	21018	无色有烃类气味的气体	1.48(空气)	-185.25	-47.7	-108	455	1.0~15.0	91.9	4.62	对人的麻醉作用比乙烯强,低毒类	易燃,与空气混合能形成爆炸性混合物,遇热能引起燃烧爆炸,比空气重,能在较低处积聚,扩散到相当远的地方,遇明火引着回燃	雾状水,抗溶性泡沫,干粉,二氧化碳

续表

名称	化学式	危规号	外观性状	相对密度	熔点/℃	沸点/℃	闪点/℃	自燃点/℃	爆炸极限/%	临界温度/℃	临界压力/MPa	毒理性质	火灾危险性	灭火剂
1-丁烯	C_4H_8	21019	无色气体	1.93(空气)	-185.3	-6.3	-80	385	1.6~10.0	146.4	4.02	LC_{50} 42000mg/m³ (2h)(小鼠吸入)	易燃,与空气混合能形成爆炸性混合物,遇明火、高热能引起燃烧爆炸,比空气重,扩散到相当远的地方,遇明火引着回燃	雾状水、泡沫、干粉、二氧化碳
2-丁烯	C_4H_8	21019	无色气体	2.0(空气)	-139	1.0	-73	324	1.6~9.7	160	4.10		易燃,与空气混合能形成爆炸性混合物,遇明火、高热能引起燃烧爆炸,比空气重,扩散到相当远的地方,遇明火引着回燃	雾状水、泡沫、干粉、二氧化碳
丁二烯	C_4H_6	21022	无色气体,有芳香味	1.84(空气)	-108.9	-4.5	-76	415	1.4~16.3	152.0	4.33	LC_{50} 285000mg/m³ (4h)(大鼠吸入) 低毒类,具麻醉及刺激作用	易燃,与空气混合能形成爆炸性混合物,遇明火、高热能引起燃烧爆炸,比空气重,扩散到相当远的地方,遇明火引着回燃	雾状水、泡沫、干粉、二氧化碳
乙炔	C_2H_2	21024	无色无臭气体	0.91(空气)	-81.8	-83.8	<-50	305	2.1~80.0	35.2	6.14	具麻醉作用,微毒类	易燃,与空气混合能形成爆炸性混合物,爆炸极限范围非常宽,遇明火、高热易引起燃烧爆炸,与氟、氯等能发生剧烈化学反应	雾状水、抗溶性泡沫、二氧化碳
氯甲烷	CH_3Cl	23040	无色气体,具有醚样微甜气味	1.78(空气)	-97.7	-23.7	<-50	632	7.0~19.0	143.8	6.68	LC_{50} 4974mg/m³ (2h)(大鼠吸入) 低毒类,对中枢神经有刺激和麻醉作用	易燃,与空气混合能形成爆炸性混合物,遇明火、高热能引起燃烧爆炸	雾状水、抗溶性泡沫、二氧化碳

续表

名称	化学式	危规号	外观性状	相对密度	熔点/℃	沸点/℃	闪点/℃	自燃点/℃	爆炸极限/%	临界温度/℃	临界压力/MPa	毒理性质	火灾危险性	灭火剂
环氧乙烷	CH_2—CH_2O	21039	无色气体	1.52 (空气)	−122.2	10.4	<−17.8	429	3~100	195.8	7.19	LD_{50} 330mg/kg 中等毒类,兼有中枢神经抑制作用,皮肤、眼粘膜刺激和原浆毒作用	易燃,与空气混合能形成爆炸性混合物,爆炸极限范围非常宽,遇明火、高热极易引起燃烧爆炸,比空气重,能在低洼处处积聚,扩散到相当远的地方,遇明火引着回燃	雾状水,抗溶性泡沫,二氧化碳
天然气	—	21007	无色无臭气体。低分子质量烷烃混合物。主要有甲烷、乙烷、丙烷、丁烷等	<空气	—	—	—	482~632	5~15	—	—	—	易燃,与空气混合能形成爆炸性混合物,遇明火、高热极易引起燃烧爆炸	雾状水,干粉,抗溶性泡沫,二氧化碳
汽油	C_5H_{12}~$C_{12}H_{26}$	31001;32001	无色至淡黄色的易流动液体	0.7~0.8 (水)	<−60	40~200	−46	415~530	1.3~7.6	—	—	麻醉性毒物 中等毒类	易燃液体,其蒸气与空气形成爆炸性混合物,遇明火、高热极易燃烧爆炸。其蒸气比空气重,能在低洼处积聚,扩散到相当远的地方,遇明火引着回燃	二氧化碳,泡沫,干粉,砂土
煤油	—	33501	水白色至淡黄色液体,易挥发	0.77~0.86 (水)	—	175~325	≥40	280~456	1.1~7.6	—	—	LD_{50} 36000mg/kg (大鼠经口) 低毒类	易燃液体,其蒸气能与空气形成爆炸性混合物,遇明火、高热能引起燃烧爆炸	泡沫,干粉,二氧化碳,砂土
柴油	C_{17}~C_{23}	T33502	稍有黏性的浅黄至棕色液体	0.8~0.9 (水)	−50~10	180~410	45~60 (轻柴油)	257	0.6~7.5 (轻柴油)	—	—	具刺激作用	遇明火、高热或与氧化剂接触,有引起燃烧爆炸的危险	泡沫,干粉,二氧化碳,砂土

续表

名称	化学式	危规号	外观性状	相对密度	熔点/℃	沸点/℃	闪点/℃	自燃点/℃	爆炸极限/%	临界温度/℃	临界压力/MPa	毒理性质	火灾危险性	灭火剂
二硫化碳	CS_2	31050	无色或淡黄色液体，有刺激性气味，易挥发	1.26（水）	-110.8	46.5	-30	90	1.0~60	279	7.9	LD_{50} 3188mg/kg（大鼠经口）LC50 25g/m³（大鼠吸入）中等毒性	易燃液体，其蒸气能与空气形成爆炸性混合物，遇明火、高热极易燃烧爆炸，其蒸气比空气重，能在低洼处积聚，扩散到较远的地方，遇明火引着回燃	雾状水、二氧化碳、砂土
乙醚	$C_2H_5OC_2H_5$	31026	无色透明液体，有芳香气味，极易挥发	0.71（水）	-116.2	34.6	-45	160	1.9~36	194	3.61	LD_{50} 1700mg/kg（大鼠经口）低毒类	易燃液体，其蒸气能与空气形成爆炸性混合物，遇明火、高热极易燃烧爆炸，其蒸气比空气重，能在低洼处积聚，扩散到较远的地方，遇明火引着回燃	泡沫、干粉、二氧化碳、砂土
丙酮	$(CH_3)_2CO$	31025	无色透明易流动液体，有芳香气味，极易挥发	0.80（水）	-94.6	56.5	-20	465	2.5~13.0	235.5	4.72	LD_{50} 5800mg/kg（大鼠经口）20000mg/kg（兔经皮）低毒类	易燃液体，其蒸气能与空气形成爆炸性混合物，遇明火、高热极易燃烧爆炸，其蒸气比空气重，能在低洼处积聚，扩散到较远的地方，遇明火引着回燃	抗溶性泡沫、二氧化碳、砂土
氢氰酸（氰化氢）	HCN	61004	无色透明液体，有苦杏仁味，易挥发	0.69（水）	-13.4	25.7	17.8	538	5.4~46.6	183.5	4.95	MAC 1mg/m³ LD_{50} 357mg/m³（5min）（小鼠吸入）高毒类，抑制呼吸酶。高浓度吸入可致死	易燃液体，其蒸气能与空气形成爆炸性混合物，遇明火、高热能引起燃烧爆炸	雾状水、砂土

续表

名称	化学式	危规号	外观性状	相对密度	熔点/℃	沸点/℃	闪点/℃	自燃点/℃	爆炸极限/%	临界温度/℃	临界压力/MPa	毒理性质	火灾危险性	灭火剂
乙醛	CH_3CHO	31022	无色液体,有强烈的刺激臭味	0.78(水)	-123.5	20.8	-39	140	4.0~57	188	—	LD_{50} 1930mg/kg(大鼠经口)中等毒类	易燃液体,其蒸气能与空气形成爆炸性混合物,遇明火、高热极易燃烧爆炸,其蒸气比空气重,能在低洼处积聚,扩散到相当远的地方,遇明火引着回燃	抗溶性泡沫、干粉、二氧化碳、砂土
苯	C_6H_6	32050	无色透明液体,有强烈芳香味,易挥发	0.88(水)	5.5	80.1	-11	560	1.2~8.0	289.5	4.92	LD_{50} 3306mg/kg(大鼠经口)中等毒类 高浓度苯对中枢神经系统有麻醉作用	易燃液体,其蒸气能与空气形成爆炸性混合物,遇明火、高热能引起燃烧爆炸,其蒸气比空气重,能在低洼处积聚,扩散到相当远的地方,遇明火引着回燃	泡沫、干粉、二氧化碳、砂土
甲苯	$C_6H_5CH_3$	32052	无色透明液体,有芳香气味	0.87(水)	-94.9	110.6	4	535	1.2~7.0	318.6	4.11	LD_{50} 1000mg/kg(大鼠经口)低毒类,对皮肤、黏膜有测激作用,对中枢神经系统有麻醉作用	易燃液体,其蒸气能与空气形成爆炸性混合物,遇明火、高热能引起燃烧爆炸,其蒸气比空气重,能在低洼处积聚,扩散到相当远的地方,遇明火引着回燃	泡沫、干粉、二氧化碳、砂土
1,2-二甲苯	$C_6H_4(CH_3)_2$	33535	无色透明液体,有芳香气味	0.88(水)	-25.5	144.4	30	463	1.0~7.0	357.2	3.7	LD_{50} 1364mg/kg(小鼠静注)低毒类,对皮肤、黏膜有测激作用,对中枢神经系统有麻醉作用	易燃液体,其蒸气能与空气形成爆炸性混合物,遇明火、高热剂能发生强烈反应,其蒸气比空气重,能在低洼处积聚,扩散到相当远的地方,遇明火引着回燃	泡沫、干粉、二氧化碳、砂土

续表

名称	化学式	危规号	外观性状	相对密度	熔点/℃	沸点/℃	闪点/℃	自燃点/℃	爆炸极限/%	临界温度/℃	临界压力/MPa	毒理性质	火灾危险性	灭火剂
1,3-二甲苯	$C_6H_4(CH_3)_2$	33535	无色透明液体,有芳香气味	0.86(水)	-47.9	139	25	525	1.1~7.0	343.9	3.54	LD₅₀ 5000mg/kg(大鼠经口)低毒类,对皮肤、黏膜有刺激作用,对中枢神经系统有麻醉作用	易燃液体,其蒸气能与空气形成爆炸性混合物,遇明火、高热能引起燃烧爆炸,与氧化剂能发生强烈反应,其蒸气比空气重,能在较低处积聚,扩散到相当远的地方,遇明火引着回燃	泡沫、干粉、二氧化碳、砂土
1,4-二甲苯	$C_6H_4(CH_3)_2$	33535	无色透明液体,有芳香气味	0.86(水)	13.3	138.4	25	525	1.1~7.0	343.1	3.51	LD₅₀ 5000mg/kg(大鼠经口)低毒类,对皮肤、黏膜有刺激作用,对中枢神经系统有麻醉作用	易燃液体,其蒸气能与空气形成爆炸性混合物,遇明火、高热能引起燃烧爆炸,与氧化剂能发生强烈反应,其蒸气比空气重,能在较低处积聚,扩散到相当远的地方,遇明火引着回燃	泡沫、干粉、二氧化碳、砂土
乙苯	$C_6H_5C_2H_5$	32053	无色液体,有芳香气味	0.87(水)	-94.9	136.2	15	432	1.0~6.7	343.1	3.7	LD₅₀ 3500mg/kg(大鼠经口)低毒类	易燃液体,其蒸气能与空气形成爆炸性混合物,遇明火、高热能引起燃烧爆炸,与氧化剂能发生强烈反应,其蒸气比空气重,能在较低处积聚,扩散到相当远的地方,遇明火引着回燃	泡沫、干粉、二氧化碳、砂土
甲醇	CH_3OH	32058	无色澄清液体,易挥发,有刺激性气味	0.79(水)	-97.8	64.8	11	385	5.5~44	240	7.95	LD₅₀ 400mg/kg(小鼠经口)LC50 64000mg/m³(大鼠吸入)中等毒物	易燃液体,其蒸气能与空气形成爆炸性混合物,遇明火、高热能引起燃烧爆炸,与氧化剂能发生强烈反应,其蒸气比空气重,能在较低处积聚,扩散到相当远的地方,遇明火引着回燃	泡沫、干粉、二氧化碳、砂土

续表

名称	化学式	危规号	外观性状	相对密度	熔点/℃	沸点/℃	闪点/℃	自燃点/℃	爆炸极限/%	临界温度/℃	临界压力/MPa	毒理性质	火灾危险性	灭火剂
乙醇	C_2H_5OH	32061	无色透明液体，有酒香和刺激性辛辣味	0.79(水)	−114.1	78.3	12	363	3.3~19.0	243.1	6.38	LD_{50} 7060mg/kg(兔经口) LC_{50} 3720mg/m³(10h)(大鼠吸入) 微毒类	易燃液体，其蒸气能与空气形成爆炸性混合物，遇明火、高热能引起燃烧爆炸。与氧化剂反应，其蒸气比空气重，能在低洼处积聚，扩散到相当远的地方，遇明火引着着回燃和闪爆	抗溶性泡沫、干粉、二氧化碳、砂土
正丙醇	C_3H_7OH	32064	无色透明液体	0.80(水)	−127	97.1	15	392	2.0~13.7	263.6	5.17	LD_{50} 1900mg/kg(大鼠经口) 低毒类，有刺激、麻醉作用	易燃液体，其蒸气能与空气形成爆炸性混合物，遇明火、高热有引起燃烧爆炸的危险。与氧化剂能发生强烈反应，其蒸气比空气重，能在低洼处积聚，扩散到相当远的地方会着火和爆炸	抗溶性泡沫、干粉、二氧化碳、砂土
异丁醇	C_4H_9OH	33552	无色透明液体，微有皮革醇味	0.81(水)	−108	107.9	27	415	1.7~10.6	265	4.86	LD_{50} 2460mg/kg(大鼠经口) 低毒类	易燃液体，其蒸气能与空气形成爆炸性混合物，遇明火、高热能引起燃烧爆炸。与氧化剂能发生强烈反应	抗溶性泡沫、干粉、二氧化碳、砂土
石脑油	—	32004	无色或浅黄色液体，有特殊气味	0.69~0.76(水)	—	30~220	—	480~510	1.2~6.0	—	—	LC_{50} 16g/m³(4h)(大鼠吸入) 低毒类	易燃液体，其蒸气能与空气形成爆炸性混合物，遇明火、高热能引起燃烧爆炸。与氧化剂能发生强烈反应，其蒸气比空气重，能在低洼处积聚，扩散到相当远的地方，遇火源会引着着回燃	泡沫、二氧化碳、干粉、砂土

续表

名称	化学式	危规号	外观性状	相对密度	熔点/℃	沸点/℃	闪点/℃	自燃点/℃	爆炸极限/%	临界温度/℃	临界压力/MPa	毒理性质	火灾危险性	灭火剂
戊烷	C_5H_{12}	31002	无色透明易挥发液体，有微弱的薄荷香味	0.63(水)	-129.8	36.1	-40	260	1.7~9.8	196.4	3.37	LD_{50} 446mg/kg(小鼠静注)低毒类	易燃液体，其蒸气能与空气形成爆炸性混合物，遇明火、高热极易燃烧爆炸，与氧化剂接触反应强烈，其蒸气比空气重，能在低处积聚，扩散到相当远的地方，遇火会引着回燃	抗溶性泡沫、干粉、二氧化碳、砂土
己烷	C_6H_{14}	31005	无色液体，有微弱的特殊气味	0.66~0.68(水)	-95.5	68.7	-25.5	244	1.2~6.9	234.8	3.09	LD_{50} 2810mg/kg(大鼠经口)低毒类，有麻醉和刺激作用	易燃液体，其蒸气能与空气形成爆炸性混合物，遇明火、高热极易燃烧爆炸，与氧化剂接触反应强烈，其蒸气比空气重，能在低处积聚，扩散到相当远的地方，遇火会引着回燃	泡沫、干粉、二氧化碳、砂土
辛烷	C_8H_{18}	32008	无色透明液体	0.70(水)	-56.5	125.8	12	206	0.8~6.5	296	2.49	低毒类，对眼、呼吸道薄膜有刺激作用，有麻醉和肺部刺激作用	易燃液体，其蒸气能与空气形成爆炸性混合物，遇明火、高热能引起燃烧爆炸，与氧化剂能发生强烈反应，其蒸气比空气重，能在低处积聚，扩散到相当远的地方，遇火会引着回燃	干、泡沫、二氧化碳、砂土
1-己烯	C_6H_{12}	31009	无色，有刺激性	0.67(水)	139.9	64.5	-28.33	253	—	243.5	—	低毒类，有刺激和麻醉作用	易燃液体，其蒸气能与空气形成爆炸性混合物，遇明火、高热可致燃烧爆炸，与氧化剂反应，其蒸气比空气重，能在低处积聚，扩散到相当远的地方，遇火源会燃烧和爆炸	泡沫、干粉、二氧化碳、砂土

续表

名称	化学式	危规号	外观性状	相对密度	熔点/℃	沸点/℃	闪点/℃	自燃点/℃	爆炸极限/%	临界温度/℃	临界压力/MPa	毒理性质	火灾危险性	灭火剂
苯乙烯	$C_6H_5CH=CH_2$	33541	无色透明油状液体	0.91 (水)	-30.6	146	32	490	1.1~6.1	369	3.81	LD_{50} 500mg/kg（大鼠经口）低毒类	易燃液体,其蒸气能与空气形成爆炸性混合物,遇明火、高热能引起燃烧爆炸,与氧化剂能发生强烈反应	泡沫、干粉、二氧化碳、砂土
甲酸	HCOOH	81101	无色透明发烟液体,有强烈刺激酸味	1.23 (水)	8.2	100.8	50	410	18.0~57	306.8	8.63	LD_{50} 1210mg/kg（大鼠经口）LC_{50} 15000mg/m³（大鼠吸入）低毒类	易燃液体,其蒸气能与空气形成爆炸性混合物,遇明火、高热能引起燃烧爆炸,与氧化剂可发生反应,具有较强腐蚀性	抗溶性泡沫、雾状水、二氧化碳、砂土
乙酸	CH_3COOH	81601	无色透明液体,有刺激性酸臭	1.05 (水)	16.7	118.1	39	463	4.0~17.0	321.6	5.78	LD_{50} 3530mg/kg（大鼠经口）低毒类	易燃液体,其蒸气能与空气形成爆炸性混合物,遇明火、高热能引起燃烧爆炸,与强氧化剂可发生反应	抗溶性泡沫、雾状水、二氧化碳、砂土
苯酚	C_6H_5OH	61067	白色结晶,有特殊臭味	1.07 (水)	40.6	181.9	79	595	1.3~9.5	419.2	6.13	LD_{50} 317mg/kg（大鼠经口）LC_{50} 316mg/m³（大鼠吸入）高毒类	遇明火、高热或与强氧化剂接触,有引起燃烧爆炸的危险	抗溶性泡沫、雾状水、二氧化碳、砂土
乙二醇	$C_2H_6O_2$	—	无色,无臭,有甜味,黏稠液体或微黄色透明液体	1.11 (水)	-13.2	197.5	110	398	3.2~15.3	—	—	LD_{50} 5.9~13.4 g/kg（大鼠经口）低毒类	遇明火、高热或氧化剂接触,有引起燃烧爆炸的危险	泡沫、干粉、雾状水、干砂
过氧化氢异丙苯	$C_9H_{12}O_2$	52020	无色至淡黄色液体,有特殊臭味	1.06 (水)	-10	53	79	—	0.9~6.5	255	—	LD_{50} 382mg/kg（大鼠经口）LC_{50} 220mg/m³（4h）（大鼠吸入）中等毒类	易燃,受热、光照、撞击或硫酸,猛烈,均有引起燃烧爆炸的危险	抗溶性泡沫、雾状水、二氧化碳、砂土

续表

名称	化学式	危规号	外观性状	相对密度	熔点/℃	沸点/℃	闪点/℃	自燃点/℃	爆炸极限/%	临界温度/℃	临界压力/MPa	毒理性质	火灾危险性	灭火剂
甲基叔丁基醚	$C_5H_{12}O$	32084	无色液体,具有醚样气味	0.74(水)	-108.6	55.2	-28	191.7	1.6~15.1	—	—	LD_{50} 4mL/kg(大鼠经口)低毒类	易燃液体,其蒸气能与空气形成爆炸性混合物,遇明火、高热极易燃烧爆炸,与氧化剂能发生强烈反应	抗溶性泡沫、雾状水、二氧化碳、砂土
二甲基二硫	$C_2H_6S_2$	32114	无色或淡黄色液体	1.06(水)	-84.72	109	24.4	—	—	—	—	—	遇明火、高热易燃,与氧化剂能发生强烈反应。接触酸液或酸气,产生硫化物毒气	抗溶性泡沫、干粉、二氧化碳、砂土
甲基二乙醇胺	$C_5H_{13}O_2$	—	无色或微黄色油状液体	密度:1.0418g/cm³	-21	247	126.67	410	1.4~8.8	—	—	LD_{50} 4780mg/kg(大鼠经口;5950mg/kg(兔经皮)	碱性腐蚀品,可燃,其蒸气能与空气形成爆炸性混合物,遇明火、高热能引起燃烧爆炸,与氧化剂发生剧烈反应,与氢化物等反应还原剂反应放出氢气	雾状水、抗溶性泡沫、干粉、二氧化碳、砂土
N,N-二甲基甲酰胺	C_3H_7NO	33627	无色液体,有轻微的特殊臭味	0.94(水)	-61	152.8	58	445	2.2~15.2	374	4.48	LD_{50} 3500mg/kg(大鼠经口)低毒类	遇明火、高热能引起燃烧爆炸。能与硝酸猛烈反应,甚至发生爆炸	抗溶性泡沫、干粉、二氧化碳、砂土
1,1,2,2-四氯乙烷	$C_2H_2Cl_4$	61556	无色重质液体,有氯仿样的气味	1.60(水)	-43.8	146.4	—	—	—	388	—	LD_{50} 800mg/kg(大鼠经口)中等毒类	可燃液体,遇明火、高热可燃。受强热分解产生有毒的腐蚀性烟气,与碱金属能发生剧烈反应	抗溶性泡沫、雾状水、二氧化碳、砂土
异辛醇	$C_8H_{18}O$	—	澄清的液体	0.83(水)	-76	185~189	77	—	—	—	—	LD_{50} 2049mg/kg(大鼠经口)低毒类	可燃液体,遇高热、明火或与氧化剂接触,有引起燃烧的危险	泡沫、干粉、雾状水、二氧化碳、砂土

续表

名称	化学式	危规号	外观性状	相对密度	熔点/℃	沸点/℃	闪点/℃	自燃点/℃	爆炸极限/%	临界温度/℃	临界压力/MPa	毒理性质	火灾危险性	灭火剂
沥青	—	—	黑色液体、半固体或固体	1.15~1.25(水)	—	>470	204.4	230~250	下限30g/m³	—	—	具刺激性、致癌性	受高热分解,放出腐蚀性、刺激性的烟雾	泡沫、干粉、雾状水、二氧化碳、砂土
三乙基铝	Al(C2H5)3	42022	无色透明液体,具有强烈的霉烂气味	0.84(水)	-50	194	-18.33	<-52	—	—	—	—	化学反应活性高,接触空气会冒烟强烈燃烧。遇高热能发生强烈分解,放出易燃的烷烃气体	干粉、砂土
三异丁基铝	Al(C4H9)3	42022	无色澄清液体,具有强烈的霉烂气味	0.78(水)	-5.6	114(4kPa)	-18	3.89	—	—	—	—	化学反应活性高,接触空气会冒烟自燃,高热强烈分解燃烧。遇水强烈分解,放出易燃的烷烃气体	干粉、砂土
间苯二甲酸	C₈H₆O₄	—	无色结晶,具有升华性	1.507(水)	348	—	—	—	—	733.85	3.95	LD₅₀ 10400mg/kg(大鼠经口)低毒类	可燃,粉尘和粉末能与空气混合形成爆炸性混合物,遇明火能发生火灾爆炸,与碱发生放热中和反应	抗溶性泡沫、干粉、雾状水、二氧化碳、砂土
铝粉	Al	43013	银白色粉末	2.7(水)	660	2056	—	645	—	—	—	长期吸入可致铝尘肺	粉尘爆炸性混合物,与氧化剂混合能成有爆炸性的混合物,与氟、氯等能发生剧烈的化学反应	干粉、砂土
硫黄	S	41501	淡黄色脆性结晶或粉末,有特殊臭味	2.0(水)	107(α)	444.6	207	232	2.3g/m³~1400g/m³	1040	11.75	大量误服可致硫化氢中毒	遇明火、高热易燃,与氧化剂混合成爆炸性混合物。粉体与空气可形成爆炸性混合物	蒸汽、雾状水、砂土

续表

名称	化学式	危规号	外观性状	相对密度	熔点/℃	沸点/℃	闪点/℃	自燃点/℃	爆炸极限/%	临界温度/℃	临界压力/MPa	毒理性质	火灾危险性	灭火剂
石蜡	—	—	白色、无臭、透明的固体,有白蜡和黄蜡两种	0.87~0.92(水)	47~65	>371	199	245	—	—	—	—	遇高热、明火或氧化剂接触,有引起燃烧的危险	泡沫、干粉、二氧化碳、砂土
聚丙烯	$(CHCH_2CH_3)n$	—	白色、无臭、无味固体	0.90~0.91(水)	165~70	—	—	420(粉云)	下限20g/m³	—	—	—	受热分解放出易燃气体能与混合形成爆炸性混合物,粉体与空气混合形成一定浓度时,遇火星会发生爆炸	雾状水、泡沫、干粉、二氧化碳、砂土
聚苯乙烯	$(C_8H_8)n$	—	无色、无味的有光泽的透明固体	1.04~1.06(水)	—	—	—	500(乳胶)	下限10g/m³	—	—	—	受热分解放出易燃气体能与混合形成爆炸性混合物,粉体与空气混合形成一定浓度时,遇火星会发生爆炸	雾状水、泡沫、干粉、二氧化碳、砂土
氯酸钾	$KClO_3$	51031	无色片状结晶或白色粉末	2.32(水)	368.4	400	—	—	—	—	—	—	遇有机物、磷、硫、碳化合物、氧化物、金属粉末、稍经摩擦、撞击即会引起燃烧爆炸,夏季搬运,如不慎跌落猛撞,也会引起着燃烧	先用砂土,后用水
二氯乙烷	$C_2H_4Cl_2$	32035	无色或浅黄色透明液体,有类似氯仿的气味	1.26(水)	-35.7	83.5	13	413	6.2~16.0	290	5.36	LD_{50} 680mg/kg(大鼠经口)高毒类,对眼及呼吸道有刺激作用	易燃液体,其蒸气与空气形成爆炸性混合物,遇明火、高热能引起燃烧爆炸。与氧化剂能发生强烈反应。其蒸气比空气重,能在低处连远扩散,遇扩散到相当远的地方,遇火会引着回燃	雾状水、抗溶性泡沫、干粉、二氧化碳、砂土

续表

名称	化学式	危规号	外观性状	相对密度	熔点/℃	沸点/℃	闪点/℃	自燃点/℃	爆炸极限/%	临界温度/℃	临界压力/MPa	毒理性质	火灾危险性	灭火剂
邻二乙苯	$C_{10}H_{14}$	33537	无色液体	0.87（水）	-31.2	183.4	57	395	—	—	—	LD_{50} 1200mg/kg（大鼠经口）低毒类	易燃液体，遇明火、高热能引起燃烧爆炸。与强氧化剂发生反应，可引起燃烧	泡沫、干粉、二氧化碳、砂土
间二乙苯	$C_{10}H_{14}$	33537	无色液体，有芳香气味	0.86（水）	-83.9	181.1	56	450	—	—	—	LD_{50} 1200mg/kg（大鼠经口）低毒类	易燃液体，遇明火、高热能引起燃烧爆炸。与氧化剂发生反应，可引起燃烧	泡沫、干粉、二氧化碳、砂土
对二乙苯	$C_{10}H_{14}$	33537	无色液体	0.86（水）	-42.8	183.7	56	430	—	—	—	LD_{50} 1200mg/kg（大鼠经口）低毒类	易燃液体，遇明火、高热能引起燃烧爆炸。与氧化剂发生反应，可引起燃烧	泡沫、干粉、二氧化碳、砂土
异戊烷	C_5H_{12}	31002	无色透明的易挥发快有令人愉快的芳香气味	0.62（水）	-159.4	27.8	-51	395	1.1~8.7	187.8	3.33	LC_{50} 1000mg/m³（小鼠吸入）低毒类，有麻醉及轻度刺激作用	易燃液体。其蒸气与空气能形成爆炸性混合物，遇明火、高热极易燃烧爆炸。与氧化剂发生反应。其蒸气比空气重，能在较低处积聚，扩散到相当远的地方，遇明火引着回燃	泡沫、干粉、二氧化碳、砂土
异丙苯	C_9H_{12}	33538	无色液体，有特殊的芳香味	0.86（水）	-96	152.4	31	424	0.9~6.5	362.7	3.21	LD_{50} 1400mg/kg（大鼠经口）低毒类	遇高热，明火或氧化剂接触，有引起燃烧的危险	泡沫、干粉、二氧化碳、砂土
α-甲基苯乙烯	C_8H_{10}	33544	无色液体，具刺激臭味	0.86（水）	-23	165.4	40	445	0.7~6.6	—	—	LD_{50} 4.5g/kg（大鼠经口）低毒类	遇高热，明火或氧化剂接触，有引起燃烧的危险	泡沫、干粉、二氧化碳、砂土

参考文献

［1］ GB 50160—2008 石油化工企业设计防火规范［S］.

［2］ GB 50151—2010 泡沫灭火系统设计规范［S］.

［3］ GB 50343—2014 立式圆筒形钢制焊接油罐设计规范［S］.

［4］ GB 50016—2014 建筑设计防火规范［S］.

［5］ 郭铁男. 中国消防手册［M］. 上海：上海科学技术出版社，2006.

［6］ 李建华. 灭火战术［M］. 北京：群众出版社，2011.

［7］ 李为民. 石油化工概论［M］. 第 3 版. 北京：中国石化出版社，2013.

［8］ 公安部消防局. 危险化学品事故处置研究指南［M］. 武汉：湖北科学技术出版社，2010.

罐号	物料名称	液位(M)	料温	顶压(Kpa)	高报(M)	质量(kg)	状态	罐号	物料名称	液位(M)	料温	顶压(Kpa)	高报(M)	质量(kg)	状态	罐号	物料名称	液位(M)	料温	顶压(Kpa)	高报(M)	质量(kg)	状态
T2101#	冰醋酸	.728	18.2	.018	13.76	119823	储罐静止	T2504#	空	.229	20.6	.009	15.88	123546	储罐静止	V922#	粗碳四	0	19.1	258.279	8.92	7774	储罐静止
T2102#	空	.005	17.5	-.26	13.77	4070	储罐静止	T2505#	空	0	0	0	15.9	862	储罐静止	V923#	丙烷	0	18.6	726.73	13.62	44972	储罐静止
T2103#	空	.003	18.1	-.106	13.78	5962	储罐静止	T2506#	空	0	0	0	16.5	2524	储罐静止	V924#	丁烷(1)	2.282	18.5	216.486	8.92	57367	储罐静止
T2104#	混合芳烃4	9.883	16.9	.1	13.76	1217635	储罐静止	T2507#	空	0	0	0	16.5	568	储罐静止	V925#	丙烷	.275	20.2	794.341	13.62	49396	储罐静止
T2105#	空	.185	17.7	.038	13.74	31991	储罐静止	T2508#	空	0	0	0	16.7	2583	储罐静止	V926#	丁烷(1)	2.491	18.4	224.448	8.92	66377	储罐静止
T2106#	混合芳烃3	13.203	18.5	.291	13.75	1400873	储罐静止	T2509#	空	0	0	0	16.9	1464	储罐静止	T1101#	油品	5.466	20.3	0	14.54	850487	储罐静止
T2107#	空	.005	17.9	-.23	13.79	279	储罐静止	T2510#	空	0	0	0	16.9	53	储罐静止	T1102#	油品	2.002	17.6	0	14.54	367627	储罐静止
T2108#	空	.007	18.2	-.252	13.78	1136	储罐静止	T1301#	甲醇	1.547	19.9	-.215	15.98	738914	储罐静止	T1103#	正丁醇	3.542	17.7	.034	14.54	584991	储罐静止
T2109#	空	.293	17.7	-.256	10.77	31019	储罐静止	T1302#	空	.012	18.7	-.247	16.06	3197	储罐静止	T1104#	油品	11.824	18.8	-1	14.54	1648550	储罐静止
T2110#	空	.002	22.2	1.71	10.79	1626	储罐静止	T1303#	甲醇	5.118	17.4	-.225	16.12	2490043	储罐静止	T1105#	四氯乙烯	8.727	20	.163	14.54	2869449	储罐静止
T2111#	醋酸丁酯(PA)	1.734	25.4	-.202	10.79	143477	储罐静止	T1304#	空	0	18.9	.119	16	1605	储罐静止	T1106#	混合芳烃4	4.836	17.5	.039	14.64	684871	储罐静止
T2112#	空	0	22.3	1.665	10.77	2891	储罐静止	T1305#	甲醇	8.445	16.3	-.245	16.12	4115708	储罐静止	T1107#	油品	9.185	19.4	.048	14.85	1362055	储罐静止
T2113#	异丙醇	9.173	24.4	-.243	10.75	667870	储罐静止	T1306#	甲醇	14.551	22	-.288	15.99	7067387	储罐静止	T1108#	三氯乙烯	6.675	19.2	.064	14.54	1988779	储罐静止
T2114#	空	0	21.6	1.689	10.83	3009	储罐静止	T1307#	甲醇	15.292	21.8	-.218	15.94	7421841	储罐静止	T1109#	四氯乙烯	7.876	18	.063	14.54	2592200	储罐静止
T2115#	醋酸甲酯(粗)	0	16.1	-.259	10.83	2069	储罐静止	T1308#	甲醇	2.033	20.5	.126	15.93	982420	储罐静止	T1110#	油品	8.348	21.5	.556	14.54	1347357	储罐静止
T2116#	空	.005	20.1	-.264	10.84	2545	储罐静止	T1401#	混合芳烃	15.169	18.3	-.181	15.25	14780364	储罐静止	T1111#	冰醋酸	9.617	24.7	.385	14.76	2024999	储罐静止
T2117#	油品	10.409	16.9	.038	10.81	777719	储罐静止	T1402#	三号喷气燃料	6.265	15.5	-.076	15.27	6181629	储罐静止	T1112#	冰醋酸	2.012	22.8	.342	14.76	436087	储罐静止
T2118#	油品	5.188	20.1	-.275	10.78	387043	储罐静止	T1403#	混合芳烃4	15.083	15.7	-.196	15.25	15421575	储罐静止	T1113#	冰醋酸	10.001	25.9	.225	14.76	2126552	储罐静止
T2301#	冰醋酸	12.26	20.9	.049	14.89	2536340	储罐静止	T1404#	混合芳烃4	5.365	16.3	.542	15.3	5405477	储罐静止	T1114#	冰醋酸	6.98	22.1	.32	14.76	1490274	储罐静止
T2302#	冰醋酸	7.348	24.5	1.844	14.85	1511878	储罐静止	T1405#	混合芳烃4	14.621	16.3	-.245	15.27	14927938	储罐静止	T1201#	汽油	.684	19.4	0	15.84	104647	储罐静止
T2303#	醋酸乙酯	1.194	19.7	.546	14.97	207938	储罐静止	T1406#	混合芳烃4	14.381	16.3	-.042	15.27	14686141	储罐静止	T1202#	油品	8.737	19.8	-1	15.84	1367791	储罐静止
T2304#	醋酸丁酯	10.621	19.7	.002	14.94	1844572	储罐静止	T1501#	空	.009	20.5	-.304	14.97	334	储罐静止	T1203#	汽油	14.822	19.8	0	15.84	2178849	储罐静止
T2305#	醋酸丁酯	6.429	22.5	.012	14.97	1112722	储罐静止	T1502#	柴油	13.418	19.4	-.24	14.94	3353763	储罐静止	T1204#	油品	5.091	19.8	.045	15.84	802881	储罐静止
T2306#	醋酸甲酯	5.635	21.9	.191	14.94	1031116	储罐静止	T1503#	油品	2.584	18.9	-.235	14.95	632893	储罐静止	T1205#	汽油	10.488	20.7	0	15.84	2998474	储罐静止
T2307#	醋酸乙酯	3.405	20.3	2.037	14.97	600349	储罐静止	T1504#	空	.004	20.4	-.274	14.93	174	储罐静止	T1206#	空	8.82	21.9	.096	15.84	2782449	储罐静止
T2308#	醋酸乙酯	2.429	17.4	2.018	14.95	431642	储罐静止	T1505#	空	.001	21.3	-.234	14.98	76	储罐静止	T1207#	汽油	.27	22	0	15.84	72468	储罐静止
T2309#	醋酸乙酯	.491	19.8	2.005	14.98	87334	储罐静止	T1506#	醋酸甲酯	1.652	17.6	-.242	14.98	465558	储罐静止	T1208#	空	0	20.2	.023	15.84	11806	储罐静止
T2310#	醋酸乙酯	6.211	18	2.095	15	1104517	储罐静止	T1507#	混合芳烃2	10.857	17.4	-.251	14.93	2773159	储罐静止	T1209#	燃料油1	15.039	22.3	.033	15.93	3985967	储罐静止
T2311#	醋酸乙酯	2.474	18.8	1.996	14.95	440806	储罐静止	T1508#	混合芳烃4	5.975	17.4	-.239	14.915	1504254	储罐静止	T1210#	空	.019	22.2	.004	15.93	21407	储罐静止
T2312#	醋酸丁酯	12.15	20.7	.344	14.95	2108692	储罐静止	T1509#	油品	3.11	18	1.051	14.88	492612	储罐静止	T1211#	燃料油1	14.83	24.6	.035	15.93	3920654	储罐静止
T2313#	醋酸丁酯	4.254	17.5	.013	14.95	741279	储罐静止	T1510#	油品	.873	19.6	-.228	14.9	114080	储罐静止	T1212#	燃料油1	15.499	35.1	.056	15.93	4038816	储罐静止
T2314#	醋酸乙酯	.615	21.1	2.051	14.88	108544	储罐静止	T1511#	醋酸丁酯	4.365	17.9	1.554	14.88	765323	储罐静止	T2201#	空	0	16.3	.505	13.41	18244	储罐静止
T2315#	醋酸乙酯	5.647	24.2	.005	14.94	997714	储罐静止	T1512#	混合芳烃2	1.922	18.1	-.204	14.94	302357	储罐静止	T2202#	冰醋酸	.57	21.6	.585	13.41	114317	储罐静止
T2316#	醋酸乙酯	6.719	18.4	2.077	14.94	1194259	储罐静止	V901#	丙烷	0	19.3	241.284	9.7	7148	储罐静止	T2203#	冰醋酸	13.09	26.9	.306	13.41	2109614	储罐静止
T2401#	汽油	7.202	17.9	1.854	14.96	1309901	储罐静止	V902#	丙烷	9.007	18	736.204	9.7	464035	储罐静止	T2204#	冰醋酸	9.67	25.4	.263	13.41	1570647	储罐静止
T2402#	空	.108	19.1	.804	15.005	12235	储罐静止	V903#	丙烷	0	19.5	239.705	9.7	7110	储罐静止	T2205#	空	.454	20	.325	13.41	89123	储罐静止
T2403#	油品	1.579	18.2	1.578	14.965	355076	储罐静止	V904#	丙烷	3.688	19	763.137	9.7	130289	储罐静止	T2206#	空	.175	20.5	.4	13.41	48400	储罐静止
T2404#	油品	13.769	17.9	-.003	14.94	3561203	储罐静止	V905#	丙烷	0	19.4	480.989	9.7	12128	储罐静止	T2207#	丙烯酸丁酯	2.111	20	.339	13.31	307326	储罐静止
T2405#	油品	8.764	17.1	2.107	14.97	2133633	储罐静止	V906#	丙烷	.586	19.3	776.511	9.7	21657	储罐静止	T2208#	丙烯酸丁酯	3.819	21.7	2.127	13.31	544930	储罐静止
T2406#	二氯乙烷	10.863	17.2	.003	14.98	4274114	储罐静止	V907#	丙烷	0	19.5	241.376	9.7	7152	储罐静止	T2209#	丙烯酸丁酯	1.051	17.2	.351	13.31	160451	储罐静止
T2407#	油品	14.156	17.9	.39	15.01	3448481	储罐静止	V908#	丙烷	0	19.3	243.791	9.7	7213	储罐静止	T2210#	四氯乙烯	5.287	19.4	.294	13.31	1349030	储罐静止
T2408#	甲醇	7.595	20.4	.034	14.99	1876341	储罐静止	V911#	粗碳四	1.044	19.6	233.76	13.62	40478	储罐静止	T2211#	油品	.707	22.7	.212	13.31	98997	储罐静止
T2409#	石脑油	4.512	19.6	-.493	14.9	1122964	储罐静止	V912#	丁烷(1)	.729	15.3	115.255	13.6	24129	储罐静止	T2212#	空	0	24.8	0	13.31	16586	储罐静止
T2410#	油品	12.337	18.2	.145	15.03	3081810	储罐静止	V913#	粗碳四	0	19.1	175.065	13.62	18740	储罐静止	T2213#	四氯乙烯	6.503	19.1	.151	13.31	1647845	储罐静止
T2411#	油品	4.405	18.9	2.064	14.96	1067422	储罐静止	V914#	丁烷(1)	0	18.9	123.613	13.6	16127	储罐静止	T2214#	四氯乙烯	3.322	18.7	.069	13.31	857613	储罐静止
T2412#	甲醇	.127	20.3	1.993	14.99	19450	储罐静止	V915#	粗碳四	6.2	20.6	212.771	13.62	523873	储罐静止	T2215#	正丁醇	.511	19.4	0	13.31	73920	储罐静止
T2501#	混合芳烃	14.965	17.9	-.218	14.97	7353669	储罐静止	V916#	丁烷(1)	0	19.2	128.814	13.6	16491	储罐静止	T2216#	己烷	2.751	18.6	0	13.31	293286	储罐静止
T2502#	混合芳烃2	15.838	20.4	.644	15.93	7773399	储罐静止	V920#	粗碳四	0	18.9	259.597	8.92	7799	储罐静止	预留	预留	12.312	000000	3000000	3000000	3000000	储罐静止
T2503#	空	.265	21.6	.047	15.93	145391	储罐静止	V921#	丙烷	0	19.5	626.614	13.64	39451	储罐静止	预留	预留	12.312	000000	3000000	3000000	3000000	储罐静止

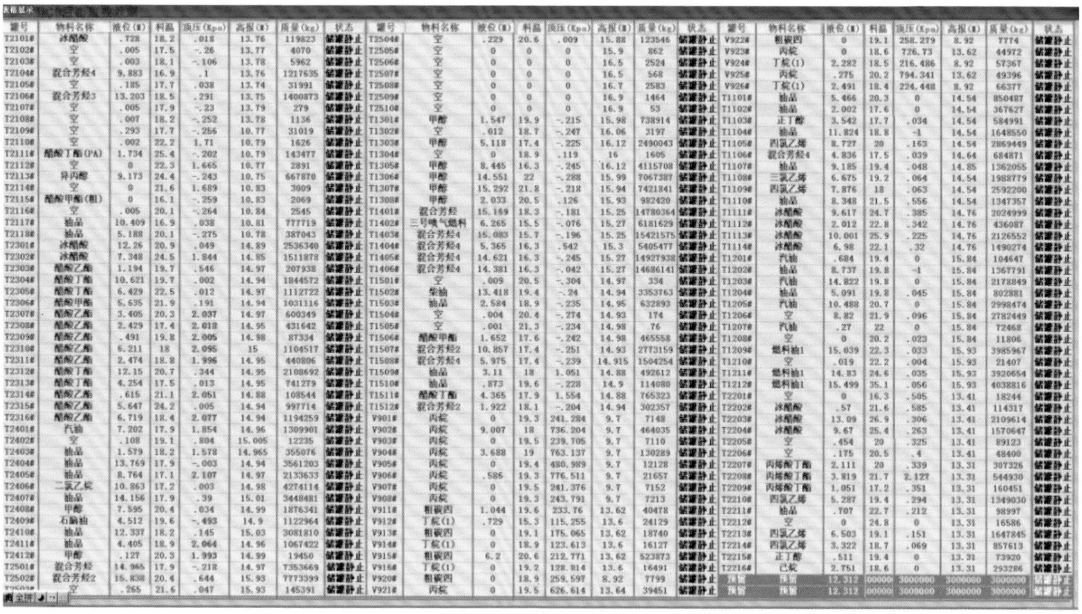

图 1-1-1　某石化仓储企业 DCS 系统实时监测图

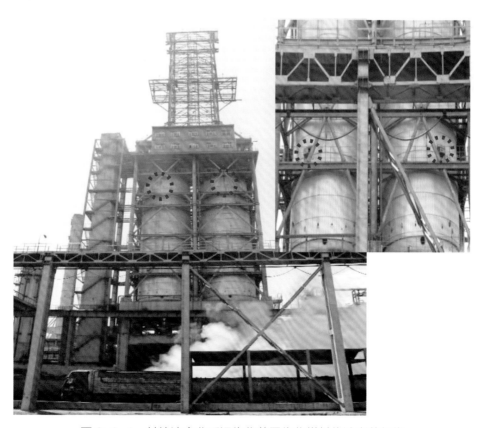

图 2-2-1　某炼油企业延迟焦化装置焦化塔料位计安装部位

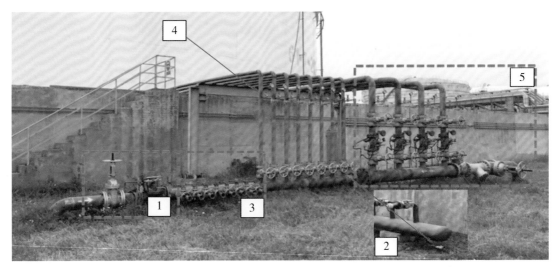

图 3-4-4　半固定泡沫灭火系统

1—固定泡沫系统进液阀门（左为手动阀，右为电动阀）；2—导淋阀；3—半固定泡沫注入接口；4—固定泡沫灭火系统
混合液进罐分配管及手动阀门组；5—固定水喷淋罐前雨淋阀及手动阀门组

图 4-1-4　单盘、双盘外浮顶储罐外观区别图

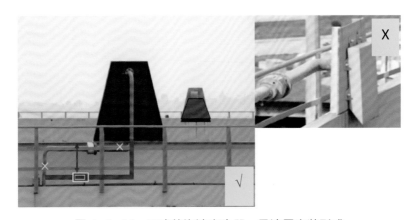

图 4-1-14　正确的泡沫产生器、导流罩安装形式

图 5-1-9　钢制浮盘内浮顶储罐外观图

1—环形通风口；2—通风帽；3—盘梯

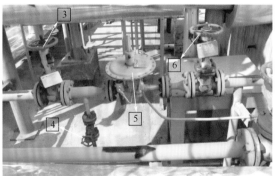

图 5-1-16　内浮顶储罐罐前氮封系统

1—内浮顶储罐罐前氮封系统；2—氮气进管线；3—氮气压力调整阀口；4—排水口 - 紧急注氮口；
5—自力式调节阀；6—氮气进罐控制阀

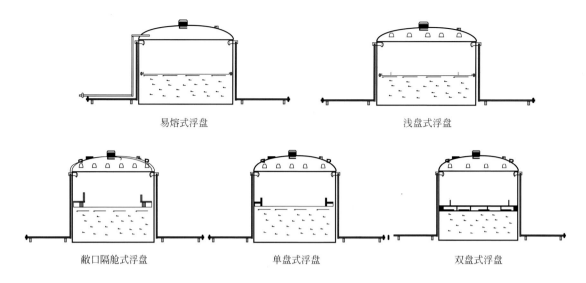

易熔式浮盘　　　　　　　　　　浅盘式浮盘

敞口隔舱式浮盘　　　单盘式浮盘　　　双盘式浮盘

图 5-1-18　五种内浮顶储罐浮盘结构与区别

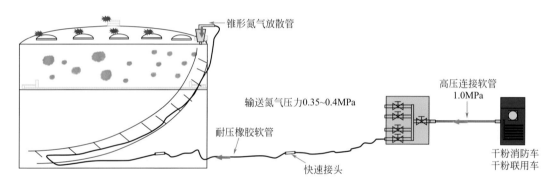

锥形氮气放散管

高压连接软管
1.0MPa

输送氮气压力0.35~0.4MPa

干粉消防车
干粉联用车

耐压橡胶软管

快速接头

图 5-3-1　钢制内浮顶浮盘通风帽、呼吸阀火灾，利用量油孔应急供氮灭火示意图

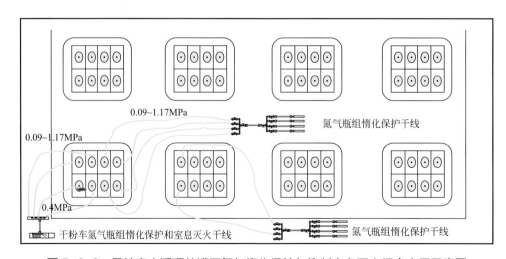

0.09~1.17MPa　　　　　　　　　　　氮气瓶组惰化保护干线

0.09~1.17MPa

0.4MPa

干粉车氮气瓶组惰化保护和窒息灭火干线　　　氮气瓶组惰化保护干线

图 5-3-3　易熔盘内浮顶储罐区氮气惰化保护与抑制窒息灭火组合应用示意图

图 6-1-1　全压力与半冷冻储罐

1—液化烃全压力球形罐；2—液化烃半冷冻球形储罐；3—半冷冻储罐冰机制冷系统；4—全压力储罐烃泵房

(a) 喷雾水枪、屏障水枪稀释分隔

(b) 手动打开储罐应急注水管线阀门

(c) 手动关闭雨水排放管线阀门

(d) 消防水带连接固定注水线接口

图 6-3-1　全压力式液化烃球形储罐利用半固定注水系统应急注水操作程序

图 8-1-3　某 LNG 接收站俯视全景图

(a) 储罐登罐梯固定水喷淋

(b) 储罐进出料管线固定水喷淋

(c) BOG压缩机厂房固定水喷淋

图 8-1-15　固定水喷淋系统（B）

(a) 码头区集液池及高倍数泡沫发生器

(b) 储罐区集液池及高倍数泡沫发生器

(c) 气化区集液池及高倍数泡沫发生器

(d) 储罐区LNG低温液体导流沟

图 8-1-18　高倍数泡沫灭火系统

1—高倍数泡沫发生器；2—高倍数泡沫液储罐

图 8-3-1　处置 LNG 泄漏事故正确的个人防护示意图

图 9-2-4　LPG 罐车阀门箱及设备

1—液相管线及接口；2—液相管线控制阀；3—液相管线泄压阀；4—气相管线及接口；
5—气相管线泄压阀；6—气相管线控制阀；7—压力表；8—温度计；9—液压式紧急切断阀液压泵

（a）阀门箱手动液压泵

（b）罐车尾部液压控制开关

（c）罐车底部液相和气相管路液压式
紧急切断阀

图 9-2-5　LPG 罐车液压式紧急切断阀

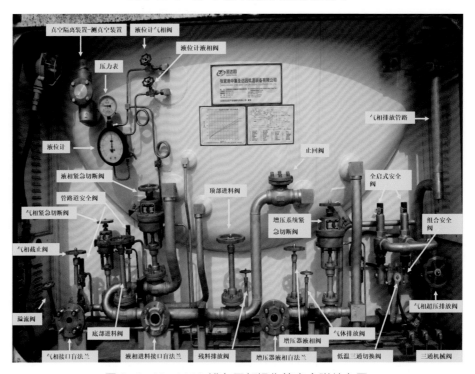

图 9-2-11　LNG 罐车尾部操作箱安全附件布置